普通高等教育"十一五"国家级规划教材
教育部高等学校电工电子基础课程教学指导委员会推荐教材
国家一流大学立项建设教材——浙江大学MOOC课程教材
新工科电工电子基础课程一流精品教材

# 电工电子学实验教程

◎ 孙　晖　　贾爱民　　主　编
◎ 张冶沁　　潘丽萍　　副主编
◎ 姜国均　　应群民　　熊素铭　　赵江萍　　编

电子工业出版社
Publishing House of Electronics Industry
北京·BEIJING

## 内 容 简 介

本书是普通高等教育"十一五"国家级规划教材、教育部高等学校电工电子基础课程教学指导委员会推荐教材、新工科系列规划教材，本书也是浙江大学《电工电子学实验》MOOC 课程教材。

本书共分 6 章，包含了电路原理、模拟电子技术、数字电子技术、继电接触控制等理论的基本内容和实验验证，包括电工电子学实验基础知识、常用仪器仪表与实验系统、Multisim 仿真基础、Verilog HDL 基础及 Vivado 设计工具使用、基础实验和综合实验等章节。本书编写力求理论联系实际，叙述上由浅入深、通俗易懂；编排上循序渐进、融会贯通。本书实验内容及实验方法既方便课堂教学，也适合学生自主性和开放性实验使用。

本书配套齐全的教辅资料，包括：微课视频、实验设备操作视频、电子课件、实验设备说明书等。

本书可作为高等学校电工电子系列课程的实验教材和理论教学参考书，也可作为从事电工电子工作的科技人员的理论参考书和实验参考书。

未经许可，不得以任何方式复制或抄袭本书之部分或全部内容。
版权所有，侵权必究。

图书在版编目（CIP）数据

电工电子学实验教程 / 孙晖，贾爱民主编. — 北京：电子工业出版社，2025. 6. — ISBN 978-7-121-50440-2

Ⅰ. TM-33；TN-33

中国国家版本馆 CIP 数据核字第 2025J2V243 号

责任编辑：王羽佳    文字编辑：庄　妍
印　　刷：三河市鑫金马印装有限公司
装　　订：三河市鑫金马印装有限公司
出版发行：电子工业出版社
　　　　　北京市海淀区万寿路 173 信箱　邮编　100036
开　　本：787×1 092　1/16　印张：16　字数：462.3 千字
版　　次：2025 年 6 月第 1 版
印　　次：2025 年 6 月第 1 次印刷
定　　价：58.00 元

凡所购买电子工业出版社图书有缺损问题，请向购买书店调换。若书店售缺，请与本社发行部联系，联系及邮购电话：(010) 88254888，88258888。
质量投诉请发邮件至 zlts@phei.com.cn，盗版侵权举报请发邮件至 dbqq@phei.com.cn。
本书咨询联系方式：(010) 88254535，wyj@phei.com.cn。

# 前　言

《电工电子学实验教程》既是普通高等教育"十二五"国家级规划教材《电工电子学》(浙江大学，叶挺秀、潘丽萍、张伯尧主编，高等教育出版社出版，2021年3月第5版)的配套实验教学用书，也是工科非电类专业学生学习电工电子系列课程的一本实验教材。自2009年出版以来，获得了广大使用者的好评，并获评普通高等教育"十一五"国家级规划教材，使我们深受鼓舞。

2025年，在浙江大学2024年度校级经典教材建设专项资金的支持下，进行了教材修订工作。

本次修订对发现的错误做了修改，对一些内容进行了调整和增强。在第一篇电工电子学实验基础中，增加了课外实践套件和Basys3数字电路教学开发板套件的使用说明，增加了Multisim仿真软件的介绍，增加了Verilog HDL程序介绍及Vivado设计工具的使用说明。在第二篇电工电子学实验项目中，将原实验一基本电工仪表的使用实验拆分为基本电量测量与测量方法误差实验和电路元件伏安特性与电源外特性测量实验；将原实验十一数据选择器和数据分配器并入原实验八门电路、触发器及其应用实验；将原实验八中的触发器内容和原实验十内容合并，组成新的触发器和时序逻辑电路实验；同时对其他基础实验内容进行了增强。将原实验十七提升为综合实验，同时对其他综合实验内容进行了增强。为顺应教学发展趋势，本次修订在基础实验中增加了软件仿真和课外实践内容，增加了基于Basys3教学开发板进行数字电路实验的内容。

本次修订配套了齐全的教学辅助资料，包括微课视频、实验设备操作视频、电子课件、实验设备说明书等，其中视频内容可通过扫描书中对应的二维码观看，其他资料请登录华信教育资源网免费注册下载。

立德树人是新的时代形势对高等教育提出的新要求，本次修订在基础实验的实验总结环节新增了思政融合内容，通过在实验教学中引入思政方面的思考，引导读者在创新意识、科学素养、家国情怀等方面进行探索和总结，以期达到激发学习热情、增强爱国热忱和民族自豪感，树立正确的人生观、价值观和世界观的效果。

本书是浙江大学《电工电子学实验》MOOC课程教材。为便于MOOC实验教学，本次修订在基础实验章节中将仿真实验和基于课外实践套件的实践教学自成一节，学生可以通过软件仿真、硬件实验或者软件仿真与硬件实验相结合的方式展开实践活动。课外实践套件是编著者设计，由内置的片上仪器模块和实验板组成的综合实验装置，使用者在实验板上搭接电路，通过便携式实验箱引出的USB接口线与电脑相连后，打开配套软件，可以方便地进行课内外实践活动。

  课程教学建议：如果采用实验室课堂教学模式，应根据教学大纲的要求选择基础实验项目，选择实验项目中"实验内容"章节进行实验，可将"课外实践"中软件仿真内容作为学生进实验室之前的预习内容之一；如果采用线上线下混合教学模式，通过基于线上 MOOC 学习，可将某些实验项目"课外实践"中的内容替代实验室课堂实验；如果完全基于 MOOC 教学模式，"课外实践"中的内容即为实验的全部内容，读者通过软件仿真和（或）基于课外实践实验套件的实验设备进行实践操作。

  修订工作由孙晖、贾爱民、张冶沁、潘丽萍、姜国均、应群民、熊素铭、赵江萍承担，具体分工如下：第 1 章由孙晖修订，第 2 章由孙晖、张冶沁、熊素铭修订，第 3 章由张冶沁、贾爱民执笔，第 4 章由熊素铭、孙晖执笔，第 5 章由孙晖、贾爱民、张冶沁、潘丽萍、姜国均、应群民、熊素铭修订，第 6 章由孙晖、潘丽萍修订。课外实践内容由孙晖执笔，思政融合内容由孙晖和姜国均共同执笔。全书由孙晖统稿。赵江萍做了课外实践内容的验证工作，沈远做了 Multisim 实验仿真和基于 Basys3 教学开发板相关实验内容的验证工作。

  本次教材修订由浙江大学蒋黔麟教授主审，蒋教授在审稿中极为严谨，提出了很多宝贵的意见，使编者受益匪浅，在此深表谢意。本书的撰写得到了教育部高等学校仪器类专业教学指导委员会协作委员李甫成先生的大力支持和帮助，在此深表谢意。本书得到了浙江大学电工电子国家级实验教学示范中心同仁的支持，也得到了电子工业出版社的大力支持，在此深表感谢。

  限于编者水平，书中不妥和错误之处，恳请批评指正。读者可通过电子邮件 ee_sun@zju.edu.cn 与我们交流。

编  者

2025 年 3 月于浙江大学求是园

# 目 录

## 第一篇 电工电子学实验基础

### 第1章 电工电子学实验基础知识 ···································· 1
- 1.1 学习目的和实验任务 ···································· 1
- 1.2 课程基本要求 ···································· 1
- 1.3 课程学习方法与步骤 ···································· 2
  - 1.3.1 实验前预习 ···································· 2
  - 1.3.2 实验操作 ···································· 2
  - 1.3.3 实验报告的书写 ···································· 3
  - 1.3.4 排除故障的基本方法 ···································· 4
- 1.4 课外实践 ···································· 5
- 1.5 安全用电 ···································· 5
- 1.6 常用电子元器件认识 ···································· 6
  - 1.6.1 电阻器 ···································· 6
  - 1.6.2 电容器 ···································· 9
  - 1.6.3 电感器 ···································· 11

### 第2章 常用仪器仪表与实验系统 ···································· 13
- 2.1 概述 ···································· 13
- 2.2 直流电源 ···································· 13
- 2.3 万用表 ···································· 13
- 2.4 示波器 ···································· 14
- 2.5 函数信号发生器 ···································· 14
- 2.6 电工电子综合实验台 ···································· 15
- 2.7 模拟电子技术实验箱 ···································· 15
- 2.8 数字电子技术实验箱 ···································· 15
- 2.9 可编程控制器 ···································· 15
- 2.10 课外实践套件 ···································· 16
  - 2.10.1 硬件描述 ···································· 16

2.10.2 配套软件 ································································································· 19
2.10.3 应用实例 ································································································· 24
2.11 Basys3 数字电路教学开发板套件 ··········································································· 27
2.11.1 Basys3 概述 ····························································································· 27
2.11.2 主要硬件构成 ························································································· 27

第 3 章 Multisim 仿真基础 ································································································· 33
3.1 概述 ······························································································································ 33
3.2 Multisim 的基本界面 ································································································· 33
3.2.1 菜单栏 ······································································································· 34
3.2.2 工具栏 ······································································································· 34
3.2.3 常用虚拟仪器介绍 ··················································································· 37
3.3 Multisim 的基本操作 ································································································· 41
3.3.1 电路板总体设计流程 ··············································································· 41
3.3.2 建立电路 ··································································································· 42
3.3.3 电路仿真 ··································································································· 49
3.4 Multisim 的仿真实例 ································································································· 57
3.4.1 二极管伏安特性曲线测量 ······································································· 57
3.4.2 三相交流电路 ··························································································· 58
3.4.3 晶体管共射放大电路 ··············································································· 62

第 4 章 Verilog HDL 基础及 Vivado 设计工具使用 ························································· 66
4.1 数字电路 EDA 技术 ··································································································· 66
4.1.1 EDA 技术概述 ························································································· 66
4.1.2 FPGA 技术概述 ······················································································· 66
4.1.3 硬件描述语言 ··························································································· 67
4.1.4 FPGA 开发工具 ······················································································· 67
4.2 Verilog HDL 程序结构与关键字 ·············································································· 67
4.3 模块 ······························································································································ 68
4.3.1 模块结构 ··································································································· 68
4.3.2 模块的描述方式 ······················································································· 71
4.3.3 模块测试 ··································································································· 72
4.4 Verilog HDL 语法 ······································································································· 73
4.4.1 标识符 ······································································································· 73

  4.4.2 注释 ··· 73
  4.4.3 常量与变量 ··· 73
  4.4.4 运算符与表达式 ··· 76
  4.4.5 非阻塞赋值与阻塞赋值 ··· 80
  4.4.6 条件语句与循环语句 ··· 81
 4.5 Vivado 设计套件简介 ··· 84
  4.5.1 Vivado 设计套件概述 ··· 84
  4.5.2 Vivado 设计流程 ··· 84
  4.5.3 Vivado 窗口界面 ··· 85
  4.5.4 Vivado 软件设计实例 ··· 88

# 第二篇 电工电子学实验项目

## 第 5 章 基础实验 ··· 101

 5.1 基础实验 1 基本电量测量与测量方法误差 ··· 101
 5.2 基础实验 2 电路元件伏安特性与电源外特性测量 ··· 106
 5.3 基础实验 3 叠加定理和等效电源定理验证 ··· 110
 5.4 基础实验 4 单相交流电路特性及功率因数提高 ··· 114
 5.5 基础实验 5 三相交流电路 ··· 117
 5.6 基础实验 6 电路频率特性的研究 ··· 121
 5.7 基础实验 7 一阶 RC 电路的瞬态分析 ··· 125
 5.8 基础实验 8 晶体管共射放大电路 ··· 130
 5.9 基础实验 9 放大电路静态工作点稳定性研究 ··· 135
 5.10 基础实验 10 门电路和组合逻辑电路 ··· 138
 5.11 基础实验 11 触发器和时序逻辑电路 ··· 144
 5.12 基础实验 12 计数、译码和显示 ··· 148
 5.13 基础实验 13 门电路和组合逻辑电路——基于 Basys3 ··· 152
 5.14 基础实验 14 触发器和时序逻辑电路——基于 Basys3 ··· 157
 5.15 基础实验 15 计数、译码和显示——基于 Basys3 ··· 161
 5.16 基础实验 16 模拟信号运算电路 ··· 165
 5.17 基础实验 17 比较器、波形发生及脉宽调制电路 ··· 168
 5.18 基础实验 18 低频功率放大电路 ··· 173
 5.19 基础实验 19 波形振荡电路 ··· 176
 5.20 基础实验 20 集成定时器及其应用 ··· 179
 5.21 基础实验 21 有源滤波器 ··· 184

5.22　基础实验 22　直流稳压电源 ································································· 188
5.23　基础实验 23　三相异步电动机的起动及运动控制（Ⅰ） ··························· 193
5.24　基础实验 24　三相异步电动机的起动及运动控制（Ⅱ） ·························· 196
5.25　基础实验 25　可编程控制器基本编程（Ⅰ） ············································ 200
5.26　基础实验 26　可编程控制器基本编程（Ⅱ） ············································ 211

# 第 6 章　综合实验 ························································································ 214

6.1　综合实验 1　温度监测系统 ········································································· 214
6.2　综合实验 2　薄膜压力传感器信号获取与应用 ················································ 218
6.3　综合实验 3　音响放大器 ············································································ 224
6.4　综合实验 5　直流电机转速控制、测量和显示系统 ·········································· 231
6.5　综合实验 6　电动气压止血带设计 ································································ 235
6.6　综合实验 7　三层立体停车库的 PLC 控制 ····················································· 239

参考文献 ············································································································· 246

# 第一篇　电工电子学实验基础

# 第1章　电工电子学实验基础知识

## 1.1　学习目的和实验任务

电工电子实验课程是一门以电工电子学理论为基础，工程性、技术性、实践性很强的课程。

电工电子实验课程的学习目的是通过各种实验方法和实验手段，使学生理解和巩固电工电子学的基本理论知识，包括电路原理、模拟电子技术、数字电子技术、电气控制技术等内容；熟悉电工电子技术中常用的仪器设备、仪表以及电子元器件的使用方法；掌握一定的实验技能，包括基本的发现故障、解决故障的能力；积累一定的实验经验、培养良好的实验习惯。同时，培养严谨、细致的科学作风，树立工程实践观，初步具备观察、分析和解决实际问题的能力，为进一步创新能力的培养打下基础。

电工电子实验课程的育人目标是提炼知识体系中蕴含的思政价值和精神内涵，培养学生勤奋学习、求真、求实的科学品德；认真负责、踏实敬业的工作态度；帮助学生树立远大目标，为社会的发展做出自己的贡献。

实验项目是实验的载体，完成实验项目是实验的总体任务。为达到上述目的，实验开展也要循序渐进。电工电子实验内容包括基础验证性实验和综合性实验两类，前者主要通过验证电工电子学的有关原理，使学生能掌握包括电路识图、绘图、接线规范、仪器仪表使用、电路测试等基本技能，熟悉实验的一般程序和规范，培养学生的一般性实践操作技能；综合性实验则以项目应用为背景，由学生自行拟定实验方案，正确选择仪器仪表，培养学生的自主实践能力。

## 1.2　课程基本要求

电工电子实验教学应能满足以下基本要求：
- ◆ 理解实验的基本原理，巩固加深基础理论知识。
- ◆ 掌握基本电子仪器、电工仪表的基本功能和使用方法。
- ◆ 通过基础验证性实验，能学会识别和绘制电路图，合理布局和连接实验线路，正确测试、准确读取和记录数据，能准确分析实验电路的简单故障，并正确消除。
- ◆ 通过综合性实验，培养一定的自主学习和自主实践能力，包括学会查阅相关技术手册和网上查询资料，自主制定实验方案，设计实验电路，正确选择和使用常用的电子仪器、电工仪表，完成实验连接和性能测试任务。
- ◆ 学会使用至少一款仿真软件，对实验电路进行仿真分析和辅助设计。
- ◆ 用细致、严谨的科学态度观测、处理实验数据，同时有一定的工程估算能力。
- ◆ 独立撰写实验报告，学会从实验数据和实验现象中进行归纳、分析和总结。

## 1.3 课程学习方法与步骤

### 1.3.1 实验前预习

每次实验前，学生必须做好预习。学生应认真阅读本教材和相关电工电子学理论书籍中的相关内容，明确本次实验的目的，熟悉相关理论知识和实验原理、实验方法。要求学生必须完成实验预习思考题，做好实验内容的理论值计算，以备实验操作时心中有数。

仿真分析是运用计算机软件对电路特性进行分析和调试的虚拟实验手段，在虚拟环境中，不需要真实电路的介入，不必顾及设备短缺和时间环境的限制，已经获得了越来越多的应用。将软件仿真引入电工电子实验课程，并将其作为实验的一种基本工具贯穿于各个实验中。学生在搭建和测试实际电路之前，可以先通过仿真软件对所设计的电路进行测试，并和理论计算的结果相互印证。

学生应该理解，实验元器件与仪器仪表不同于理想元件和理想的仪器仪表，实际的电子元器件在不同的条件下，有不同的等效模型；有时在电路中接入测量仪表，需要考虑到测量仪表对电路的影响；电源接上不同的负载，电源的输出电压也会受到影响等，从而导致测试的结果与理论计算或仿真的结果出现偏差。学生对此应有一定的工程思维，通过预先查阅所使用的元器件的型号数据、阅读所需使用的仪器设备的使用说明书，了解操作注意事项，熟悉各开关、旋钮、按键的功能和作用等方式，以便进行实验时能顺利操作和测量，同时以备总结时进行误差分析。

实验前预习还包括确定观察内容，画出电路接线图，拟定好待测数据和记录数据的表格。

对于综合性实验，除了上述要求外，还应预先设计电路，了解并选择相关的器件，画出原理图，拟定实验方法和步骤。

学生可通过图书馆、网络等信息资源，更多地了解相关知识，拓宽预习范围，这对积累实验经验、缩短实验时间、提高实验效果和培养实践能力有很大的帮助。不过网上资源有时不具有权威性，也可能存在错误，学生应该注意鉴别。

### 1.3.2 实验操作

为保证实验室正常运行和实验的顺利进行，学生应该严格遵守相关的实验守则，听从实验指导教师和实验室管理老师的指导。

实验操作前仔细检查仪器仪表是否工作正常，各类接线端子连线是否完好，连接导线是否无断线。按照实验电路接线图进行接线，连接线路时，通常先连接电源回路，从电源的一端开始，依次连接各元器件，最后到电源的另一端；先连接串联支路，后连接并联支路，先连接大环回路，后连接小环回路；对于较为复杂的电路先连接各个局部电路，后连接成一个整体。仪器和实验板之间的布线顺序可以采用不同颜色的连线来加以区别，以便于检查。如电源正极或高电位常用红色或暖色线，电源负极、低电位或公共地线常用黑色或冷色的连线。接线要连接可靠，以免接触不良，或因连线脱落而造成短路。严禁带电接线、拆线或改接线路。

通电前必须仔细检查实验线路连接是否正确，有无错接、漏接和多接，特别是检查各个接线端子连线是否接触不良。可采用从信号输入到信号输出的次序，也可以围绕主要器件的相关引线为出发点进行。检查电源正负极、电解电容正负极是否接错，各元器件有无漏接或虚焊、连接处有无接触不良、电路是否碰线或电源是否短路、集成电路的方向有没有插反等。检查公共接地是否可靠。检查电源电压和极性是否符合实验要求。特别是针对36V以上的实验电路，接完线路后一定要遵循学生自查、同学互查的程序，确认接线无误。

根据被测电路判断被测量点的信号的数量级，检查各种电工电子仪器仪表面板上测量旋钮的量程是否适当，并调至正确位置。如不能确定被测对象的数值大小，则应将电工电子仪器仪表面板上测量旋钮的位置调到最大量程档位，待测试过程中再从大到小逐档改变量程，找到最佳测量所需的档位。

通电后要集中注意力，仔细观察，谨慎操作，认真读数。如果出现冒烟、有焦煳味、有异常响声等异常现象，应立刻关闭电源，保持现场，请示指导教师，待故障处理后再继续实验操作。实验电路调试一般分为由前向后逐级进行基本单元调试和总体电路调试两个阶段。在各个基本单元的调试过程中可以逐个发现问题并逐一解决，最后完成整体总调。在调试过程中一般进行多次"测量-判断-调整-再测量"的过程。为使调试顺利进行，在实验电路图上最好标明有关测试点的理论数值以及相应的波形图。

实验的数据要与计算值、仿真值进行比较，找出差距，分析原因，加深理解。针对综合设计性实验，如有必要，还应尝试改变实验设计思路，重新进行实验。

每次实验完毕，必须关闭实验设备的电源。待检查实验测试内容没有遗漏和错误后再拆线，整理归位所用仪器、设备、导线等工具及器材，搞好实验台台面和周围的清洁卫生，经指导教师同意后，方可离开实验室。

### 1.3.3 实验报告的书写

实验报告是实验结果的总结和反映，是学生在校期间应当培养的一项重要技能。对一个实验的评价在很大程度上取决于实验报告质量的高低，因此对撰写实验报告必须予以充分的重视。

**1. 实验名称**

实验名称是对实验内容的高度概括。一般实验名称写在实验报告的封面或第一页的上方，同时注明实验类型、实验者（包括同组实验人）专业、班级、姓名、学号、指导教师及实验日期、实验地点等。要求采用规范的实验报告用纸。

**2. 实验目的**

实验目的是实验需要达到的目标和效果，用文字简短地描述。

**3. 实验设备**

在实验中所使用的仪器直接影响实验数据的可靠性和准确性，因此实验报告必须列出所使用的仪器、电源及其他实验装置的类型和型号。这为其他人员得到相同的实验结果提供条件，同时也以备以后复核。

**4. 实验原理**

实验原理是指通过理论的扼要陈述，画出电路原理图，应用有关公式进行理论计算，对实验结果有科学的预测，把握理论对实验的指导作用。

**5. 预习要求**

为方便学生预习，实验指导书往往在"预习要求"中给出了一些简答题或计算题等习题，学生需要在做实验之前进行解答，并将相关内容加入到实验报告中。

### 6. 实验内容

（1）操作方法与实验步骤

报告中应简短地描述实验方法，附实验电路接线图，简要说明实验操作步骤，对某些复杂或关键步骤及注意事项则需特别指出。但对众所周知的基本知识无须详细说明，例如，没有必要写"电压表的红表笔与电源的正极相连，电压表的黑表笔与电源的负极相连"等等，而只需写"测量电源电压"即可。

（2）实验数据记录与处理

实验数据记录包括原始数据、实测值、理论数据等，可采用列表和作图等方法，必须详细记录数据的来源、数值、单位。作图时，要采用坐标系绘制成曲线，采用坐标系方格纸绘图，必须标注坐标系的原点、坐标含义、坐标刻度等，并合理选择坐标刻度的起点位置（坐标起点不一定要从零开始），当标尺范围很宽时，可采用对数坐标纸来记录。在波形图上通常还应标明被测波形的幅值、周期等参数。可借助计算机工具软件辅助分析和作图，比如采用"Excel"软件等。

（3）实验结果与分析

根据实验数据以及实验相关的一些定理、公式进行计算得出数据结果，然后根据算出的数据结果进行分析，论证实验成功或失败，或者得出实验条件下产生的某种现象或结论。

### 7. 实验总结

实验总结是指做实验的收获和体会，按照实验指导书的对应要求展开，主要内容包括实验是否按照实验指导书的设计步骤完成实验，是否达到了实验目标；实验数据是否和理论结果、仿真结果相一致；从实验经历与能力提高等角度撰写实验心得等等。

在书写时还应注意：

（1）应围绕实验目的写结论，不要写与实验目的不相关的结论，更不要写未经实验证实的结论。

（2）在没掌握大量数据的情况下，不要作广泛推广的结论。

（3）在结论中应避免使用"证明"一词。如结论中不要说"结果证明了基尔霍夫定律"，而应说"结果符合基尔霍夫定律"，因为没有任何实验研究可以绝对地证明任何理论。

（4）用数字说明结论更为清楚。例如可以写，由频率响应数据表明在 1.5kHz 时，增益下降 3dB，则说明低端截止频率是 1.5kHz。

（5）误差分析是实验报告中的一个重要部分，它包括分析误差产生的因素、误差源、如何和为什么成为误差源、产生误差的大小，应尽可能将误差源产生的误差量化，并与实验中产生的总误差联系起来。通过误差计算和分析要寻找出主要和次要的误差源，以及误差的趋势。

（6）对实验过程中发现的问题（包括错误操作、出现故障等），要能说明现象、如何查找原因及其过程和解决问题的措施，并总结在处理问题过程中的经验和教训。有时实验可以发现与实验目的不相符的一些事实，虽然所发现的事实并不是本实验的目的，但必须把这些内容写进实验报告中，并加以分析。

（7）在报告中，实验者可以提出关于完成此实验的有关建议，例如为测量误差改进实验方法等方面的建议。若有希望老师给予指导的问题，也可写在实验报告中。

## 1.3.4 排除故障的基本方法

在实验过程中，出现故障常常是不可避免的。分析故障、排除故障可以提高学生分析和解决问题的能力，也是电工电子学实验的培养目标之一。分析和排除故障的过程，要在反复观察、测试与分析的基础上，逐步缩小故障源的范围，逐步排除某些可能发生故障的元器件，最后在一个小范围内，找到产生故障的原因。

实验中的故障包括电源故障、仪器仪表本身的故障、元器件故障和实验线路故障等。

当电路出现故障时，首先应检查电源的接线，包括电源是否接反，电压幅度是否满足要求，集成块、晶体管等电路中主要元件的供电是否正常等。

检查仪器仪表本身是否出现故障，可尝试根据仪器仪表说明书的要求进行测试确认。

对于实验线路故障，可采用断电检查法、通电检查法、替换法等方式分析处理。断电检查法是指对电路断电后，利用万用表的"欧姆"档或"二极管"档，对照实验电路图，对每个元件和接线逐一检查，看有无短路、断路或接线错误等现象；通电检查法是将实验线路根据功能分成若干独立功能模块，明确每个模块的输入和输出，利用示波器、万用表等仪器检查模块内部的端子电压或波形是否满足理论的要求。有时可尝试将模块的输入和前级模块的输出断开，以及将模块的输出和后级模块的输入断开，利用信号源提供模块的输入信号，检查模块中各端的电压参数、信号波形等是否满足理论的要求；替换法是指对怀疑有问题的部分采用正常的模块或器件来替换，如果故障现象消失了，电路能够正常工作，则说明故障出现在被替换下来的部分，这样可以缩小故障范围，以便于进一步查找故障原因和部位。

## 1.4 课外实践

课外实践是指在实验室开放时间之外开展实践活动，或者满足特殊的实验教学要求（如 MOOC 实验教学）。学生根据所学课程的性质和要求，采用软件仿真、硬件实验或者软件仿真与硬件实验相结合的方式进行实验。按照实验项目的要求，在实验之前应充分预习，包括阅读"实验原理""预习要求"和"实验内容"，通过查阅相关理论书籍、查找网上资源等方式学习相关的理论。除了软件仿真的基本要求之外，如果条件允许，学生应熟悉课外实践套件的硬件以及配套软件的使用方法。学生按照"课外实践"要求认真完成实验，最终按照要求写出详尽的实验报告。

## 1.5 安全用电

用电安全包括人身安全和设备安全。若伤及人身，轻则灼伤，重则死亡；若发生设备事故，则会损坏设备，而且容易引起火灾或爆炸。因此，必须十分重视安全用电并具备安全用电的基本知识。学生做实验时，必须遵循以下安全用电操作规范：

◆ 在实验前必须先检查用电设备，再接通电源。
◆ 实验结束后，先关仪器设备，再关闭电源。
◆ 如遇突然断电，应关闭电源。
◆ 电气设备在未验明无电时，一律认为有电，不能盲目触及。
◆ 切勿带电插、拔、连接电气线路。
◆ 在做需要带电操作的低电压电路实验时，单手操作比双手操作安全。

人体触电是指人作为一种导电体，触及有电位差的带电体后，电流流过人体造成伤害。触电对人体的伤害程度与通过人体的电流大小、电流频率、电流通过人体的路径、触电持续时间等因素有关。当通过人体的电流很微小时，仅使触电部分的肌肉发生轻微痉挛或刺痛。一般认为当通过人体的电流超过 50mA 时，肌肉的痉挛加剧，使触电者不能自行脱离带电体，持续一定时间便导致中枢神经系统麻痹，严重时可能引起死亡。

人触电后，由于痉挛或失去知觉，会紧握带电体而不能自己摆脱电源。因此，若发现有人触电，应采取一切可行的措施，迅速使其脱离电源，这是救活触电者的一个重要方法。

实验研究和统计都表明，如果从触电后 1min 即开始救治，则有 90%的可能性救活触电者；如果从触电后 6min 即开始救治，则有 10%的可能性救活触电者；而从触电后 12min 才开始救治，则救活的可能性就极小。因此当发现有人触电时，应立即争分夺秒，采用一切可能的办法迅速进行救治，以免错过最佳救治时机。

现场人员应沉着迅速地做出判断，果断地断开与触电处电源有联系的所有各侧电源的断路器，根据现场指示及其他信号，证明触电者触及的电气设备确已断电，然后做好自我保护措施，尽可能利用现场绝缘用具，如穿绝缘靴、戴绝缘手套，设法让触电者身体与导体分开，将其救至安全地点，迅速施行触电急救。

触电后的急救方法应随触电者所处的状态而定。通常，在所有触电情况下无论触电者状况如何，都必须立即请医务人员前来救治。在医务人员到来之前，应迅速实施以下相应的急救措施：

如果触电者尚有知觉，但在此之前处于昏迷状态或者长时间触电，则应该使其舒适地躺在木板上，并盖好衣服；在医务人员来到之前，应保持安静，不断地观察其呼吸状况和测试脉搏。

如果触电者已失去知觉，但仍有平稳的呼吸和脉搏，也应使其舒适地躺在木板上，并解开他的腰带和衣服，保持空气流通和安静，有条件时要让他闻氨水和往其脸上撒些水。

如果触电者呼吸困难（呼吸微弱、发生痉挛、发现唏嘘声），则应进行人工呼吸和心脏按压。

如果触电者已无生命特征（呼吸和心跳均停止没有脉搏），也不得认为其已死亡，因为触电者往往有假死现象。在这种情况下应立即进行人工呼吸和心脏按压。

急救一般应在现场就地进行。只有当现场继续威胁着触电者，或者在现场施行施救存在很大困难（黑暗、拥挤、下雨、下雪等）时，才考虑把触电者抬到其他安全地点。

## 1.6 常用电子元器件认识

### 1.6.1 电阻器

**1. 电阻器概述**

电阻器在电路中常用作负载、分压器、分流器和限流器等，是属于消耗电能的一种电路器件。按照其制作材料，实验室经常采用的电阻器有线绕电阻器、炭质电阻器、碳膜电阻器、金属膜电阻器和金属氧化镁电阻器等。

电阻器的等效电路如图 1.6-1 所示，图 1.6-1（a）适用于直流稳态电路以及低频电路中使用的电阻器，是电阻器最常用也是最简单的等效电路；在频率较高的电路中，有时考虑电阻器上附加电感的影响，采用如图 1.6-1（b）所示的等效电路；而对于高阻值的电阻器有时需要考虑其附加电容的影响，采用如图 1.6-1（c）所示的等效电路。这些附加的 $L$ 或 $C$ 值与电流通过电阻器时所产生的磁场和电场相关联,所以具体应用中要具体分析,选择合适材质的电阻可以尽可能减小甚至忽略这些附加参数的影响。

电阻器按结构可分为固定式和可变式两大类。固定式电阻器的阻值固定不变;可变式电阻器的阻值随人为调节变化或某一特性呈规律性变化。可人为调节的电阻器称为电位器,它是一种具有两个固定端和一个滑动端头的可变电阻器,有些电位器还带有开关;按外部特性呈规律变化的属于特殊电阻器,例如光敏电阻器、压敏电阻器、热敏电阻器等,随着光照亮度、压力强度、热体温度的变化而改变电阻值。

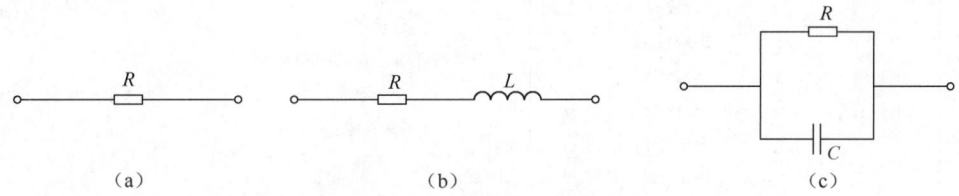

图 1.6-1　电阻器的等效电路

### 2. 电阻器的主要参数

电阻器的主要参数包括标称阻值、允许误差(精度等级)、额定功率、温度系数、噪声、最高工作电压、高频特性等。在选用电阻器时一般只考虑标称阻值、允许误差和额定功率这三项参数,其他参数在有特殊需要时才考虑。

(1) 额定功率

额定功率是指在标准大气压和规定的环境温度(20℃)、电阻器长期连续工作而不改变其性能的前提下,电阻器上允许消耗的最大功率。它的规格有 19 个等级,其中较多使用的有 1/8W、1/4W、1/2W、1W、2W 等。在实际使用中,当使用功率超过了额定功率时,会使电阻器因过热而改变阻值甚至被烧毁。为保证安全使用,一般选用的额定功率应大于实际消耗功率的 1.5~2 倍以上。

(2) 标称阻值

标称阻值是指厂家标注在电阻上的阻值,其单位为欧姆(Ω)、千欧(kΩ)和兆欧(MΩ),它们三者的关系为

$$1\Omega=10^{-3}\text{kΩ}=10^{-6}\text{MΩ}$$

各系列电阻器产品标称阻值的间隔有一定的规定,在电路设计时,计算出的电阻值要尽量选择成标称系列值,这样才能在市场上选购到所需的电阻器。

(3) 允许误差

允许误差是指电阻器实际阻值对于标称阻值的最大允许偏差范围,它表示产品的精度。电阻器的允许误差等级见表 1.6-1。

表 1.6-1　电阻器的允许误差等级

| 级别 | 005 | 01 | 02 | Ⅰ | Ⅱ | Ⅲ |
| --- | --- | --- | --- | --- | --- | --- |
| 允许误差 | ±0.5% | ±1% | ±2% | ±5% | ±10% | ±20% |

### 3. 电阻器的命名方法

电阻器的命名标准见表 1.6-2。如 RJ71-0.25-10KI 型电阻器的命名含义如图 1.6-2 所示。

表 1.6-2  电阻器的命名标准

| 第一部分 | | 第二部分 | | 第三部分 | | 第四部分 |
|---|---|---|---|---|---|---|
| 主称：用字母表示 | | 材料：用字母表示 | | 特征：用数字或字母表示 | | 序号：用数字表示 |
| 符号 | 意义 | 符号 | 意义 | 符号 | 意义 | |
| R<br>W | 电阻器<br>电位器 | T | 碳膜 | 1,2 | 普通 | 区别外形尺寸及性能参数 |
| | | P | 硼碳膜 | 3 | 超高频 | |
| | | U | 硅碳膜 | 4 | 高阻 | |
| | | C | 沉积膜 | 5 | 高温 | |
| | | H | 合成膜 | 7 | 精密 | |
| | | I | 玻璃釉膜 | 8 | 电阻器-高压电位器-特殊函数 | |
| | | J | 金属膜 | | 特殊 | |
| | | Y | 氧化膜 | 9 | 高功率 | |
| | | S | 有机实心 | G | 可调 | |
| | | N | 无机实心 | T | 小型 | |
| | | X | 线绕 | X | 测量用 | |
| | | R | 热敏 | L | 微调 | |
| | | G | 光敏 | W | 多圈 | |
| | | M | 压敏 | D | | |

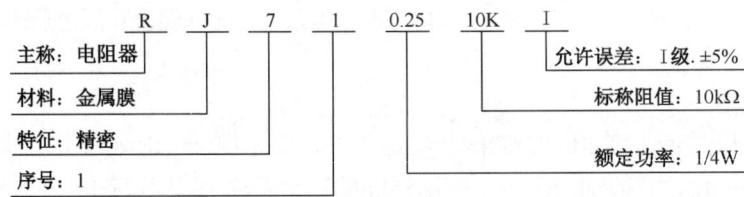

图 1.6-2  RJ71-0.25-10KI 型电阻器的命名含义

### 4．电阻器的标注方法

（1）直标法

将电阻器参数直接标注在电阻器上，一般只写标称值和误差。超过 2W 的电阻器通常还写上额定功率。

在直接标注法中，可将文字、数字两者有规律组合起来表示电阻器的阻值，如 3.5kΩ=3K5；6.2Ω=6R2=6Ω2。

（2）数字法

将电阻器标称值用有效数字和倍率数字标注在电阻器上，最后 1 位数字 $n$ 表示 10 的 $n$ 次方（倍率）。例如 $103=10×10^3Ω=10kΩ$；$4501=450×10^1Ω=4.5kΩ$；$5600=560×10^0Ω=560Ω$。

（3）色环法

将电阻器的标称值和允许误差用色环标注。普通电阻用四个色环表示，其中前 2 个色环表示 2 位有效数字，第 3 个色环表示倍率，第 4 个色环表示允许误差，如图 1.6-3（a）所示；精密电阻用 5 个色环表示，其中前 3 位是有效数字，第 4 位是倍率，最后 1 位是允许误差，如图 1.6-3（b）所示。

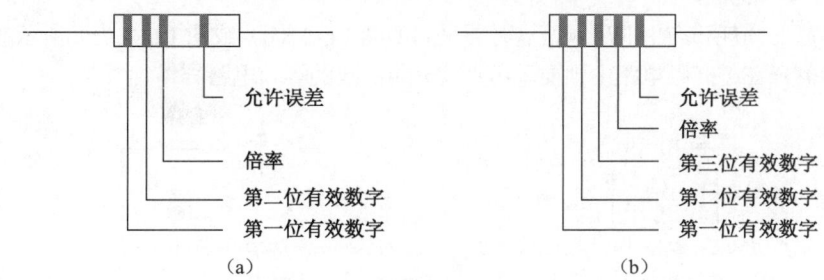

图 1.6-3 电阻器色环所表示的含义

表 1.6-3 给出了电阻色环对应的数字和允许误差。

表 1.6-3 电阻色环对应的数字和允许误差

| 颜色 | 黑 | 棕 | 红 | 橙 | 黄 | 绿 | 蓝 | 紫 | 灰 | 白 | 金 | 银 | 本色 |
|---|---|---|---|---|---|---|---|---|---|---|---|---|---|
| 数字 | 0 | 1 | 2 | 3 | 4 | 5 | 6 | 7 | 8 | 9 | | | |
| 允许误差/% | | ±1 | ±2 | | | ±0.5 | ±0.25 | | | | ±5 | ±10 | ±20 |

四环电阻器多以金色（±5%允许误差）或银色（±10%允许误差）作为允许误差环，五环电阻器多以棕色（±1%允许误差）作为允许误差环。为方便识别，允许误差环（最后色环）和倍率环（倒数第二色环）之间的间距往往比其他环之间的间距大。

例如某电阻器的色环颜色为黄、紫、橙、金，则表示电阻阻值为 $47×10^3\Omega=47\text{k}\Omega$，允许误差为 $47000×(\pm5\%)=\pm2350\Omega=\pm2.35\text{k}\Omega$。

若色环电阻器标记不清或个人辨色能力差时，只能用可测电阻的仪表比如万用表测量其电阻值。

### 1.6.2 电容器

**1. 电容器概述**

电容器是由极间放有绝缘电介质的两金属板电极构成的电路器件，在电路中属于储能元件，主要用于隔直流、通交流、阻低频、通高频等应用。电容器按其工作电压可分为高压电容器和低压电容器；按结构可分为固定电容器、可变电容器和微调电容器；按介质材料可分为云母电容器、瓷介电容器、电解电容器、纸介电容器等；按电容量与电压的关系，电容器可分为线性电容器和非线性电容器；按电容器在电路中的应用，可分为隔直电容器、旁路电容器、耦合电容器、滤波电容器、调谐电容器等。

实验室常用的电容器包括瓷介电容器和电解电容器，其中瓷介电容器以高介电常数、低损耗的陶瓷材料作为介质。它的特点是体积小、损耗小、温度系数小，可工作在超高频范围，耐压较低、容量较小。电解电容器是以铝、钽、铌、钛等金属氧化膜作为介质的电容器。和瓷介电容器相比，电解电容器容量大、体积大、耐压高。电解电容器的缺点是容量误差大且随频率而变动，绝缘电阻低。电解电容器有正、负之分，一般，在电容器外壳上标有"−"记号，对应"−"记号的引脚为负端，另外一端为正端。一般引脚引线长的为"+"端，引线短的为"−"端。使用时务必将电解电容的"+"端引脚接在电路的正极性端，若接反，电解作用会反向进行，氧化膜很快变薄，漏电流急剧增加。如果所加的直流电压过大，则电容器很快发热，甚至会引起爆炸。

电容器的等效电路如图 1.6-4 所示。图 1.6-4（a）中，其电容 $C$ 由介质中的电场储能能力决定，电导 $G$ 由电容器的损耗决定，包括介质的直流泄漏和交流极化损耗，一般应用时，可忽略 $G$ 的影响（视为断开）。当电容器的工作频率较高或是电容器极板尺寸相对较大时，需要考虑电流在引线和极板上传导所引起的损耗和产生的磁场,这时要采用如图 1.6-4(b)或图 1.6-4(c)所示的等效电路。尺寸较大的电容器在超高频电路中则要采用具有分布参数的等效电路。

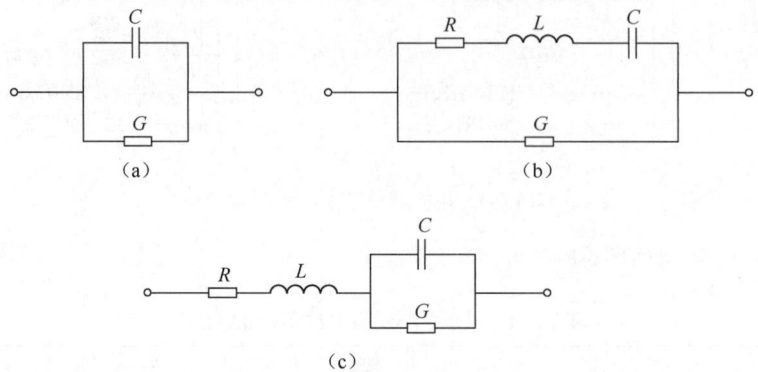

图 1.6-4 电容器的等效电路图

**2. 电容器的主要参数**

电容器的主要参数有标称电容量、允许误差、耐压等。

(1) 标称电容量

电容量的标称电容量也叫电容量的标称值,是指该电容器在正常工作条件下的电容量,其单位有皮法(pF)、纳法(nF)、微法(μF)、法(F)。它们之间的关系为

$$1pF=10^{-3}nF=10^{-6}\mu F=10^{-12}F$$

各系列电容器产品标称电容量的间隔有一定的规定,在电路设计时,计算出的电容量要尽量选择成标称系列值,这样才能在市场上选购到所需的电容器。

(2) 允许误差

允许误差是实际电容量对于标称电容量的最大允许偏差范围。固定电容器的允许误差分 8 级,见表 1.6-4。

表 1.6-4 固定电容器的允许误差等级

| 级别 | 01 | 02 | I | II | III | IV | V | VI |
|---|---|---|---|---|---|---|---|---|
| 允许误差 | ±1% | ±2% | ±5% | ±10% | ±20% | 20%~-30% | 50%~-20% | 100%~-10% |

(3) 耐压

耐压是指电容器在规定的工作温度范围内,在电路中能够长期可靠工作所能承受的最高电压,与介质的种类和厚度有关。如果电容器工作在交流电路中,则交流电压的峰值不得超过额定电压。从安全性考虑,选择电容器的耐压应不小于实际工作电压的 $\sqrt{2}$ 倍,以免击穿电容器。

**3. 电容器的命名方法**

电容器的命名标准见表 1.6-5。

如 CJX-250-0.33-±5%电容器的命名含义如图 1.6-5 所示。

**4. 电容器的标注方法**

电容器参数的标注一般直接写出其标称电容量,如 50V/220μF 表示电容器耐压为 50V、容量为 220μF。但也有用数字来表示标称电容量的,例如瓷介电容上标出"104"三位数值,左边两位数字给出电容量的第一、第二位数字,而第三位数字则表示附加上零的个数,以"pF"为单位。因此,"104"表示的电容量大小为 $10×10^4 pF=0.1\mu F$。

表 1.6-5 电容器的命名标准

| 第一部分 | | 第二部分 | | 第三部分 | | 第四部分 |
|---|---|---|---|---|---|---|
| 主称：用字母表示 | | 材料：用字母表示 | | 特征：用字母表示 | | 序号：用字母或数字表示 |
| 符号 | 意义 | 符号 | 意义 | 符号 | 意义 | |
| C | 电容器 | C | 瓷介 | T | 铁电 | 区别外形尺寸及性能参数 |
| | | I | 玻璃釉 | W | 微调 | |
| | | O | 玻璃膜 | J | 金属化 | |
| | | Y | 云母 | X | 小型 | |
| | | V | 云母纸 | S | 独石 | |
| | | Z | 纸介 | D | 低压 | |
| | | J | 金属化纸 | M | 密封 | |
| | | B | 聚苯乙烯 | Y | 高压 | |
| | | F | 聚四氟乙烯 | C | 穿心式 | |
| | | L | 涤纶（聚酯） | | | |
| | | S | 聚碳酸酯 | | | |
| | | Q | 漆膜 | | | |
| | | H | 纸膜复合 | | | |
| | | D | 铝电解 | | | |
| | | A | 钽电解 | | | |
| | | G | 金属电解 | | | |
| | | N | 铌电解 | | | |
| | | T | 钛电解 | | | |
| | | M | 压敏 | | | |
| | | E | 其他材料电解 | | | |

## 1.6.3 电感器

**1. 电感器概述**

电感器是用漆包线（简称线圈）在绝缘骨架上绕制而成的，在电路中属于储能器件，可起到通直流电、阻交流电、滤波、变压和传送信号等作用。电感器按结构可分为空心、磁心和铁心电感器；按电感器的电感量是否可调，可分为固定式电感器、微调电感器；按功能可分为振荡线圈、耦合线圈和偏转线圈等。

电感器的等效电路如图 1.6-6 所示，图 1.6-6（a）是低频时的等效电路，图中 $L$ 为电感器的等效电感，$R$ 表示电感器的等效电阻。如果电路频率较高，或是线圈间的杂散电容较大时，则应采用如图 1.6-6（b）所示的等效电路。

与电阻器和电容器不同，大部分电感器没有系列产品，实际使用中，常根据需要自行设计绕制。

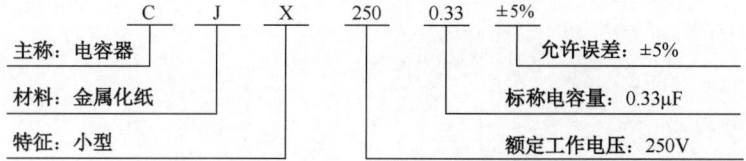

图 1.6-5 CJX-250-0.33-±5%电容器的命名含义

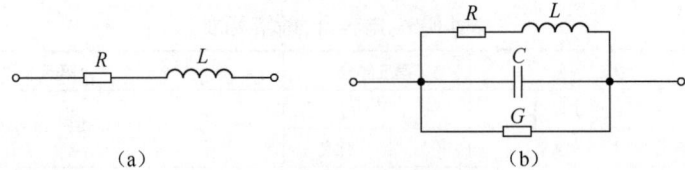

图 1.6-6 电感器的等效电路图

### 2. 电感器的主要参数

电感器的主要参数有标称电感量、品质因数、额定电流等。

（1）标称电感量

标称电感量 $L$ 是指在正常工作条件下电感器的电感量，代表电感器通过变化电流时产生感应电动势的能力，是反映电感存储磁场能量的物理量。标称电感量的常用单位为亨（H）、毫亨（mH）、微亨（μH），它们三者之间的关系为

$$1\mu H = 10^{-3} mH = 10^{-6} H$$

电感量的大小与线圈匝数、直径、内部有无磁心、绕制方式等有直接关系，同电阻器和电容器一样，电感器的标称电感量也有一定误差，常用电感器的误差在 5%～20%。

（2）品质因数

品质因数 $Q$ 反映电感器传输能量的能力。定义为

$$Q = \frac{\omega L}{R}$$

其中，$\omega$ 为工作角频率，$R$ 为电感器等效电阻。电感器的 $Q$ 值越高，其损耗比越小，效率越高。一般电感器的 $Q$ 值为 50～300。

（3）额定电流

额定电流是指电感器在正常工作时所允许通过的最大电流值。通过电感器的电流超过额定值时，电感器将发热，这会导致电感器某些参数的变化，严重时会烧坏电感器。

# 第 2 章  常用仪器仪表与实验系统

## 2.1 概　　述

电工电子学实验可以分类为电路原理实验、模拟电子技术实验、数字电子技术实验和电气控制实验等四大类实验。直流电源、万用表、示波器和函数信号发生器是基本的仪器仪表设备。电路原理实验和电气控制实验在电工技术实验系统上实施，模拟电子技术实验箱和数字电子技术实验箱包含实施模拟电子技术实验和数字电子技术实验所必需的附属功能。

课外实践套件是一套低成本便携式设备，通过与配套软件相配合，能实现双通道数字示波器、双通道函数发生器、电源、8 通道数字输入与输出等功能。借助课外实践套件，学生能随时随地实施基于电路原理、模拟电子技术和数字电子技术等课程方向的动手实践。

Basys3 是一款基于 FPGA 的低成本数字电路教学开发板，学生能通过配套的 Vivado 设计套件，进行数字电子技术实验，替代采用传统中小规模器件实施组合和时序逻辑电路的分析和设计。同时，Basys3 可作为综合性实验的基本实验平台，学生可充分利用 Basys3 集成的丰富资源，或通过附带的 Pmod$^{2-10}$ 接口扩充功能，与外部电路相结合，完成某一实际工程应用。

## 2.2 直流电源

直流电源是能为负载提供稳定直流电压源和直流电流源的电子装置。不同产品提供不同的直流电源设计方案，一般都拥有多路高精度独立可控输出，具有独立、串联、并联等多种输出模式，具有过压、过流、过温保护等特性，具备低纹波和噪声、快速瞬态响应能力，支持各种协议，提供远程控制命令集和 LabVIEW 驱动等功能。

直流电源的指标包括通道数、最大输出电压、最大输出电流、总功率等。

## 2.3 万　用　表

万用表是一种多用途、多量程的便携式仪表，它可以进行交流电压、交流电流和直流电压、直流电流，以及电阻阻值等多种参数的测量。有些万用表还可以进行电容容量、晶体管的直流电压放大倍数等项目的测量。每种测量项目又可以有多个测量量程。

万用表分为模拟（指针）式万用表和数字式万用表两大类。这两类万用表是通过旋转开关来实现各种电量和量程的切换，最大差别是模拟式万用表由表头指针刻度显示读数，数字万用表由液晶显示器来显示读数。

模拟式万用表的测量过程是先通过一定的测量电路，将被测电量转换成电流信号，再由电流信号去驱动磁电式表头指针的偏转，在电表表面的刻度尺上指示出被测电量的大小。

数字式万用表的测量是利用模数（A/D）转换器，将被测的模拟量转换为数字量，经过计算和数据处理，最后把测量结果以数字形式显示在显示器上。数字式万用表的面板结构一般包括电源开关、LCD 显示器、量程选择开关、VΩ 测量插孔、其他测量插孔和电池等部分。

## 2.4 示波器

示波器是一种用途很广的电子测量仪器，主要用于观察电压信号的波形，又能对电信号的多种参数进行测量。

示波器可分为模拟示波器和数字示波器两大类。模拟示波器通过直接测量信号电压，并通过示波器屏幕上的电子束在垂直方向描绘电压，模拟示波器的屏幕通常是阴极射线管（CRT）。数字示波器通过模数转换器（ADC）把被测电压转换为数字信息，对波形的一系列样值进行捕获、存储等操作，随后重构波形。对重复的信号来说，数字示波器的带宽是指数字示波器的前端部件的模拟带宽；对单脉冲和瞬态事件来说，数字示波器的带宽局限于示波器的采样率。

数字示波器一般支持多级菜单，给用户提供多种选择、多种分析功能。通过提供存储功能，实现对波形的保存和处理；能测量直流信号、交流信号的电压幅度；测量交流信号的周期，并以此换算出交流信号的频率；利用内部处理器，提供许多高级数学操作：加减、相乘、相除、积分、快速傅里叶变换等；一些数字示波器通过标准的接口（GPIB、RS-232、USB、以太网）和网络通信，提供对结果的高级分析能力并简化结果的存档和共享。

用两个通道分别进行信号测量，在屏幕上同时显示两个信号的波形，能够测量两个信号之间的相位差和波形之间形状差别的数字示波器称为双踪数字示波器。

## 2.5 函数信号发生器

函数信号发生器是一种应用非常广泛的电子设备，可以用于生产测试、仪器维修和实验室，还广泛使用在其他科技领域，如医学、教育、化学、通信等。它可以产生正弦波、方波、三角波、锯齿波，甚至任意波形。有的函数发生器还具有调制的功能，可以进行调幅、调频、调相、脉宽调制和 VCO 控制。函数发生器有很宽的频率范围，当该仪器外接输入信号时，还可作为频率计数器使用。信号发生器作为信号源，它的输出不允许短路。

函数信号发生器采用恒流充放电的原理来产生三角波，同时产生方波。改变充放电的电流值，就可得到不同的频率信号，当充电与放电的电流值不相等时，原先的三角波会变成各种斜率的锯齿波，同时方波就变成各种占空比的脉冲。

另外，将三角波通过波形变换电路，就产生了正弦波。然后正弦波、三角波（锯齿波）、方波（脉冲）经函数开关转换由功率放大器放大后输出。

## 2.6 电工电子综合实验台

电工电子综合实验台可完成电工电子学课程的基本电路实验以及包含电机类负载的继电器/接触器控制实验。系统一般包括电源及信号源，测量仪表以及实验电路。其中电源部分包括交流三相对称稳压电源、直流稳压/稳流源，以及 1MHz 以下的信号源；测量仪表包括直流电压/电流表，交流智能仪表，频率计；实验电路由多个模块组成，包括多种规格的电感、电容、电阻，以及常用的低压电器和三相异步电动机。

## 2.7 模拟电子技术实验箱

模拟电子技术实验箱采用模块化方式设计，通常包含直流电源模块、交流电源模块、直流信号源模块、晶体管共射放大电路及静态工作点研究模块、直流稳压电源模块、集成运算放大器模块、低频功率放大电路模块、LC 振荡电路模块、集成定时器及其应用模块、有源滤波器模块等。

## 2.8 数字电子技术实验箱

数字电子技术实验箱是方便实施数字电子技术实验的实验设备，通常包括了+5V 直流电源、多路逻辑开关、固定频率或可调频率脉冲信号、多路数据开关、多路电平显示、多路译码显示等功能。

## 2.9 可编程控制器

可编程控制器也称可编程逻辑控制器（Programmable Logic Controller，简称 PLC），是一种专为在工业环境下应用而设计的数字运算的电子系统。其内部采用可编程序的存储器，用来执行逻辑运算、顺序控制、定时、计数和算术运算等操作指令，并通过数字量、模拟量的输入或输出，控制各种类型的机械或生产过程。发展到今天，PLC 已成为工业自动控制的重要工具，在机械、电力、采矿、冶金、化工、造纸、纺织、水处理等领域有着广泛的应用。

PLC 具有如下特点。
（1）可靠性高，抗干扰能力强。
（2）通用性强，控制程序可变，使用方便。
（3）功能强，适应面广。
（4）编程简单，容易掌握。
（5）减少了控制系统的设计及施工的工作量。
（6）体积小，重量轻，功耗低，维护方便。

迄今为止，PLC 产品制造以国外企业为主，包括美国 Rockwell 公司、美日合资 GE Fanuc 公司、德国 Siemens 公司、法国施耐德公司的产品，形成了面向不同应用的不同系列，其功能和编程也都各有特点。

## 2.10 课外实践套件

### 2.10.1 硬件描述

课外实践套件是由便携式实验箱和数字式万用表组成的易于随身携带的小型实验平台，如图 2.10-1 所示。便携式实验箱是一个编著者设计，由内置的片上仪器模块和实验板组成的综合实验装置，使用者在实验板上搭接电路，通过便携式实验箱引出的 USB 接口线与电脑相连后，打开配套软件，可以方便地进行课内外实践活动。

（a）便携式实验箱　　　　　　　（b）数字式万用表

图 2.10-1　课外实践套件

**1. 片上仪器模块**

便携式实验箱内置了一款恩捷伦发布，简称为 YuZhu 的便携式片上仪器模块，能替代稳压电源、示波器、信号源等常规仪器的一般功能，功能及指标包括：

- ◆ 双通道 USB 数字示波器（Scope）：输入阻抗 1MΩ、最大输入信号±25V 差分（50 $V_{pp}$）、垂直分辨率 12 位（14 位可选）、采样率 40MSPS（125MSPS 可选）、输入带宽 5MHz（30MHz 可选）、带有 2 个独立的外部触发输入信号。
- ◆ 双通道 USB 波形发生器（Wavegen）：输出范围±5V、DAC 分辨率 12 位（14 位可选）、带宽 5MHz（12MHz 可选）。
- ◆ 双路程控电源（Supplies）：可编程电源一路 0 至+5V，一路 0 至-5V。USB 供电时每路电源最大输出功率 250mW，外接辅助电源时每路电源最大输出功率 500mW。
- ◆ 双通道频谱分析仪（Spectrum）：快速傅里叶变换、带宽 5MHz（30MHz 可选）。
- ◆ 网络分析仪（Network）：扫频范围 1Hz 至 2MHz（10MHz 可选）、频率阶梯 5Hz 至 1kHz。支持数据记录。
- ◆ 双通道电压表（Voltmeter）：直流（DC）、真有效值（True AC）、交流有效值（AC RMS），±25V 最大输入电压。
- ◆ 16 通道数字输入输出接口（StaticIO）：LVCMOS 逻辑电平 1.8V/3.3V 输入、3.3V 输出。采样率 40MHz（125MHz 可选）。

此外，模块还带有逻辑分析仪（Logic）、码型数字信号发生器（Patterns）、协议分析仪（Protocol）等功能。随着软件和硬件的不断升级，YuZhu 的功能和指标也会不断升级。

**2．片上仪器与晶体管共射放大电路实验板**

如图 2.10-2 所示。实验板左侧是 30 针片上仪器接线端子，功能由配套的上位机软件决定，表 2.10-1 为接线端子符号和对应的接口定义。实验板右侧是晶体管共射放大实验电路。

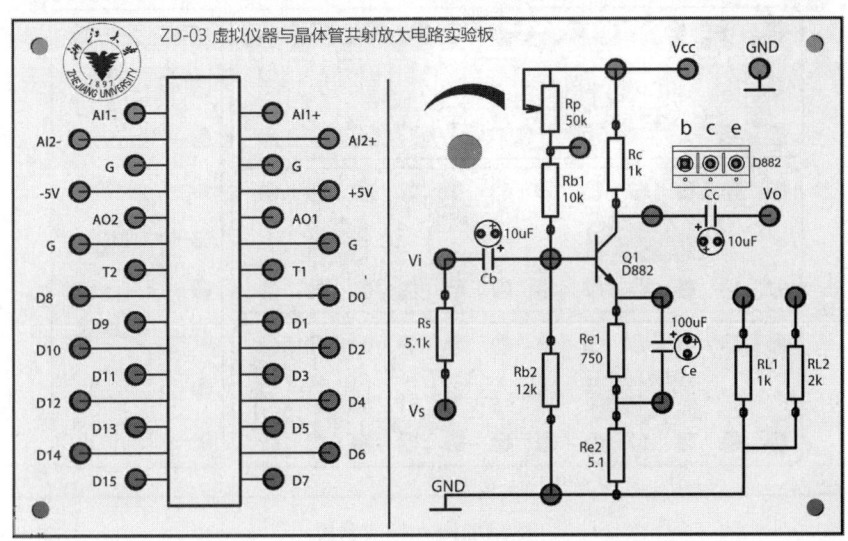

图 2.10-2　片上仪器与晶体管共射放大电路实验板

表 2.10-1　接线端子符号和对应的接口定义

| 序号 | 符号 | 定义 | 序号 | 符号 | 定义 |
|---|---|---|---|---|---|
| 1 | AI1- | 示波器 CH1- | 16 | AI1+ | 示波器 CH1+ |
| 2 | AI2- | 示波器 CH2- | 17 | AI2+ | 示波器 CH2+ |
| 3 | G | 地（GND） | 18 | G | 地（GND） |
| 4 | +5V | 程控直流正电源，最高 5V | 19 | -5V | 程控直流负电源，最低-5V |
| 5 | AO2 | 波形发生器 2 | 20 | AO1 | 波形发生器 1 |
| 6 | G | 地（GND） | 21 | G | 地（GND） |
| 7 | T2 | 触发 T2 | 22 | T1 | 触发 T1 |
| 8 | D8 | 数字输入/输出端子 IO8 | 23 | D0 | 数字输入/输出端子 IO0 |
| 9 | D9 | 数字输入/输出端子 IO9 | 24 | D1 | 数字输入/输出端子 IO1 |
| 10 | D10 | 数字输入/输出端子 IO10 | 25 | D2 | 数字输入/输出端子 IO2 |
| 11 | D11 | 数字输入/输出端子 IO11 | 26 | D3 | 数字输入/输出端子 IO3 |
| 12 | D12 | 数字输入/输出端子 IO12 | 27 | D4 | 数字输入/输出端子 IO4 |
| 13 | D13 | 数字输入/输出端子 IO13 | 28 | D5 | 数字输入/输出端子 IO5 |
| 14 | D14 | 数字输入/输出端子 IO14 | 29 | D6 | 数字输入/输出端子 IO6 |
| 15 | D15 | 数字输入/输出端子 IO15 | 30 | D7 | 数字输入/输出端子 IO7 |

### 3. 电路实验板与模拟电路实验板

电路实验板与模拟电路实验板是配合部分电路原理课程实验和模拟电路课程实验使用的实验板。如图 2.10-3 所示的电路实验板由 3 个共 2 种规格的可调电位器、多种规格的电阻电容和电感元件、1 个 8 脚芯片管座，以及 2 个 14 脚芯片管座组成。

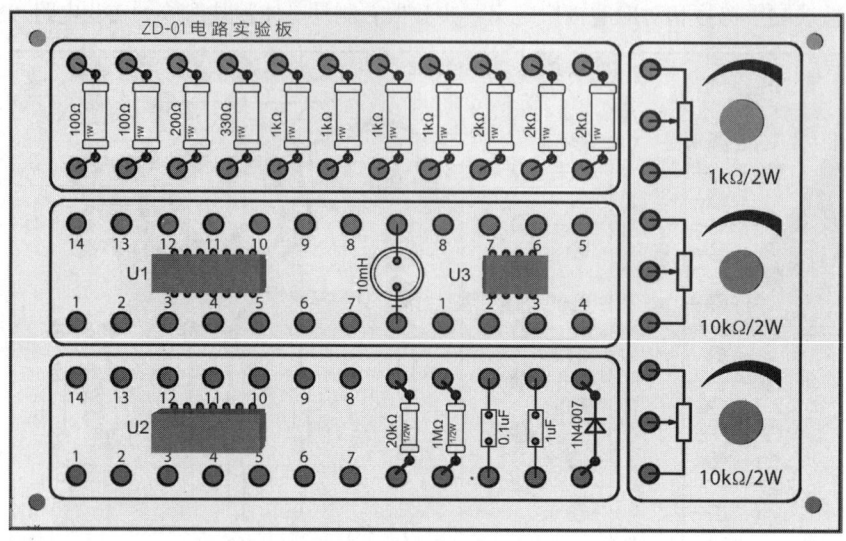

图 2.10-3　电路实验板

模拟电路实验板如图 2.10-4 所示，由右侧的电源模块与左侧的元器件模块构成。电源模块包括直流±5V 与±12V 电源，以及 2 路±10V 可调直流电源 Vout1 和 Vout2，使用该电源需软件设置程控电源输出电压+5V 和−5V（设置方法见 2.10.2 中 3）。元器件模块包含一个 10kΩ 可调电位器、多种规格的电阻和电容元件、稳压二极管和整流二极管，还包括 2 个 8 脚芯片管座。

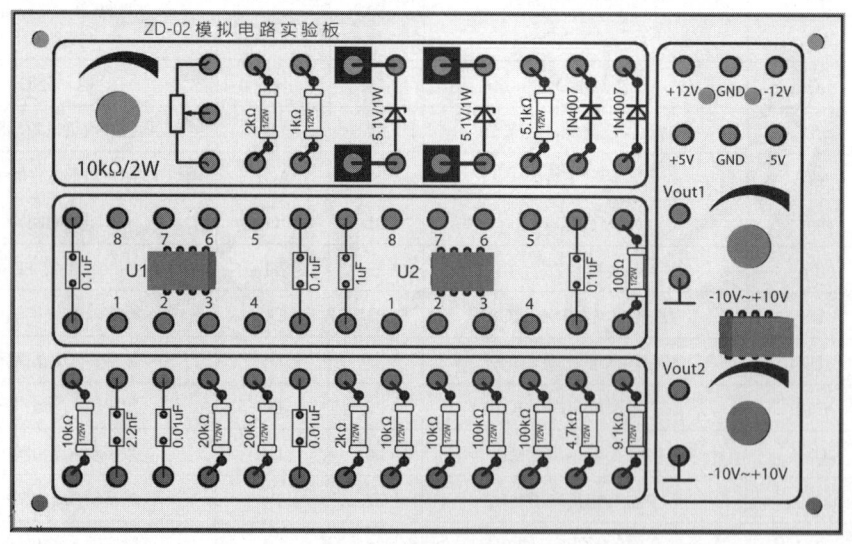

图 2.10-4　模拟电路实验板

### 3. 数字电路与信号处理实验板

实验板外观布局如图 2.10-5 所示，设计了 3 个 14 脚芯片管座和 3 个 16 脚芯片管座，方便安放

DIP（双列直插）封装的集成芯片。实验板左侧的硬件乘法器为信号处理实验用。

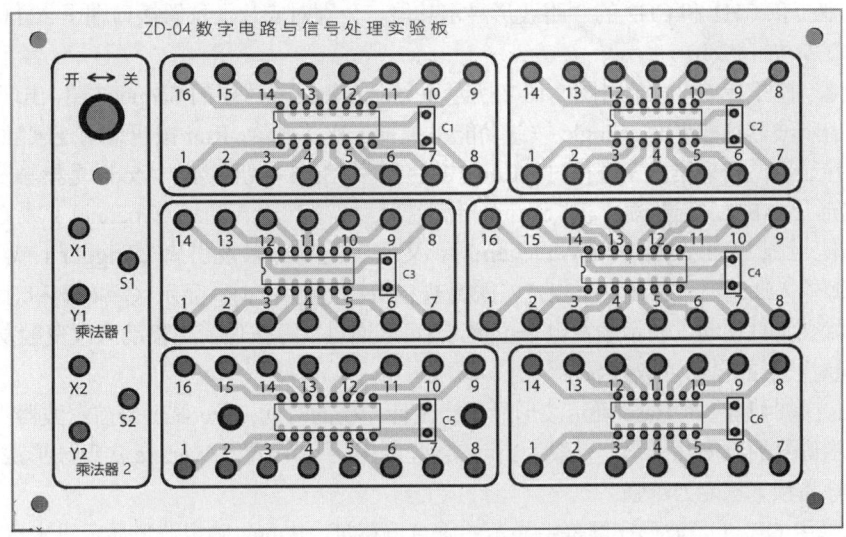

图 2.10-5　数字电路与信号处理实验板

## 2.10.2　配套软件

配套软件是配合便携式实验箱使用的上位机软件，程序名称叫作 Instruments Playground。双击软件的 setup.exe 即可开始安装。安装完成后，开始菜单栏会多出一项 Instruments Playground 图标，如图 2.10-6 所示。

图 2.10-6　上位机软件开始菜单栏

打开 Instruments Playground（以下简称 IP）软件，出现如图 2.10-7 所示的上位机应用程序主界面。将实验箱引出的 USB 接口线接入 PC，如果内置的虚拟模块能被成功识别，主界面左下角会显示设备序列号。

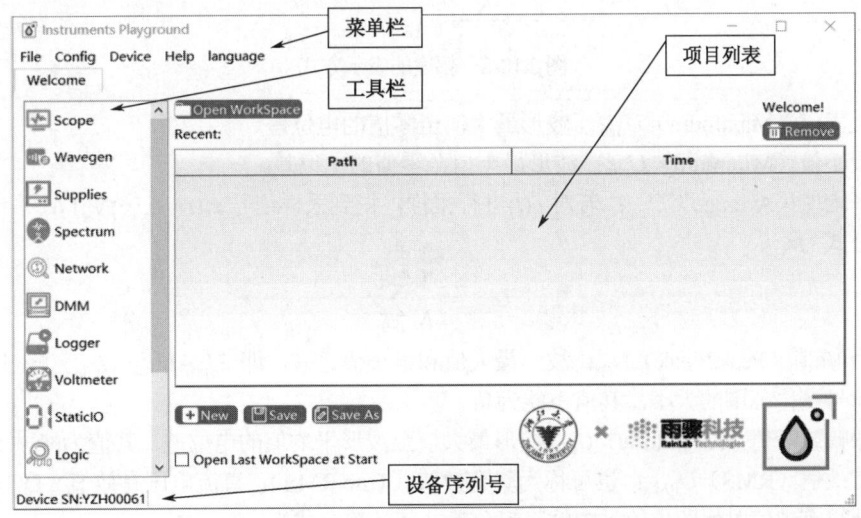

图 2.10-7　上位机应用程序主界面

## 1. 示波器（Scope）

片上仪器提供 CH1 和 CH2 的 2 路波形显示功能，分别对应片上仪器接口端子 AI1+、AI1-，以及 AI2+、AI2-，如表 2.10-1 所示。

连接设备，打开 IP 软件，单击图 2.10-7 所示主界面左侧工具栏中的 Scope 按钮，出现如图 2.10-9 所示的双通道示波器功能界面。Single 按钮功能是采集 1 次并显示；Run 按钮采用连续触发的方式获取采集数据并显示，当采集正在进行时，Run 按钮会变为 Stop 按钮显示。Mode 是指触发方式选择。为了确保波形显示的稳定性，触发源 Source 应选择信号源的输入通道（Channel 1 或 Channel 2），或者选定的信号源（Wavegen 1 或 Wavegen 2），又或者是外部触发引脚（Trigger 1 或 Trigger 2）。当选择信号源输入通道时，若波形不稳定，需调节 Level 数值，此时，显示区域右侧和对应波形颜色相同的箭头就会垂直移动以表示触发电平位置，也可以通过鼠标按住箭头移动来改变触发电平。Auto Set 按钮实现对波形的自动读取并显示。

TimeBase 是时基选择，Base 确定波形显示横坐标一格的时间，Rate 显示当前示波器实时采样率，一般高于显示信号的频率几十倍，一般为自动实现，也可手动设置。Average 实现波形滤波功能，数值越大，消除高频干扰能力越强。

通道选择中 Offset 是波形在屏幕中显示的垂直偏移量，Range 确定波形显示纵坐标一格对应的幅度。

单击显示区域上方 XY 图标，会增加 XY 模式波形显示窗口；单击 L 图标，实现深色、浅色显示背景的切换。

单击显示区域上方 M 图标，会显示测量结果列表，包括波形的最大值（Maximum）、最小值（Minimum）、平均值（Average）、峰-峰值（Peak2Peak）、振幅（Amplitude）、有效值（RMS）、交流有效值（AC RMS）、周期（Periods）、频率（Frequency）等参数。以正弦波信号 $u(t)$ 为例，如图 2.10-8 所示，部分幅度参数的定义如下。

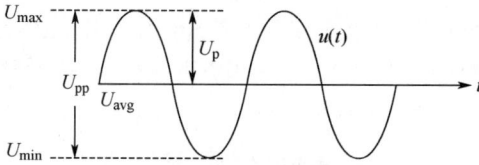

图 2.10-8 幅度的表示方式

- 最大值（Maximum）$U_{max}$：波形最大值至零值的电位差。
- 最小值（Minimum）$U_{min}$：波形最小值至零值的电位差。
- 平均值（Average）$U_{avg}$：若对 $u(t)$ 进行采样，得到采样信号 $x_i(i=0,\cdots,N-1)$，平均值的计算公式为

$$U_{avg} = \frac{1}{N}\sum_{i=0}^{N-1} x_i$$

- 峰-峰值（Peak2Peak）$U_{pp}$：波形最大值和最小值之差，即 $U_{pp}=U_{max}-U_{min}$。峰-峰值描述了信号变化范围的大小，其值不能为负。
- 振幅或峰值（Amplitude）$U_p$：波形最大值至波形平均值的电位差，其值为峰-峰值的一半。
- 有效值（RMS）$U_{RMS}$：也可称为真有效值（True RMS）、直流电压有效值（DC RMS），即计算有效值时保留了信号中的直流分量，其计算公式为

$$U_{RMS} = \sqrt{\frac{1}{N}\sum_{i=0}^{N-1} x_i^2}$$

◆ 交流有效值（AC RMS）$U_{\text{AC RMS}}$：设定 dc 为信号 $x_i$ 中的直流分量，交流有效值（AC RMS）的计算公式为

$$U_{\text{AC RMS}} = \sqrt{\frac{1}{N}\sum_{i=0}^{N-1}(x_i - \text{dc})^2}$$

标尺功能能够实现对波形任意位置的绝对坐标定位，以及测量波形中任意两点间的横坐标和纵坐标距离。例如，它可用于精确测量方波信号的正脉宽和负脉宽等参数。

单击 Save XYGraph 图标，打开 Save 界面，接着单击右侧的 📁 图标，选择所需的文件存储目录，然后单击右侧的 Save 按钮，显示波形的幅度信息将以 csv 格式存储，文件名将包含当前的时间信息。该文件能够被 Excel 软件打开并进行处理。而单击 Save Scope 图标，则会将当前显示的波形时间及幅度信息以 csv 格式保存。

示波器 CH1 和 CH2 的 2 路输入通道采用差分输入方式，即将 AI1+和 AI1−，以及 AI2+和 AI2−输入端的差值作为输入信号。若将 AI1−和 AI2−与 G 相连，则实现显示信号共地的单端输入方式。例如，将 AO1 与 AI1+相连，AO2 与 AI2+相连，同时 AI1−和 AI2−也接至 G。在配置波形发生器选项后（参见图 2.10-10），示波器将显示波形发生器的输出信号，其显示效果如图 2.10-9 所示。

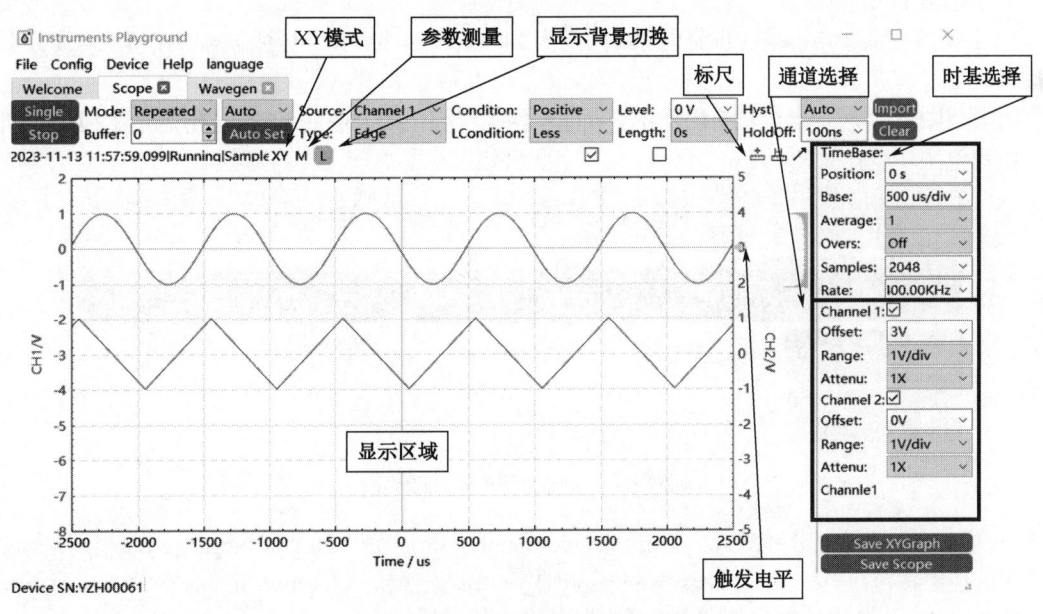

图 2.10-9 双通道示波器功能界面

### 2. 波形发生器（Wavegen）

片上仪器提供 2 路波形输出，分别标记为 WaveGen CH1 和 WaveGen CH2，如图 2.10-10 所示；它们分别对应片上仪器接口端子 AO1 和 AO2，如表 2.10-1 所示，这两路信号共用一个公共地 G。

单击图 2.10-7 所示 IP 主界面左侧工具栏中的 Wavegen 按钮，出现如图 2.10-10 所示的双通道波形发生器功能界面。Type 设置信号输出类型，如 Sine（正弦波）、Square（方波）、Triangle（三角波）、Pulse（脉冲波）等，可设置 Frequency（频率）、Amplitude（峰值）、Offset（幅值偏移量）、Symmet（占空比）、Phase（相位）等参数。Offset 可设置波形是单极性或双极性，如方波信号，若设定 Offset=Amplitude，则波形的最小值为非负值，是单极性方波；若设定 Offset=0，则是双极性方波。按下 Run 按钮，使能信号源输出。若选中 Synchronization，则可设置 2 路输出相位同步。

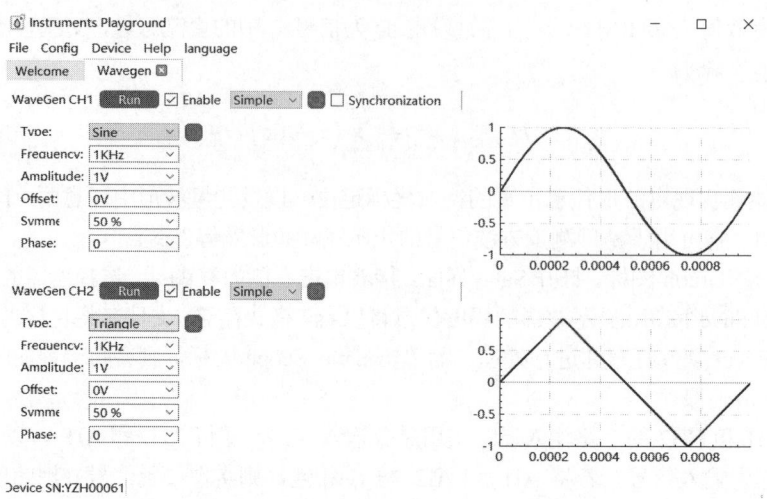

图 2.10-10　双通道波形发生器功能界面

### 3．电源（Supplies）

片上仪器提供 2 路可编程直流电源，匹配表 2.10-1 中的+5V 和-5V 标志对应接口，电源具有公共地 G。

单击图 2.10-7 所示上位机应用程序主界面左侧工具栏中的 Supplies 按钮，出现如图 2.10-11 所示的可编程电源功能界面。

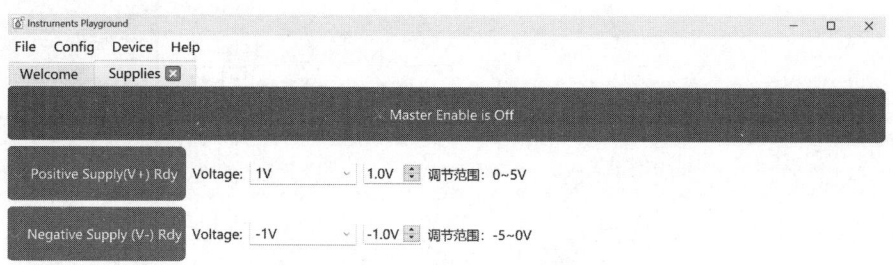

图 2.10-11　可编程电源功能界面

电源支持双路输出分别配置，单击 Positive Supply (V+)（正电压）和 Negative Supply (V−)（负电压）的使能按钮，当按钮显示 Positive Supply (V+) Rdy 或（和）Negative Supply (V−) Rdy 时，再按 Master Enable（主使能）按钮，则相应的电源输出有效。若 Master Enable is Off，则电源输出无效。

一般情况下，设置并保持双路电压输出+5V 和-5V。当给 74HC 系列数字芯片供电时，可设置正电压输出+3.3V，但会影响与之相关的其他电源的大小。

本书如没有特别说明，在便携式实验箱上电后，须在 IP 软件中手动设置并输出+5V 和-5V 电源。此时，模拟电路实验板上的+12V 和-12V 电源、+5V 和-5V 电源，以及 2 路可调-10～10V 电源都能正常工作。可将装置的外接辅助电源线插入 PC 机的空余 USB 接口，提升电源的输出功率。

### 4．电压表（Voltmeter）

单击图 2.10-7 所示界面左侧工具栏中的 Voltmeter 按钮，出现如图 2.10-12 所示的电压表功能界面。

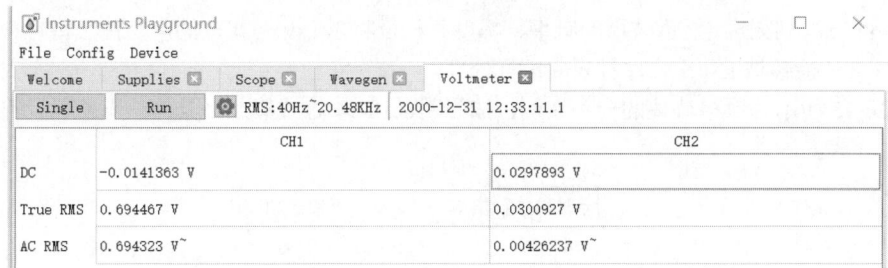

图 2.10-12　电压表功能界面

电压表功能支持直流电压、真有效值、交流有效值的测量。电压表测量的是来自示波器输入通道的数据，即待测信号从片上仪器接线端子 AI1+和 AI1-或 AI2+和 AI2-输入。当电压表功能运行时，示波器功能将不起作用，反之亦然。

Single 指的是测量一次，Run 指的是连续测量。

### 5. 数字量输入输出（StaticIO）

单击图 2.10-7 软面板上的 StaticIO 按钮，出现如图 2.10-13（a）所示数字输入输出接口配置界面，IO0～IO15 对应于片上仪器数字输入输出端子 D0～D15。

可以配置 IO0～IO15 的任何 1 个端子为输出端子或输入端子，当图 2.10-13（a）中的勾选框打勾时，对应引脚设置为输出，拨动勾选框上方蓝色开关来控制输出高或低。端子的输入或输出状态能在界面中实时显示。因为采用了 LVCMOS 电平标准，当作为输入使用时，若接收 74LS 系列数字芯片的信号为 $u_o$，须先将 $u_o$ 送入如图 2.10-13（b）所示的电平转换电路，使 $u_o$ 高电平为 3.3V 左右（最高不超过 4V），将 $u_o'$ 送入 D0～D15。电平转换电路需自行搭建，如图 2.10-13（b）中可令 $R_2=2R_1$，例如，取 $R_1=1k\Omega$、$R_2=2k\Omega$。若接收 74HC 系列数字芯片的信号为 $u_o$，且 74HC 系列数字芯片的供电电压是 3.3V 时，$u_o$ 可直接送入 D0～D15。

建议将不用的接口设置为输出接口。

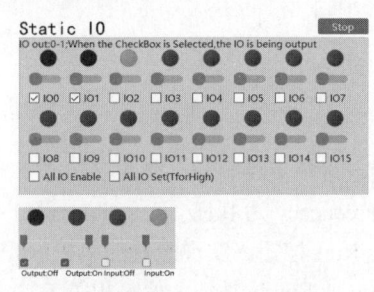

（a）数字输入输出接口配置界面　　　　　（b）电平转换电路

图 2.10-13　数字输入输出接口配置界面和电平转换电路

### 6. 网络分析仪（Network）

网络分析仪常被用来分析电路的频率特性，包括幅频特性和相频特性，图 2.10-14 给出了网络分析仪的使用方法。波形发生器的输出和示波器 1 通道的输入连在一起，作为电路的输入，示波器 2 通道连接至电路的输出。

单击图 2.10-7 软面板上的 Network 按钮，出现网络分析仪界面。Start 代表扫描起始频率；Stop 代表扫描停止频率；Steps 定义采样点数；Samples 定义每个采样点的采样精度；Source 定义激励源；Amplitude 定义激励幅度；Scale 定义横坐标频率的绘图比例。

单击 Save NetWork 图标，打开 Save 界面，单击右侧的 图标，选择所需的文件存储目录，然后单击右侧的 Save 按钮，显示波形的频率、幅度和相位将以 csv 格式存储，文件名将包含当前的时间信息。该文件能够被 Excel 软件打开并进行处理。

图 2.10-15 所示为频率特性的一个实例，按照图 2.10-14 方式接线，具体的电路以及连线方式如图 2.10-16 所示。

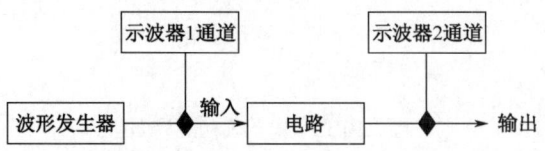

图 2.10-14　网络分析仪的使用方法

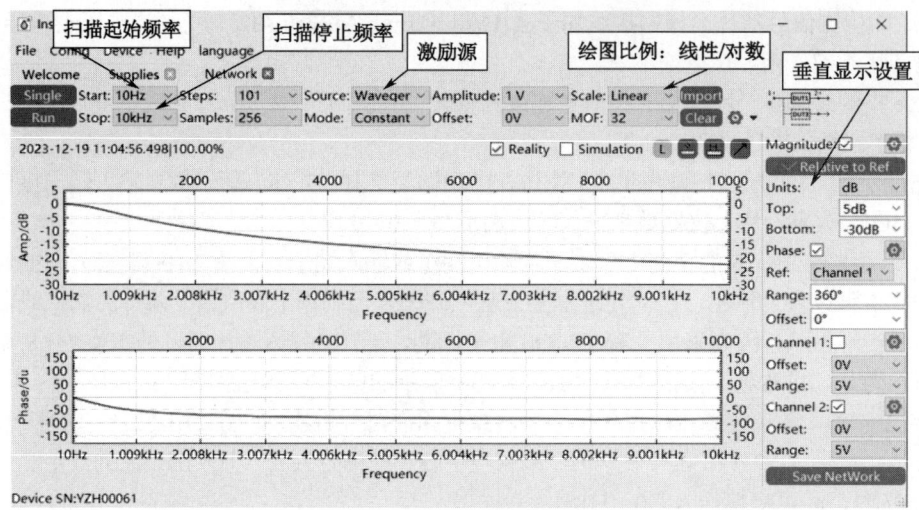

图 2.10-15　频率特性的一个实例

## 2.10.3　应用实例

**1. 一阶 RC 电路瞬态分析**

在便携式实验箱上按图 2.10-16 连接电路和接线端子，在图 2.10-7 中单击 Wavegen 按钮，设置 WaveGen CH1 通道参数：Type 为 Square，Frequency 为 1kHz，Amplitude 为 1V，Offset 为 1V，Symmetry 为 50%，Phase 为 0。选中 Enable，单击 Run 按钮，实现配置的单极性方波信号输出。在图 2.10-7 中单击 Scope 按钮，打开示波器；单击 Run 或 Single 按钮，调整相关参数，得到如图 2.10-17 所示的结果。

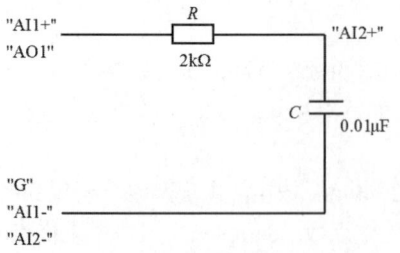

图 2.10-16　具体的电路以及连线方式

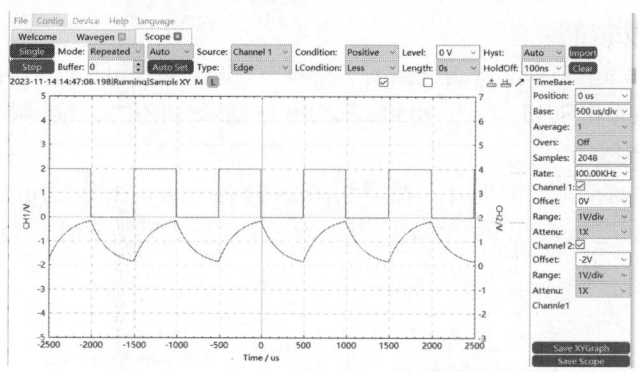

图 2.10-17　一阶 RC 电路运行结果

### 2. 晶体管共射放大电路

在晶体管共射放大电路实验板上按图 2.10-18 连接电路（为减少干扰，注意包括信号地、电源地的所有的接地线都连在同一个接地端子上）。在图 2.10-7 中单击 Wavegen 按钮，设置 WaveGen1 CH1 参数：Type 为 Sine，Frequency 为 1kHz，Amplitude 为 100mV，Offset 为 0V，Symmetry 为 50%，Phase 为 0。选中 Enable，单击 Run 按钮，实现配置的正弦波信号输出。在图 2.10-7 中单击 Scope 按钮，打开示波器，单击 Run 按钮，调整相关参数，同时适当调整图 2.10-18 中 $R_p$ 的大小，得到如图 2.10-19 所示的输入波形和输出波形。单击 Single 按钮，然后单击 M 按钮得到波形的测量参数。

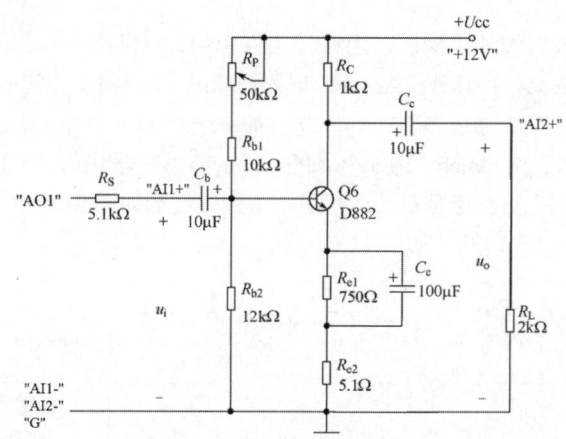

图 2.10-18　晶体管共射放大电路接线图

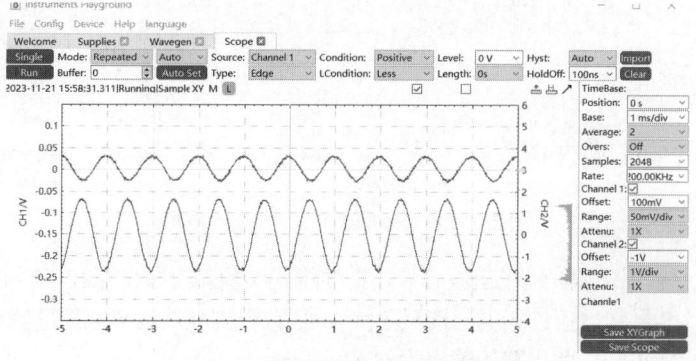

图 2.10-19　晶体管共射放大电路运行结果

**3. 无源低通滤波电路**

电路及接线如图 2.10-16 所示，设置电容 $C$ 两端电压为输出。单击图 2.10-7 中 Network 按钮，在打开的界面中调整参数并单击 Single 按钮，得到如图 2.10-15 所示输出信号的幅频特性和相频特性。

**4. 与非逻辑门电路**

取 1 片 DIP 封装的 74LS00 芯片，按图 2.10-20 连接电路。在图 2.10-13 中设置 IO0 和 IO1 为输出，IO2 为输入。当 IO0 和 IO1 的输出电平为低电平或者高电平时，IO2 的状态满足与非逻辑，如图 2.10-13（a）所示。

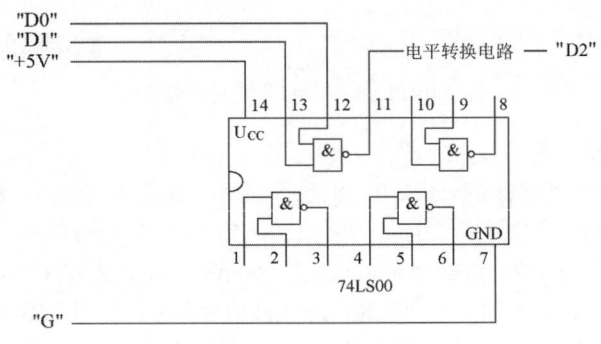

图 2.10-20  74LS00 芯片功能检测

**5. 减法运算电路**

设置输入信号为单极性方波和单极性三角波。在图 2.10-10 中设置 WaveGen CH1 通道参数：Type 为 Triangle（三角波），Frequency 为 1kHz，Amplitude 为 200mV，Offset 为 200mV，Symmetry 为 50%，Phase 为 0。设置 WaveGen CH2 通道参数：Type 为 Square（方波），Frequency 为 1kHz，Amplitude 为 250mV，Offset 为 250mV，Symmetry 为 50%，Phase 为 90°。按照图 2.10-2 将 AO1 和 AI1+相连、AO2 和 AI2+相连，将 AI1−和 AI2−连至 G。运行后，得到的波形如图 2.10-21 所示。

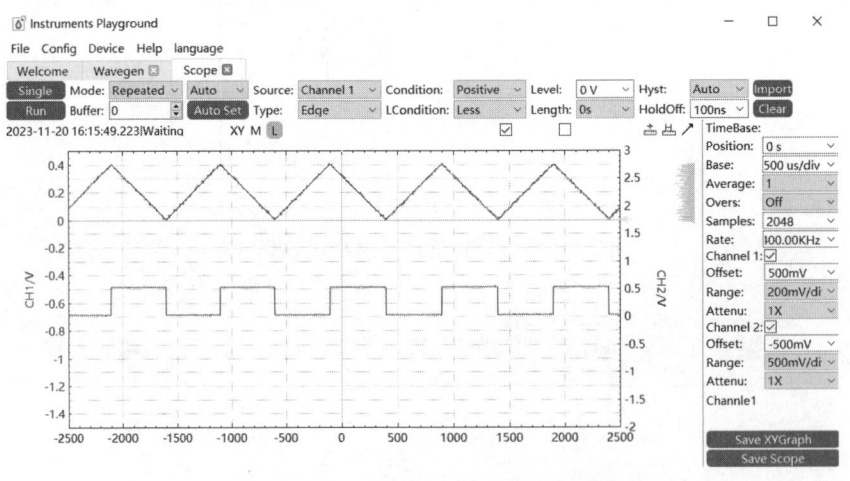

图 2.10-21  减法运算电路的输入波形

取 1 片 DIP 封装的 μA741 集成运放芯片，在便携式实验箱上按图 2.10-22 接线。将实验箱上的 +12V 电源接至芯片 7 号脚，将−12V 电源接至芯片 4 号脚，得到减法运算电路的输出波形如图 2.10-23 所示。对照图 2.10-22 可知，此电路的输出为 $u_o=2(u_{i2}-u_{i1})$。

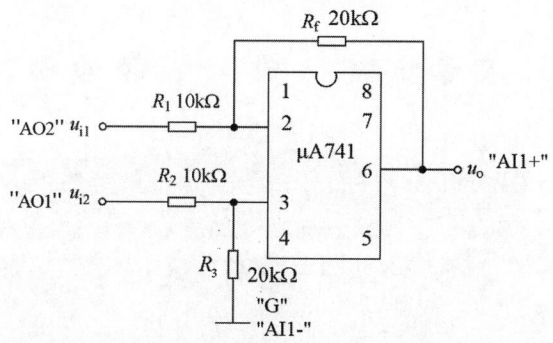

图 2.10-22　减法运算电路接线图

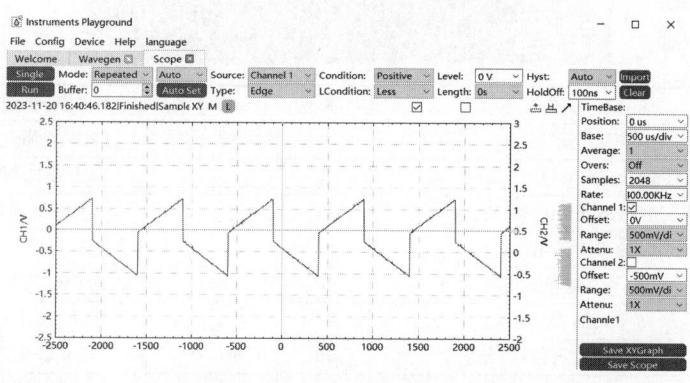

图 2.10-23　减法运算电路的输出波形

## 2.11　Basys3 数字电路教学开发板套件

### 2.11.1　Basys3 概述

Basys3 是一款采用 Xilinx Artix®-7 FPGA 芯片 XC7A35T-1CPG236C 架构的入门级 FPGA 板，适合于从基本逻辑器件到复杂控制器件的电路开发。Basys3 开发板上集成了大量 I/O 设备和 FPGA 所需的支持电路。配套 Vivado 设计套件，Basys3 是学习 FPGA 和数字电路设计的理想电路设计平台。

### 2.11.2　主要硬件构成

Basys3 的关键特性有：
（1）5,200 个 slices（切片）资源，相当于 33,280 个逻辑单元。
（2）容量为 1,800 kbit 的块状 RAM。
（3）5 个时钟管理单元，每个单元都带有一个 PLL（锁相环）。
（4）90 个 DSP slices。
（5）超过 450 MHz 的内部时钟速度。
（6）1 个片内 ADC，称之为 XADC。
此外，Basys3 还提供了一系列接口和外设，支持实现系统级的设计。Basys3 开发板的外观及功能布局如图 2.11-1 所示。

| 序号 | 描述 | 序号 | 描述 |
| --- | --- | --- | --- |
| 1 | 电源指示灯 | 9 | FPGA 配置复位键 |
| 2 | Pmod 连接口（3 个） | 10 | 编程模式跳线柱 |
| 3 | 专用模拟信号 Pmod 连接口（XADC） | 11 | USB 连接口 |
| 4 | 4 位 7 段数码管 | 12 | VGA 连接口 |
| 5 | 16 个拨键开关 | 13 | UART/JTAG 共用 USB 接口 |
| 6 | 16 个 LED 指示灯 | 14 | 外部电源开关接口 |
| 7 | 5 个按键开关 | 15 | 电源开关 |
| 8 | FPGA 编程指示灯 | 16 | 电源选择跳线柱 |

图 2.11-1　Basys3 开发板的外观及功能布局

### 1．电源电路

Basys3 开发板的电源电路如图 2.11-2 所示。Basys3 开发板可以通过 2 种方式进行供电，一种是通过 J4 的 USB 端口供电；另一种是通过 J6 的接线柱进行供电（5V）。通过 JP2 跳线帽的不同选择进行供电方式的选择。电源开关通过 SW16 进行控制，LD20 为电源开关的指示灯。如果选用外部电源（即 J6）那么应该保证电源电压在 4.5V～5.5V 范围内，以及至少能提供 1A 的电流。只有在特别情况下电源电压才可以使用 3.6V 电压。

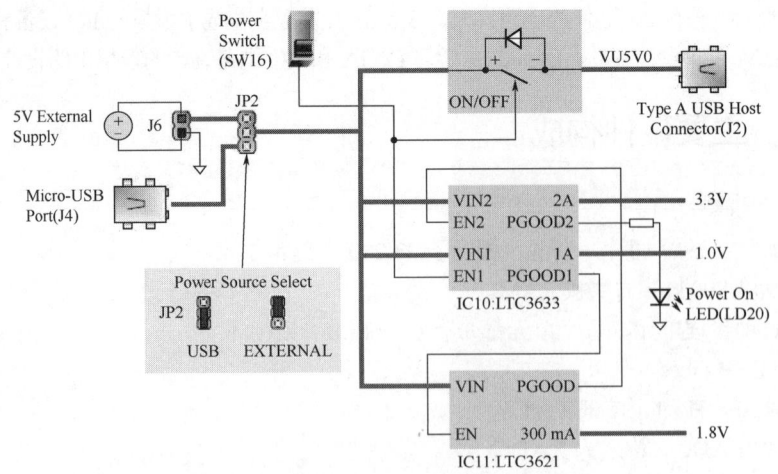

图 2.11-2　Basys3 开发板的电源电路

## 2. 引脚分配

Basys3 包含 16 个拨动开关、5 个按键开关、16 个独立的 LED 指示灯和 4 位 7 端数码管等外设，外设端子和 FPGA 引脚具有一一对应关系，见表 2.11-1 和表 2.11-2。

表 2.11-1　Basys3 板卡 I/O 信号与 FPGA 引脚分配表

| LED 灯 | 引脚 | 时钟 | 引脚 | 拨码开关 | 引脚 | 按键 | 引脚 | 七段数码管 | 引脚 |
|---|---|---|---|---|---|---|---|---|---|
| LD0 | U16 | MRCC | W5 | SW0 | V17 | BTNU | T18 | AN0 | U2 |
| LD1 | E19 | | | SW1 | V16 | BTNR | T17 | AN1 | U4 |
| LD2 | U19 | | | SW2 | W16 | BTND | U17 | AN2 | V4 |
| LD3 | V19 | | | SW3 | W17 | BTNL | W19 | AN3 | W4 |
| LD4 | W18 | | | SW4 | W15 | BTNC | U18 | CA | W7 |
| LD5 | U15 | | | SW5 | V15 | | | CB | W6 |
| LD6 | U14 | | | SW6 | W14 | | | CC | U8 |
| LD7 | V14 | | | SW7 | W13 | | | CD | V8 |
| LD8 | V13 | USB(J2) | PIN | SW8 | V2 | | | CE | U5 |
| LD9 | V3 | PS2_CLK | C17 | SW9 | T3 | | | CF | V5 |
| LD10 | W3 | PS2_DAT | B17 | SW10 | T2 | | | CG | U7 |
| LD11 | U3 | | | SW11 | R3 | | | DP | V7 |
| LD12 | P3 | | | SW12 | W2 | | | | |
| LD13 | N3 | | | SW13 | U1 | | | | |
| LD14 | P1 | | | SW14 | T1 | | | | |
| LD15 | L1 | | | SW15 | R2 | | | | |

表 2.11-2　Basys3 板卡 VGA 信号、Pmod 子板信号与 FPGA 引脚分配表

| VGA | 引脚 | Pmod JA | 引脚 | Pmod JB | 引脚 | Pmod JC | 引脚 | Pmod JXADC | 引脚 |
|---|---|---|---|---|---|---|---|---|---|
| RED0 | G19 | JA0 | J1 | JB0 | A14 | JC0 | K17 | JXADC0 | J3 |
| RED1 | H19 | JA1 | L2 | JB1 | A16 | JC1 | M18 | JXADC1 | L3 |
| RED2 | J19 | JA2 | J2 | JB2 | B15 | JC2 | N17 | JXADC2 | M2 |
| RED3 | N19 | JA3 | G2 | JB3 | B16 | JC3 | P18 | JXADC3 | N2 |
| GRN0 | J17 | JA4 | H1 | JB4 | A15 | JC4 | L17 | JXADC4 | K3 |
| GRN1 | H17 | JA5 | K2 | JB5 | A17 | JC5 | M19 | JXADC5 | M3 |
| GRN2 | G17 | JA6 | H2 | JB6 | C15 | JC6 | P17 | JXADC6 | M1 |
| GRN3 | D17 | JA7 | G3 | JB7 | C16 | JC7 | R18 | JXADC7 | N1 |
| BLU0 | N18 | | | | | | | | |
| BLU1 | L18 | | | | | | | | |
| BLU2 | K18 | | | | | | | | |
| BLU3 | J18 | | | | | | | | |
| HSYNC | P19 | | | | | | | | |
| YSYNC | R19 | | | | | | | | |

## 3. 发光二极管

开发板上配有 16 个发光二极管（LED），可用作标志显示或代码调试的结果显示，既直观明了又简单方便。具体电路如图 2.11-3 所示。当 FPGA 输出为高电平时，相应的 LED 点亮；否则，LED 熄灭。

**4. 拨键开关**

Basys3 配有 16 个拨键开关，电路如图 2.11-4 所示。实验中拨键开关作为输入端，当开关打到下方位置时，FPGA 的输入为低电平。

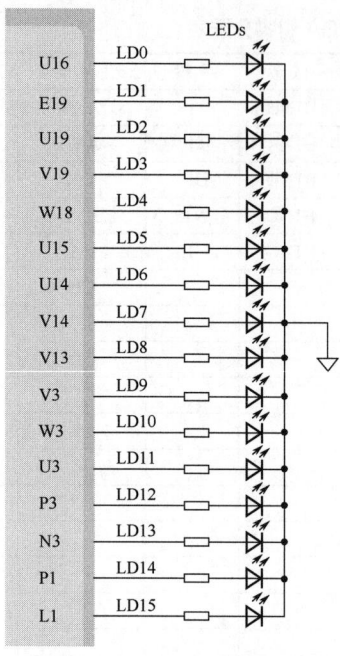

图 2.11-3　16 个 LED 的具体电路

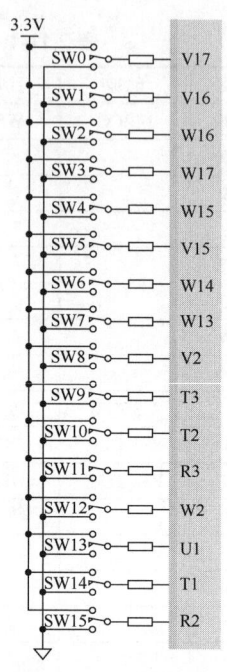

图 2.11-4　16 个拨键开关的电路

**5. 按键开关**

Basys3 配有 5 个按键开关，电路如图 2.11-5 所示。实验中按键开关常作为逻辑开关使用，当按键按下时，表示 FPGA 的相应输入脚为高电平。若按键按下，再松开，意味着按键开关所连接的输入端先输出一个上升沿，紧接着输入一个下降沿。

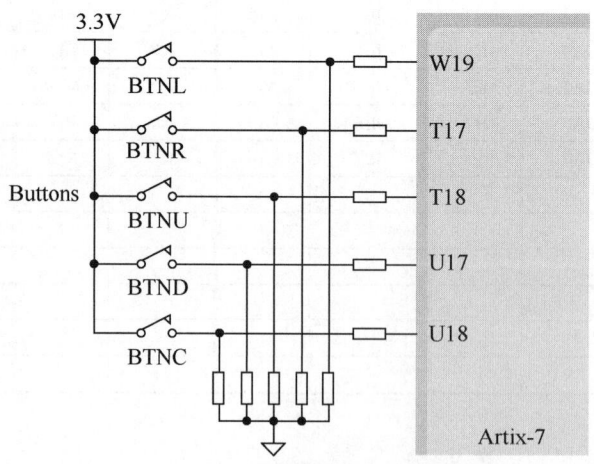

图 2.11-5　5 个按键开关的电路

**6. 数码管**

Basys3 带有 4 位 7 段共阳极显示数码管，每个数码管都带有小数点，电路如图 2.11-6 所示。每一位数码管的位选阳极都连接在一起，形成共阳极节点，共阳极信号用于 4 位数码管的输入信号的使能端，当 U2、U4、V4 和 W4 某位为低电平时，对应的数码管导通。4 位数码管的相同段位的阴极连接在一起，分别命名为 CA～CG 和 DP（小数点）。

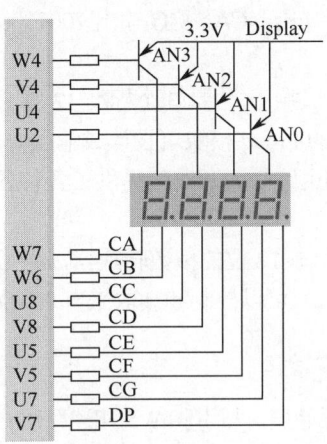

图 2.11-6　4 位 7 段共阳极显示数码管的电路

当段位相应的输出脚为低电平时，该段位的 LED 点亮，位选位也是低电平选通。

表 2.11-3 给出了 Basys3 的数码管输出和显示字形表，比如要显示字形 5，则 CA～CG 的电平设置为 0100100。

表 2.11-3　Basys3 的数码管输出和显示字形表

| 输入 | | | | 输出 | | | | | | | 显示字形 |
|---|---|---|---|---|---|---|---|---|---|---|---|
| $x_3$ | $x_2$ | $x_1$ | $x_0$ | CA | CB | CC | CD | CE | CF | CG | |
| 0 | 0 | 0 | 0 | 0 | 0 | 0 | 0 | 0 | 0 | 1 | 0 |
| 0 | 0 | 0 | 1 | 1 | 0 | 0 | 1 | 1 | 1 | 1 | 1 |
| 0 | 0 | 1 | 0 | 0 | 0 | 1 | 0 | 0 | 1 | 0 | 2 |
| 0 | 0 | 1 | 1 | 0 | 0 | 0 | 0 | 1 | 1 | 0 | 3 |
| 0 | 1 | 0 | 0 | 1 | 0 | 0 | 1 | 1 | 0 | 0 | 4 |
| 0 | 1 | 0 | 1 | 0 | 1 | 0 | 0 | 1 | 0 | 0 | 5 |
| 0 | 1 | 1 | 0 | 1 | 1 | 0 | 0 | 0 | 0 | 0 | 6 |
| 0 | 1 | 1 | 1 | 0 | 0 | 0 | 1 | 1 | 1 | 1 | 7 |
| 1 | 0 | 0 | 0 | 0 | 0 | 0 | 0 | 0 | 0 | 0 | 8 |
| 1 | 0 | 0 | 1 | 0 | 0 | 0 | 0 | 1 | 0 | 0 | 9 |
| 1 | 0 | 1 | 0 | 0 | 0 | 0 | 1 | 0 | 0 | 0 | A |
| 1 | 0 | 1 | 1 | 1 | 1 | 0 | 0 | 0 | 0 | 0 | B |
| 1 | 1 | 0 | 0 | 0 | 1 | 1 | 0 | 0 | 0 | 1 | C |
| 1 | 1 | 0 | 1 | 1 | 0 | 0 | 0 | 0 | 1 | 0 | D |
| 1 | 1 | 1 | 0 | 0 | 1 | 1 | 0 | 0 | 0 | 0 | E |
| 1 | 1 | 1 | 1 | 0 | 1 | 1 | 1 | 0 | 0 | 0 | F |

实际应用中，经常需要多位数码管显示不同内容，一般采取动态扫描显示方式。这种方式利用了人眼的视觉暂留现象，即多个发光管轮流交替点亮。板上的 4 位数码管，只要在刷新周期 1～16ms（对应刷新率为 1kHz～62.5Hz）期间使 4 位数码管轮流点亮一次（每位数码管的点亮时间就是刷新周期的 1/4），则人眼感觉不到闪烁，仍旧可以看到 4 位数码管同时显示的效果。比如设置刷新频率

为 62.5Hz，4 位数码管的刷新周期为 16ms，则在一个刷新周期内，每一位数码管的点亮时间为 4ms。若要使 4 位数码管显示"1234"，可以在 U2、U4、V4 和 W4 在某一时刻只有 1 位是低电平的前提下，W4=0 保持 4ms，CA～CG 输出 1001111；V4=0 保持 4ms，CA～CG 输出 0010010；U4=0 保持 4ms，CA～CG 输出 0000110；U2=0 保持 4ms，CA～CG 输出 1001100。

### 7. Pmod 接口和 Pmod 模块

Basys3 具有 4 个 Pmod 扩展接口端子，包括 3 个标准 12 脚 Pmod 接口和 1 个 XADC 接口，Pmod 接口用于扩展外围电路，与之配套的 Pmod 模块可设计成输入/输出电路、传感器/执行器电路、模数/数模转换电路、时钟电路、存储器电路等。开发商提供了各种各样低成本的 Pmod 模块，也可自行设计。

XADC 接口内部连接一个双通道、12 位的模数转换器，转换速率为 1MSPS。通过 DRP（Dynamic Reconfiguration Port：动态配置端口）可以控制和读取来自 XADC 接口的数据。XADC 接口亦可作为标准 12 脚 Pmod 接口使用。

### 8. 时钟

Basys3 有一个 100MHz 的有源晶振，与引脚 W5 相连，用户可设计不同频率的时钟分频器，作为用户电路的 CP 脉冲。

### 9. FPGA 调试及配置电路

Basys3 上电后，必须配置 FPGA，然后才能执行各项功能。存储 FPGA 配置数据的文件称为 bitstream（比特流）文件，扩展名为.bit。借助 Xilinx 的 Vivado 软件可通过 Verilog HDL 硬件描述语言、基于 IP 核的设计等方式创建比特流文件，并将其配置到 FPGA 的内存单元中。

比特流文件存放于 FPGA 内部的基于 SRAM（Static Random Access Memory：静态随机存储器）的存储单元，如果关闭板卡电源、按下复位按键或通过 JTAG 端口写入新的配置文件，原有比特流文件也随之丢失。可以将比特流文件烧录到 FPGA ROM 里，这样即使掉电，程序也不会丢失。

# 第 3 章  Multisim 仿真基础

## 3.1 概　述

20 世纪 80 年代初，加拿大 IIT（Interactive Image Technologies）公司推出了 EWB（Electronics Workbench，电子工作台）软件，应用于板级的模拟/数字电路板的设计工作。从 EWB 6.0 版本开始，IIT 公司将专用于电路仿真与设计的模块更名为 Multisim，意为"多功能仿真软件"，也就是 Multisim 2001。2005 年，美国 NI 公司收购了 IIT 公司，推出 Multisim 9.0。随着版本的不断升级，Multisim 已不局限于电子电路的虚拟仿真，其在 PLD 器件联合仿真、对 Xilinx 芯片进行开发应用等方面取得了重大进展。

限于篇幅，本书以满足电工电子学实验为目的，以 NI 公司 2015 年推出的 Multisim 14.0 汉化版本为基础介绍 Multisim 的基本功能和基本操作，其内容也基本适用于 Multisim 的其他版本，更详细的使用说明请查阅相关文档。

## 3.2 Multisim 的基本界面

启动经汉化的 Multisim，完成初始化后，出现如图 3.2-1 所示的主窗口界面。

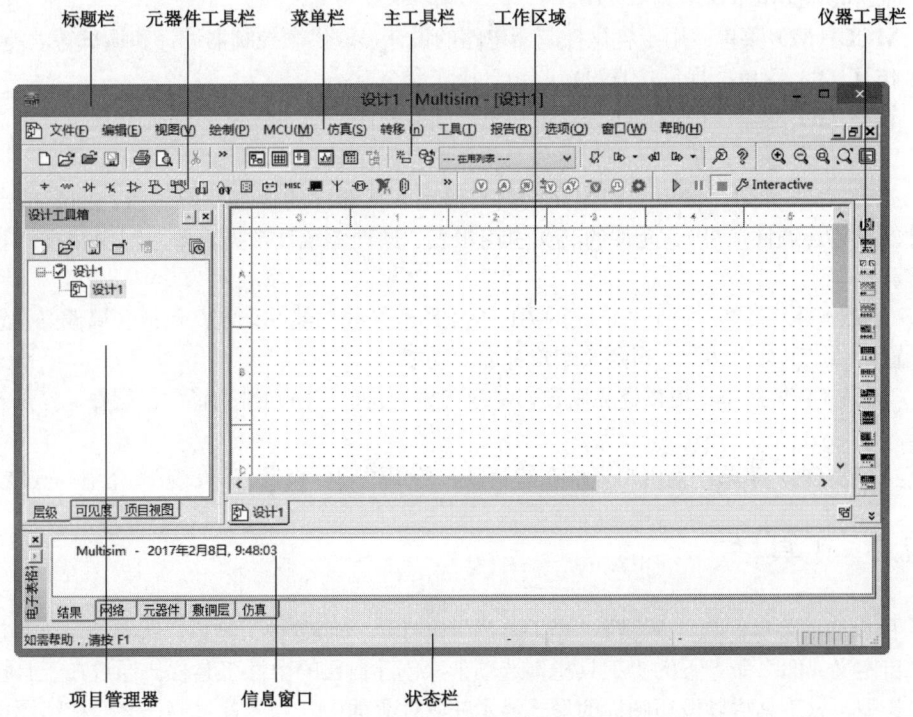

图 3.2-1  Multisim 的主窗口界面

主窗口主要包括标题栏、菜单栏、工具栏（包括主工具栏、元器件工具栏和仪器工具栏）、工作区域、项目管理器、信息窗口及状态栏 7 个部分。

（1）**标题栏**：显示当前打开软件的名称及当前文件的路径。

（2）**菜单栏**：采用标准的下拉式菜单，分类集中了软件的所有功能命令。

（3）**工具栏**：收集了一些比较常用的功能，将它们图标化以方便用户操作使用。

（4）**项目管理器**：在工作区域左侧显示的窗口统称为"项目管理器"，此窗口中只显示"设计工具箱"，显示工程项目的层次结构，可以根据需要打开或关闭。

（5）**工作区域**：用于原理图绘制、编辑的区域。

（6）**电子表格视图**：在工作区域下方显示的窗口，也可称为"信息窗口"，在该窗口中可以实时显示文件运行阶段的消息。

（7）**状态栏**：实时显示当前操作的相关信息。

## 3.2.1 菜单栏

菜单栏采用下拉式菜单，包括文件（F）、编辑（E）、视图（V）、绘制（P）、MCU（M）、仿真（S）、转移（n）、工具（T）、报告（R）、选项（O）、窗口（W）和帮助（H），共 12 项。

（1）**文件（F）菜单**：提供文件的新建、打开、保存等操作，其中大多数命令和一般 Windows 应用软件基本相同。

（2）**编辑（E）菜单**：提供对电路和元器件进行剪切、复制、粘贴、翻转等操作。

（3）**视图（V）菜单**：用于电路图的各种缩放显示，也包括网格、边界、打印页边界、标尺、状态栏、设计工具箱、电子表格视图、工具栏、图示仪的显示或隐藏。

（4）**绘制（P）菜单**：提供在工作区域内放置元器件、探针、节点、导线、总线、连接器、文本描述、标题块等操作命令。

（5）**MCU（M）菜单**：用于含微控制器电路的设计，提供微控制器编译和调试等功能。

（6）**仿真（S）菜单**：提供仿真设置、仿真操作命令。

（7）**转移（n）菜单**：提供将仿真结果输出给其他软件处理的命令。

（8）**工具（T）菜单**：提供管理元器件及电路的常用工具。

（9）**报告（R）菜单**：输出当前电路的材料清单、元器件的详细参数报告、网表报告（提供每个元件的电路连通性信息）、元件的交叉引用报表、原理图统计数据、多余门电路报告等各种统计报告。

（10）**选项（O）菜单**：用于对电路的界面及电路的某些功能的设定，包括全局偏好设置、电路图属性设置、锁定工具栏功能、自定义用户界面等功能。

（11）**窗口（W）菜单**：提供建立新窗口、纵向排列窗口、横向排列窗口、层叠、打开及关闭窗口等操作。

（12）**帮助（H）菜单**：为用户提供在线帮助、使用说明、查找范例、版本介绍等操作。

## 3.2.2 工具栏

用户可以通过菜单栏的"视图"→"工具栏"来打开/关闭各种工具栏，或者通过菜单栏的"选项"→"自定义界面"命令下的"工具栏"选项卡来创建自己的个性工具栏。通过在工具栏前的方框中勾选类型，该工具栏以按钮图标的形式显示在软件界面中。当光标悬停在某个按钮图标上时，该按钮的功能就会在图标下方显示出来。常用工具栏包括标准工具栏、视图工具栏、主工具栏、元器件工具栏、Simulation（仿真）工具栏、仪器工具栏、图形注解工具栏等。

**1．标准工具栏**

标准工具栏提供了一些常用的文件操作快捷方式，如新建、打开、打印、复制、粘贴等，如图 3.2-2 所示。

**2．视图工具栏**

视图工具栏提供了一些视图显示的操作方法，如放大、缩小、缩放区域、缩放页面、全屏等，如图 3.2-3 所示。

图 3.2-2　标准工具栏

图 3.2-3　视图工具栏

**3．主工具栏**

主工具栏是 Multisim 的核心，可以帮助用户进行电路的建立、仿真、分析，并最终输出设计数据等，完成电路从设计到分析的全部工作，如图 3.2-4 所示。

图 3.2-4　主工具栏

主工具栏下的主要按钮图标的功能如下。

　　设计工具箱按钮：打开/关闭层次项目栏。

　　电子表格视图按钮：打开/关闭当前电路的电子数据表。

　　SPICE 网表查看器：查看 SPICE 网表参数。

　　图示仪按钮：显示分析的图形结果。

　　后处理器按钮：对仿真结果进行进一步操作。

　　母电路图：查看母电路。

　　元器件向导：创建、调整、增加新元器件。

　　数据库管理器：开启数据库管理对话框，对不同数据库的元器件进行编辑。

　　---在用列表---：当前所使用的所有元器件列表。

　　查找范例：打开 NI 范例查找器。

　　Multisim 帮助：打开 Multisim 帮助。

**4．元器件工具栏**

元器件工具栏中有 18 个元器件库，外加"层次块来自文件"和"总线"。所有元器件分门别类放置在元器件库中，如图 3.2-5 所示。

图 3.2-5　元器件工具栏

元器件工具栏中各个元器件库中包含的元器件如下。

　　电源按钮：电源、电压信号源、电流信号源、受控电流源、控制功能模块、数字控制模块。

　　基本元器件按钮：基本虚拟器件、定额虚拟器件、电阻、电位器、电容、电感、开关等。

⊬ 二极管按钮：虚拟二极管、二极管、齐纳二极管、发光二极管、全波桥式整流器等。

⊀ 晶体管按钮：虚拟晶体管、双极结型晶体管、N 沟道耗尽型金属-氧化物-半导体场效应管等。

⇉ 模拟元器件按钮：模拟虚拟器件、运算放大器、宽带放大器、比较器、诺顿运算放大器等。

⇉ TTL 元件按钮：74 系列的 TTL 数字集成逻辑器件。

CMOS 元件按钮：74HC 系列和 4×××系列的 CMOS 数字集成逻辑器件。

其他数字元器件按钮：TTL 系列、FPGA 系列、PLD 系列等。

混合元器件库：虚拟混合器件、定时器、模数-数模转换器、模拟开关等。

指示器按钮：电压表、电流表、探测器、蜂鸣器、十六进制-显示器、虚拟灯、灯泡等。

功率元器件按钮：受控源、保险丝、电机驱动器、继电器等。

MISC 其他元器件按钮：多功能虚拟器件、传感器、真空管、转换器、网络等。

高级外设元器件按钮：键盘、LCD、串行口终端、其他外围设备。

Y 射频元件按钮：射频电容、射频电感、RF_BJT_NPN、RF_BJT_PNP 等。

机电类元件按钮：电机、辅助开关、同步触点、线圈-继电器、保护装置等。

NI 元器件按钮：数据采集 E、M、R、S、X，5 类，其他接口 6 类。

连接器按钮：DSUB、POWER 等。

MCU 按钮：8051、8052、PIC、RAM、ROM。

层次块来自文件按钮。

总线按钮。

### 5. Simulation（仿真）工具栏

Simulation 工具栏是运行仿真的一个快捷键，用鼠标单击即运行或停止仿真，如图 3.2-6 所示。

图 3.2-6 Simulation（仿真）工具栏

### 6. 仪器工具栏

仪器工具栏如图 3.2-7 所示。

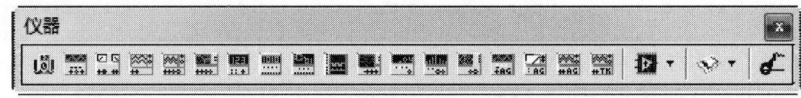

图 3.2-7 仪器工具栏

仪器工具栏从左到右分别为万用表、函数发生器、功率表、示波器、4 通道示波器、波特测试仪、频率计数器、字发生器、逻辑变换器、逻辑分析仪、I/V 分析仪、失真分析仪、光谱分析仪、网络分析仪、Agilent 函数发生器、Agilent 万用表、Agilent 示波器、Tektronix 示波器、LabVIEW 仪器、NI ELVISmx 仪器和电流探针。

### 7. 图形注解工具栏

图形注解工具栏用于在原理图中绘制所需要的标注信息，不代表电器连接。图形注解工具栏如图 3.2-8 所示。

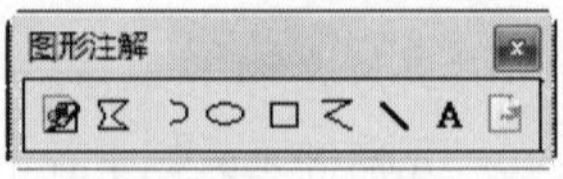

图 3.2-8 图形注解工具栏

## 3.2.3 常用虚拟仪器介绍

仪器工具栏中虚拟仪器的使用和实际仪器仪表的操作方法基本一致。虚拟仪器在使用时不受数量的限制，其中的 Agilent 函数发生器、Agilent 万用表、Agilent 示波器、Tektronix 示波器的外观和实际的仪器完全一样。

工具栏中的虚拟仪器有仪器按钮、仪器图标和仪器面板 3 种表示方式。在仪器工具栏上单击仪器按钮，鼠标上显示浮动的仪器图标，移动光标到编辑窗口适当位置，单击放置该仪器图标，仪器的图标用于连接线路。双击仪器图标可以打开仪器面板，在该面板中可以设置仪器参数。

### 1．数字万用表

数字万用表是用来测量交直流电压、交直流电流、电阻以及电路中两点之间的分贝损耗的，具有自动调整量程的功能。图 3.2-9（a）是数字万用表在电路编辑窗口中的图标，图 3.2-9（b）是万用表参数设置控制面板。

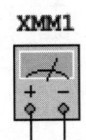
（a）万用表在电路编辑窗口中的图标

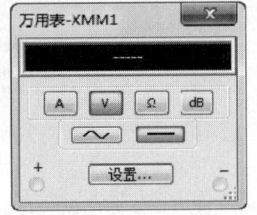
（b）万用表参数设置控制面板

图 3.2-9　数字万用表

万用表参数设置控制面板的各个按钮功能如下。

A：测量对象为电流　　　　　～：测量对象为交流参数
V：测量对象为电压　　　　　—：测量对象为直流参数
Ω：测量对象为电阻　　　　　+：对应万用表的正极
dB：分贝显示　　　　　　　 -：对应万用表的负极

设置...：单击该按钮，设置万用表的各个参数。

### 2．函数发生器

函数发生器提供正弦波、三角波和方波信号，图 3.2-10 为函数发生器图标和参数设置控制面板。

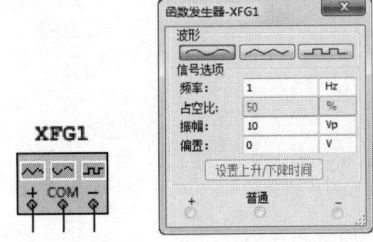

图 3.2-10　函数发生器图标和参数设置控制面板

函数发生器参数设置控制面板的各个按钮功能如下。

（1）波形

～～～：输出正弦波；　～～～：输出三角波；　⊓⊔⊓：输出方波。

（2）信号选项

频率：设置输出信号的频率。

占空比:设置输出信号的占空比。
振幅:设置输出信号幅度的峰值。
偏置:设置输出信号的偏置电压,即设置输出信号中直流成分的大小。
(3)设置上升/下降时间按钮
用来设置方波的上升沿与下降沿的时间。
(4)接线端口
"+"表示波形电压信号的正极性输出端;"−"表示波形电压信号的负极性输出端;"普通"为公共接地端。

### 3. 功率表

功率表(瓦特计)用来测量交、直流电路的功率,同时也可以测量电路的功率因数。图 3.2-11 为功率表的图标和面板。

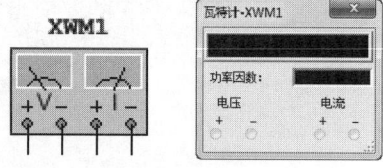

图 3.2-11 功率表的图标和面板

功率因数:显示所测电路的功率因数。
电压:电压的输入端子,从"+""−"极接入。
电流:电流的输入端子,从"+""−"极接入。
4 个端子的接法和实际功率表相同,电压输入端子与所测电路并联连接,电流输入端子与所测电路串联连接,同时应注意关联参考方向。

### 4. 双通道示波器

双通道示波器可以用来显示电信号的形状、幅度、频率等参数,图 3.2-12 为双通道示波器的图标和面板。

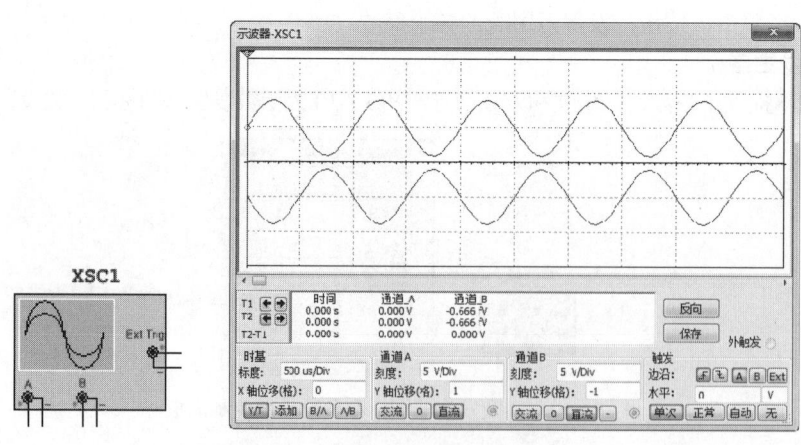

图 3.2-12 双通道示波器图标和面板

双通道示波器图标上有 A 通道输入、B 通道输入、外触发,共 6 个端子。当电路中已有接地端时,A、B 通道的"−"端子可以不接,直接用 A、B 通道的"+"端子与被测点相连接,就可显示被测点与地之间的电压波形;将 A、B 通道的"+""−"端子与电路中的某两点相连接,就可测出这两点间的电压波形。

(1) 时基设置

a. 标度

设置 $X$ 轴方向每格所代表的时间，其基准有 0.1fs/Div～1000Ts/Div 可供选择，改变参数可使显示的波形水平伸缩。

b. $X$ 轴位移

设置信号波形在 $X$ 轴的起始点位置。当 $X$ 轴位移为 0 时，信号从显示器的左边缘开始，正值是起始点右移，负值是起始点左移。$X$ 轴位移的调节范围为-5.00～+5.00 格。

c. 显示方式选择

"Y/T"模式：$X$ 轴显示时间，$Y$ 轴显示 A 通道、B 通道的信号。

"添加"模式：$X$ 轴显示时间，$Y$ 轴显示 A 通道和 B 通道的输入信号之和。

"B/A"模式：A 通道信号作为 $X$ 轴扫描信号，B 通道信号作为 $Y$ 轴的信号。

"A/B"模式：B 通道信号作为 $X$ 轴扫描信号，A 通道信号作为 $Y$ 轴的信号。

(2) 通道 A、通道 B 设置

a. 刻度

设置 $Y$ 轴方向每格所代表的电压数值（即电压灵敏度），电压刻度范围为 1fV/Div～1000TV/Div。

b. $Y$ 轴位移（格）

设置 $Y$ 轴的起始点位置。当 $Y$ 轴的位置调到 0 时，$Y$ 轴的起始点与 $X$ 轴重合。如果将 $Y$ 轴位置增加到 1.00，$Y$ 轴原点位置从 $X$ 轴向上移一大格。通过改变 A、B 通道的 $Y$ 轴位置有助于比较或分辨两通道的波形。

c. 输入方式

指信号输入的耦合方式，有三种耦合方式："交流"耦合是指滤除输入信号的直流部分，仅显示信号的交流部分；"0"即接地；"直流"耦合是指显示输入信号的全貌。

(3) 触发设置

a. 边沿

⬚⬚：将触发信号的上升沿或下降沿作为触发边沿。

⬚⬚：将 A 通道或 B 通道的输入信号作为触发信号。

⬚⬚：将示波器图标上外触发信号端子连接的信号作为触发信号。

b. 水平

设置触发电平的大小，此项设置只适用于单次和正常采样方式。该选项表示只有被显示的信号幅度大于该数值时，示波器才能进行采样显示。

c. 触发方式

单次：表示单次触发方式，满足触发电平的要求后，示波器仅仅采样一次，每按"单次"一次，产生一个触发脉冲。

正常：表示普通触发方式，满足触发电平要求，示波器才刷新，开始下一次采样。

自动：表示不需要触发信号，只要有输入信号就显示波形。

(4) 显示区

要显示波形读数的精确值时，可以用鼠标将光标 1、光标 2 拖到需要读取数据的位置。显示区下方的方框内，显示光标与波形垂直相交点处的时间和电压值，以及两光标位置之间的时间、电压的差值。

(5) 其他设置

单击"反向"按钮，可以改变示波器屏幕的背景颜色；单击"保存"按钮，可以按 ASCII 码格式存储波形读数。

**5. 波特测试仪**

波特测试仪用来测量和显示电路的幅频特性 $A(f)$ 和相频特性 $\varphi(f)$。波特测试仪的图标和面板如图 3.2-13 所示。

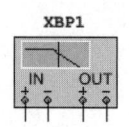

图 3.2-13 波特测试仪的图标和面板

波特测试仪在使用时，输入（IN）的"+""-"分别与电路输入端的正、负端子相连接；输出（OUT）的"+""-"分别与电路输出端的正、负端子相连接。使用时，测试仪必须接交流信号。

（1）模式

a．幅值：用来显示被测电路的幅频特性曲线。

b．相位：用来显示被测电路的相频特性曲线。

（2）水平

设置水平坐标（X 轴）的显示类型和频率范围。

a．对数：水平坐标采用对数的显示格式。

b．线性：水平坐标采用线性的显示格式。

c．F：水平坐标（频率）的最大值。

d．I：水平坐标（频率）的最小值。

（3）垂直

设置垂直坐标（Y 轴）的标尺刻度类型。

a．对数：测量幅频特性时，垂直坐标表示 $20\lg A(f)$ dB，$A(f)=\dfrac{U_\text{o}}{U_\text{i}}$，单位为 dB。

b．线性：测量幅频特性时，垂直坐标表示 $A(f)=\dfrac{U_\text{o}}{U_\text{i}}$，没有单位；测量相频特性时，垂直坐标表示相位差，单位为度。

（4）控件

a．反向：设置测试仪屏幕的背景颜色，在黑色和白色之间切换。

b．保存：将显示的频率特性曲线及其相关的参数设置以 BOD 的格式存储。

c．设置：设置扫描的分辨率。

（5）显示

包括波特测试仪的屏幕以及屏幕下方的数据区。

⬅ 与 ➡：仿真时用来调整光标的位置，通过移动光标可以精确地测量出波形曲线上各点的坐标值。

**6. I/V 分析仪**

I/V 分析仪（电流/电压分析仪）专门用于分析二极管、晶体管和场效应管的电流、电压特性，只能测量未连接到电路中的元器件。I/V 分析仪图标和面板如图 3.2-14 所示。

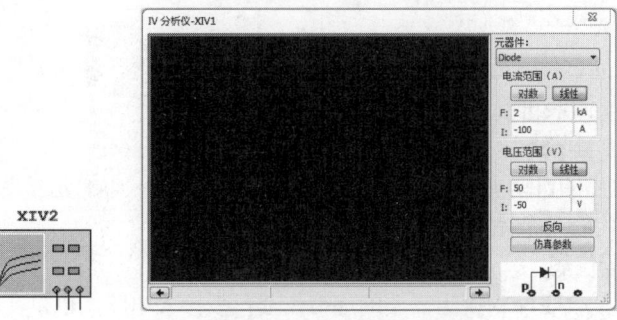

图 3.2-14 I/V 分析仪图标和面板

(1) 元器件

选择伏安特性测试对象,有"Diode""BJT PNP""BJT NPN""NMOS"和"PMOS"4 种类型。

(2) 电流范围

设置电流范围,有"对数"和"线性"两种选择。

(3) 电压范围

设置电压范围,有"对数"和"线性"两种选择。

(4) 反向

设置 I/V 分析仪屏幕的背景颜色,在黑色和白色之间切换。

(5) 仿真参数

设置元器件的仿真参数。

## 3.3　Multisim 的基本操作

### 3.3.1　电路板总体设计流程

电路原理图设计是 Multisim 电路仿真中重要的基础性工作,基本设计流程如图 3.3-1 所示。

**1. 创建电路文件**

运行 Multisim,系统自动创建一个默认标题的新电路文件,保存时可以重新命名该电路文件。

**2. 规划电路界面**

规划电路界面包括设置电路图工作环境及电路图属性。进入 Multisim 后,根据需要可以对存储路径、消息提示方式等电路图工作环境进行重新设置。根据电路图的复杂程度,通常需要对图纸大小进行重新设置,元器件符号标准根据习惯的不同也需要进行修改。

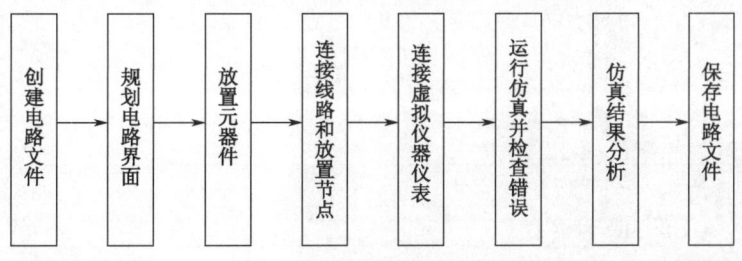

图 3.3-1　原理图基本设计流程

**3. 放置元器件**

将电路中用到的元器件从元器件库中挑出放到电路图工作区，并对元器件的位置进行调整、修改，对元器件的编号、封装进行定义等操作。

**4. 连接线路和放置节点**

利用 Multisim 提供的自动和手动连线方式，把电路图工作区中的元器件连接起来，在导线的相交点位置放上节点，构成一个完整的原理图。

**5. 连接虚拟仪器仪表**

原理图画好后，从仪表库中挑出需要的虚拟仪器仪表接入电路，以供实验分析使用。

**6. 运行仿真并检查错误**

电路图绘制完整后，运行仿真，观察仿真结果。如果电路存在问题，需要对电路的参数和设置进行检查和修改。

**7. 仿真结果分析**

根据仿真结果对电路原理进行验证，观察结果和设计的目的是否一致。如果不一致，则需要对电路进行修改。

**8. 保存电路文件**

保存、打印原理图文件以及各种辅助文件。

### 3.3.2 建立电路

Multisim 的电路主要由一系列具有电气特性的符号构成，是电路板工作原理的逻辑表示。原理图设计是电路设计的第一步，是仿真、制板等后续步骤的基础。元器件、虚拟仪器、导线等在原理图中以符号的形式出现。

**1. 创建电路文件**

运行 Multisim 之后，系统会自动打开名为"设计 1"的电路图，系统自动给出相关的图纸默认参数，如图 3.3-2 所示。选择菜单栏中的"文件"→"另存为"命令，可将工程文件保存为自定义的工程文件名。

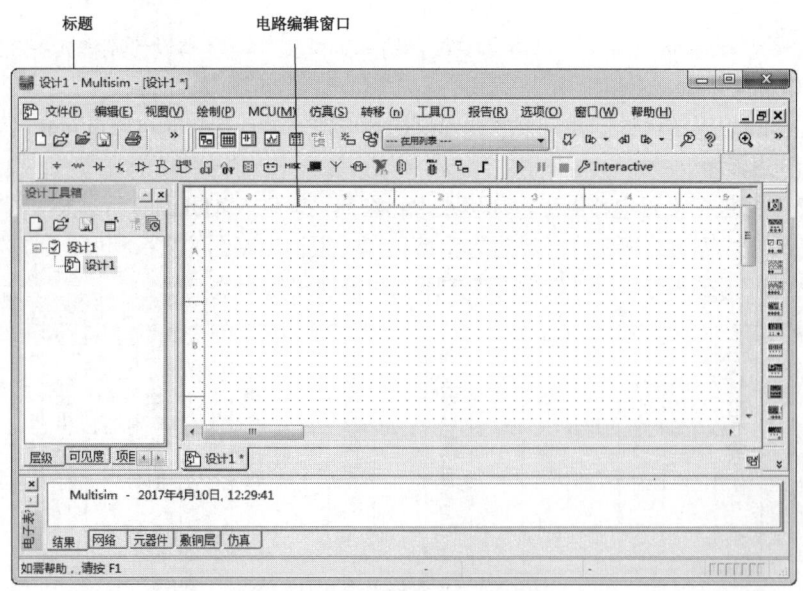

图 3.3-2　创建电路文件

## 2. 电路图工作环境设置

环境参数的设置直接影响原理图绘制的效率,通过"选项"→"全局偏好"命令,打开如图3.3-3所示的"全局偏好"对话框。

(1)"路径"选项卡

通过"路径"选项卡,可以设置电路原理图的文件路径。

(2)"保存"选项卡

通过"保存"选项卡可以设置文件保存参数。合理的设置可以使用户在原文件受到损坏或无法使用的情况下,通过安全副本恢复成原文件;自动备份可以防止出现意外而丢失数据;附上时间戳可以保证保存的文件都是唯一的。

(3)"元器件"选项卡

如图3.3-4所示,通过"元器件"选项卡,可以设置元器件在原理图中的放置方式。通过"符号标准"选项组,可以设置元器件符号模式。其中,ANSI(N)项表示采用美国标准元器件符号,DIN(D)项表示采用欧洲标准元器件符号。我国元器件符号与欧洲标准模式相同。

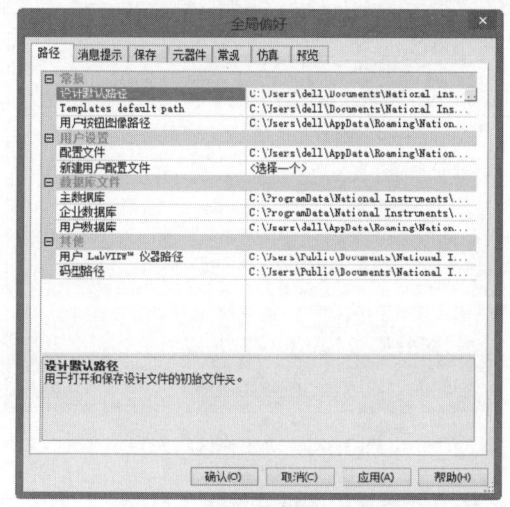

图3.3-3 "全局偏好"对话框　　　　　　图3.3-4 "元器件"选项卡

(4)"常规"选项卡

通过设置"常规"选项卡,可以设置选择对象使用的矩形框的使用方法、鼠标滚轮行为的作用、布线时元器件与元器件、元器件与导线相交时的关系等。

(5)"仿真"选项卡

"仿真"选项卡的设置影响仿真过程中的情况,用户可以设置网表错误时的处理方式、曲线图及仪器的默认背景。

## 3. 电路图属性设置

系统给出的默认参数在大多数情况下能适合用户的需求,用户也可以根据设计对象的复杂程度对图纸的尺寸及其他相关参数进行重新定义。

选择菜单栏中的"编辑"→"属性"命令,或选择菜单栏中的"选项"→"电路图属性"命令,或在编辑窗口中右击,在弹出的快捷菜单中选择"属性"命令,或按组合键【Ctrl+M】,系统将弹出"电路图属性"对话框,如图3.3-5所示。

(1)"电路图可见性"选项卡

在"电路图可见性"选项卡下的元器件、网络名称、连接器、总线入口这4类对象中,勾选任意复选框，即可在电路图中显示该勾选的特征，反之，不显示该特征。

（2）"颜色"选项卡

在"颜色"选项卡中，单击"颜色方案"下拉列表，显示"自定义""黑色背景""白色背景""白与黑"和"黑与白"这 5 种程序预制的颜色方案。默认选择"白色背景"，用户可以通过"自定义"方案来定制个性化图纸。

（3）"工作区"选项卡

在"工作区"选项卡中，见图 3.3-6，通过"显示"选项组下的复选框，设置图纸网格点的显示方式、图纸边框和页面边界。

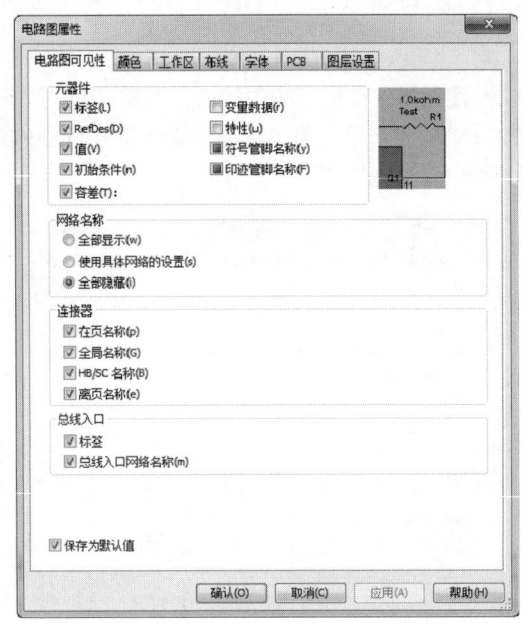
图 3.3-5　"电路图属性"对话框

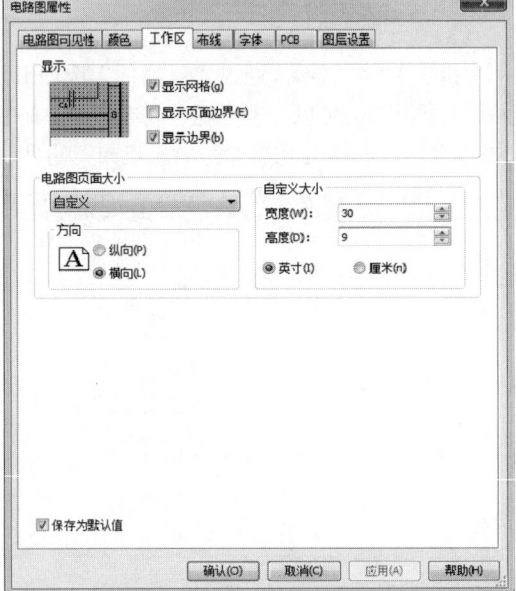
图 3.3-6　"工作区"选项卡

单击"电路图页面大小"下拉列表，选择标准风格方式设置的图纸。选中"自定义"方式时，在"宽度""高度"文本框中可以分别输入自定义的图纸尺寸。

在"工作区"选项卡中，用户可以设置图纸方向。通过"方向"选项组下的单选按钮可以把图纸设置为水平方向（横向），也可以设置为垂直方向（纵向）。

图纸的单位有两种：英寸、厘米。

**4．放置元器件**

选择合适的元器件符号放置在原理图上，用导线将元器件符号的引脚连接起来是绘制原理图的主要工作。元器件操作主要包括选择、放置、选中、移动、翻转与转向、删除、复制与粘贴、标识与参数设置等。

（1）查找并放置元器件

选择菜单栏中的"绘制"→"元器件"命令或在"元器件"工具栏上单击任何一类元器件或按快捷键【Ctrl+W】，都可以打开如图 3.3-7 所示的"选择一个元器件"对话框。在"数据库"下拉列表中选择"主数据库"；在"组"下拉列表中选择元器件组，这时，在元器件系列分类中弹出元器件系列分类，在元器件区弹出该系列的所有对应的元器件列表，选择需要的元器件，在功能区会出现该元器件的相应信息。

图 3.3-7 "选择一个元器件"对话框

当用户熟悉元器件的分类信息时,可以通过 Multisim 提供的搜索功能快速找到所需要的元器件。在"选择一个元器件"对话框中,单击"搜索"按钮,弹出"元器件搜索"对话框,如图 3.3-8 所示。

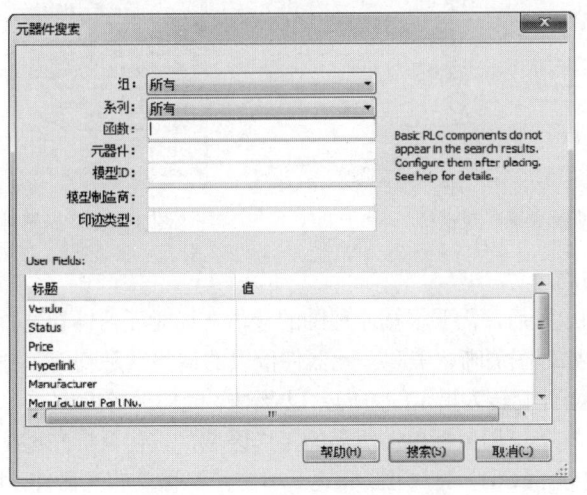

图 3.3-8 "元器件搜索"对话框

在"元器件搜索"对话框中输入相应的信息:
- ◆ "组""系列"下拉列表框:用于选择查找元器件所在组与系列,系统会在相应的元器件类别中查找。
- ◆ "函数"文本框:输入需要查找的函数关键词。

- ◆ "元器件"文本框：输入需要查找的元器件关键词。
- ◆ "模型 ID"文本框：输入需要查找的元器件对应的模型关键词。
- ◆ "模型制造商"文本框：输入需要查找的元器件对应的模型制造商关键词。
- ◆ "印迹类型"文本框：输入需要查找的元器件对应的印迹类型关键词。

用户设置的关键字越多，查找越精确。单击"搜索"按钮后，系统开始搜索。符合搜索条件的元器件名、描述、所属库文件及封装形式都在搜索结果对话框中一一被列出，供用户浏览参考，"搜索结果"对话框如图 3.3-9 所示。单击"确认"按钮，则元器件所在的库文件被加载，如图 3.3-10 所示。

找到所需要的元器件后，该元器件在"选择一个元器件"对话框中将以高亮显示，如图 3.3-10 所示，此时可以放置该元器件的符号，单击"确认"按钮或双击该元器件，光标将附带着元器件 2N2221 的符号出现在工作窗口中。移动光标到合适的位置后单击，元器件将被放置在光标停留的位置。

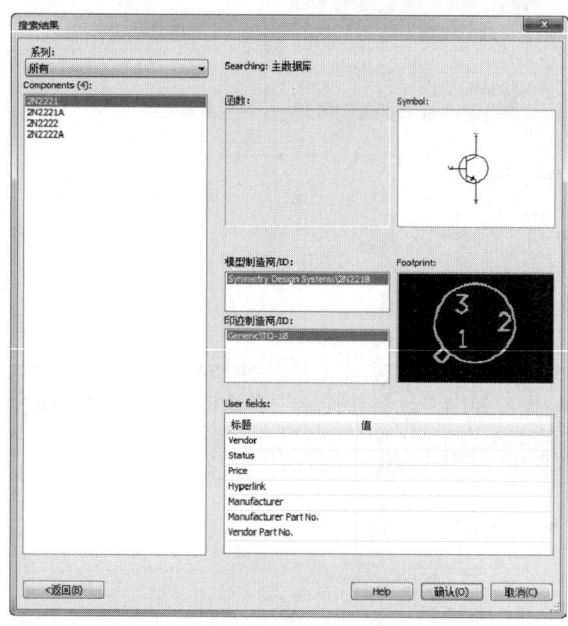

图 3.3-9 "搜索结果"对话框

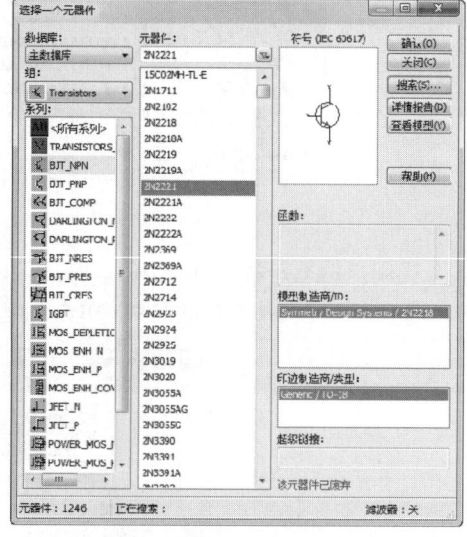

图 3.3-10 元器件所在的库文件被加载

（2）调整元器件布局

完成所有元器件的放置后，需要根据原理图的整体布局对元器件的位置进行调整，这样不仅便于布线，也会使绘制的原理图清晰、美观。元器件位置的调整就是利用各种命令将元器件移动到图纸上指定的位置，将元器件旋转为指定的方向，以及对齐元器件等操作。

选中元器件的方法如下：用鼠标单击所需的工作区域，按住鼠标左键画出矩形框，把需要移动的元器件都包括进去；按住【Ctrl】键，用鼠标逐个单击需要移动的元器件；将鼠标指针指向元器件，单击鼠标右键；选中的元器件周围将出现蓝色虚线框。

当元器件被选中后，按住鼠标左键不放，拖动元器件到指定位置后释放鼠标左键，元器件即被移动到当前光标的位置。

当元器件被选中后，通过选择菜单栏中的"编辑"→"方向"命令，或者右击元器件，在弹出的快捷菜单中实现元器件的旋转操作，也可以使用功能键实现元器件的旋转。

当元器件被选中后，选择菜单栏中的"编辑"→"对齐"命令，对选中元器件可实现一定规则的对齐操作。其中,"左对齐"命令是指将元器件向左边的元器件对齐;"右对齐"命令是指将元器件向右边的元器件对齐;"垂直居中"命令是指将元器件向最上面元器件和最下面元器件的中间位置对齐;"底对齐"命令是指将元器件向最下面的元器件对齐;"顶对齐"命令是指将元器件向最上面的元器件对齐;"水平居中"命令是指将元器件向最左边的元器件和最右边的元器件之间等间距对齐。

(3)元器件的复制、粘贴与删除

选中工作区域的元器件后,直接按【Ctrl+C】组合键即复制了该元器件,然后按【Ctrl+V】组合键即进行粘贴操作。此时鼠标指针上会挂有该元器件的幻象,用鼠标左键单击要放置的位置,即可放置新复制了的元器件,并自动生成新元器件的序号;若单击鼠标右键,则取消放置。

元器件被选中后,单击标准工具栏中的 ✂ 按钮,或按住【Ctrl+X】组合键,或按一下键盘上的【Delete】键,都可实现元器件删除操作。

(4)设置、浏览元器件参数

双击工作区域的元器件符号,弹出其属性对话框;或选中元器件,单击鼠标右键,在弹出的快捷菜单中选择"属性"项,弹出其属性对话框,如图 3.3-11 所示。其中,"标签"选项卡用于设置元器件的标识和编号,编号由系统自动分配,必要时可以修改,但必须保证编号的唯一性;"显示"选项卡用于设置标识、编号的显示方式;"值"选项卡显示该元器件的库位置、值、印迹、制造商、函数、超级链接;"故障"选项卡可供人为设置元器件的隐含故障,经过该选项卡的设置,为电路的故障分析提供了方便;"管脚"选项卡显示元器件所有引脚的名称、类型、网络、ERC 状态、NC,用户可根据需要对引脚参数进行修改;"变体"选项卡显示元器件中包含的"变体",变体状态包括含、不含;"用户字段"选项卡显示默认的用户字段。

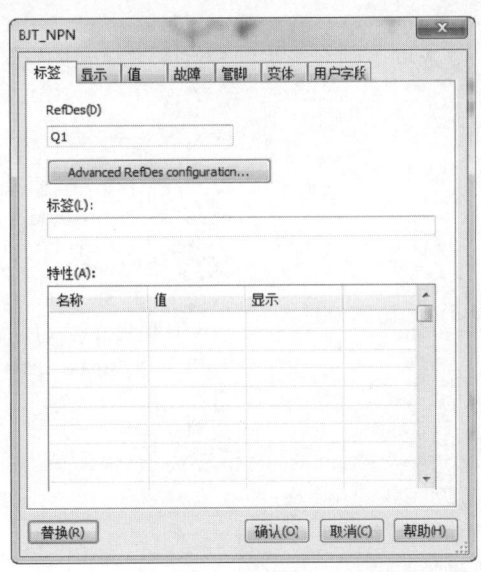

图 3.3-11 元器件属性对话框

真实元器件(或现实元器件)在使用时只能调用,不能修改它们的参数(极个别可以修改,例如晶体管的 $\beta$ 值)。真实元器件在现实元器件库中可以直接找到,与之相对应的是虚拟元器件,虚拟元器件可以理解为该元器件参数可以任意修改和设置。额定元器件是指它们允许的电流、电压、功率等的最大值都是有限制的,一旦超过它们的额定值,该元器件将被击穿和烧毁。

## 5. 连接线路和放置节点

### （1）放置导线

放置导线是指把工作区域中的元器件用导线连接起来，使元器件之间具有电气连接。导线的连接方式分自动连线和手动连线两种方法，自动连线是 Multisim 自动选择引脚间最好的路径完成连线，具有避免连线通过元器件和连线重叠的功能；手动连线要求用户控制连线路径。实际使用中，可以将自动连线和手动连线结合使用。

自动连线的操作方法是，将光标放在要连接的元器件的引脚上，鼠标指针自动变为一个小黑点，单击左键并移动光标，即可拉出一条直线；如果需要在某点转折，则在该处单击，固定该点，确定导线的拐弯位置；然后移动光标，将鼠标放置到终点引脚处，显示红色圆点，单击鼠标左键，即可完成自动连线。

手动连线的操作方法是，选择菜单栏中的"绘制"→"导线"命令，或右键单击，在打开的快捷菜单中选择"在原理图上绘制"→"导线"命令，或按快捷键【Ctrl+Shift+W】，此时光标变成"十"字形，将光标移动到想要放置导线的地方，单击，光标变成一个小黑点，放置导线的起点，移动光标，多次单击可以确定多个固定点，最后放置导线的终点，显示红色圆点。

### （2）设置网络名称

任何一个建立起来的电气连接都称为一个网络，每个网络都有自己唯一的名称。系统根据连线的先后次序为每一个网络设置默认的名称，用户可以自行设置。

双击导线或选中导线并右击，弹出图 3.3-12 所示的快捷菜单，选择"属性"命令，弹出如图 3.3-13 所示的"网络属性"对话框，在该对话框中可以对导线的颜色、线宽等参数进行设置。

在"网络名称"选项卡下，显示当前默认以数字排序的网络名称，在"首选网络名称"文本框中输入要修改的网络名。

勾选"显示网络名称"复选框，则在选中的导线上方显示网络名称，如图 3.3-14（b）、（c）所示。

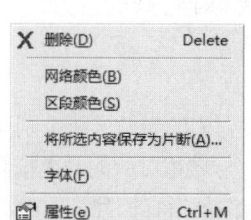

图 3.3-12  快捷菜单

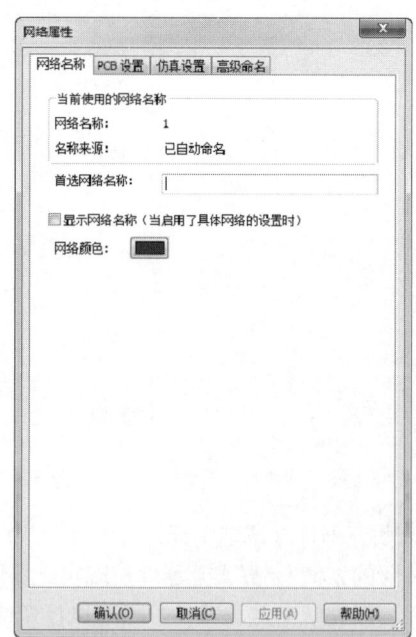

图 3.3-13  "网络属性"对话框

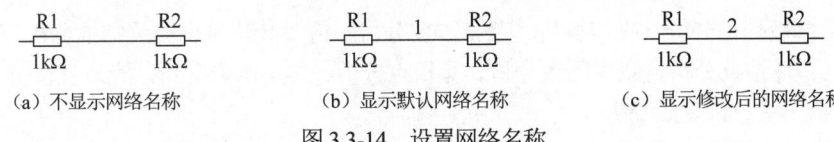

(a) 不显示网络名称　　　　　(b) 显示默认网络名称　　　　(c) 显示修改后的网络名称

图 3.3-14　设置网络名称

在"网络名称"选项卡下,单击"网络颜色"框,系统将弹出颜色对话框,在该对话框下可以选择并设置需要的导线颜色。系统默认设置为红色。

(3) 在导线中插入元器件

将元器件直接拖曳放置在导线上,如图 3.3-15 所示,然后松开鼠标左键即可将元器件插入电路中,如图 3.3-16 所示。

图 3.3-15　拖曳元器件　　　　　　　　　　图 3.3-16　添加元器件

(4) 放置节点

在放置导线时,T 形交叉点处系统会自动放置电气节点,表示线路在电气意义上是连接的;十字交叉点处,系统不会自动放置电气节点,需要用户根据实际情况自己手动放置电气节点。

选择菜单栏中的"绘制"→"结"命令,或按快捷键【Ctrl+J】,此时光标变成一个电气节点符号,移动光标到需要放置电气节点的地方,单击即可完成放置。

(5) 放置文字说明

为了增加原理图的可读性,设计者可在原理图的关键位置添加文字说明或添加文字注释。

添加文字说明的方法是选择菜单栏中的"绘制"→"文本"命令或按快捷键【Ctrl+Alt+A】,启动放置文本命令。移动光标至需要添加文字说明处,单击鼠标左键,显示矩形文字输入框,即可输入文字。完成文字输入后,若需要修改,直接双击文字,在需要修改的文字外侧显示矩形框,弹出文本工具箱,可直接进行修改。

添加文字注释的方法是选择菜单栏中的"绘制"→"注释"命令或在原理图的空白区域单击鼠标右键,在弹出的快捷菜单中选择"放置注释"命令,可实现注释功能,此时鼠标变为 状。移动光标至需要添加文字说明处,单击鼠标左键,显示文本输入框,即可输入所需要的文字。

**6. 放置虚拟仪器**

单击仪器工具栏中的仪器按钮或选择菜单栏中的"仿真"→"仪器"命令,单击所需要的仪器,此时鼠标上显示浮动的虚拟仪器图标,在电路窗口的相应位置单击鼠标左键,完成仪器的放置,用导线连接虚拟仪器。双击仪器的图标,打开仪器面板,完成仪器参数的设置。

### 3.3.3　电路仿真

**1. 电路仿真基本设置**

单击工具栏的 ▷ 或选择菜单栏中的"仿真"→"运行"命令或直接按【F5】键,就可以进行仿真测试。在状态栏里显示运行速度等数据。若仿真结果不符合实际要求,用户可以修改原理图中的参数,再次进行仿真,直到满足要求为止。

系统提供了 19 种仿真方式,分别为直流工作点分析、交流分析、瞬态分析、直流扫描分析、单频交流分析、参数扫描分析、噪声分析、蒙特卡罗分析、傅里叶分析、温度扫描分析、失真分析、灵敏度分析、最坏情况分析、噪声因数分析、零极点分析、传递函数分析、光迹宽度分析、Batched（批处理）分析、用户自定义分析。

选择菜单栏中的"仿真"→"Analyses and simulation"（仿真分析）命令，弹出如图 3.3-17 所示的仿真分析对话框。

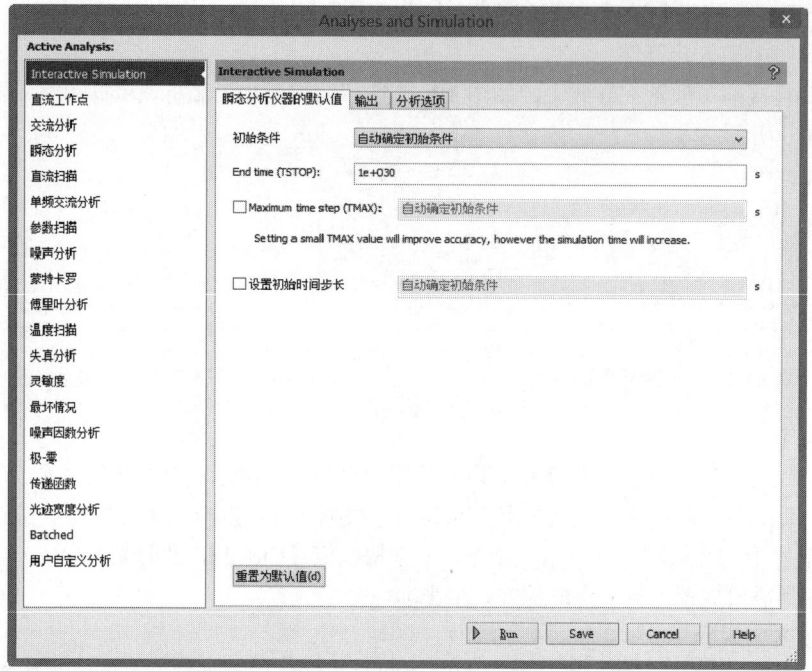

图 3.3-17　仿真分析对话框

系统默认选项为"Interactive Simulation"（交互仿真），参数设置如下：
（1）"瞬态分析仪器的默认值"选项卡
"初始条件"下拉列表包括"设为零""用户自定义""计算直流工作点"和"自动确定初始条件"。
"End time（TSTOP）"文本框：设置截止时间。
"Maximum time step（TMAX）"复选框：设置最大间隔时间。
"设置初始时间步长"复选框：设置初始时间步长。
（2）"输出"选项卡
"仿真结束时在检查踪迹中显示所有器件参数"复选框：在仿真结束后，显示器件信息。

## 2．直流工作点分析

通过直流工作点分析，可以确定暂态的初始条件和交流小信号情况下非线性器件的线性化模型参数。电路进行直流工作点分析时，电路中的交流电源被置零，电容开路，电感短路，分析电路在这种情况下的静态工作点。用户不需要进行特定参数的设置，选中即可运行，如图 3.3-18 所示。
（1）"输出"选项卡
在"电路中的变量"列表框中列出了所有可供选择的输出变量，如图 3.3-19 所示。改变列表框的设置，该列表框中的内容将随之变化。在"已选定用于分析的变量"列表框中列出了仿真结束后，能在仿真结果中显示的变量。在"电路中的变量"栏中选择某一信号后，可以单击 添加(A) 按钮，为"已选定用于分析的变量"栏添加显示变量；单击 移除(R) 按钮，可以将不需要显示的变量移回"电路中的变量"栏中。

图 3.3-18　直流工作点分析

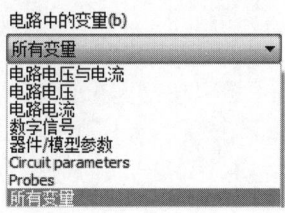

图 3.3-19　"电路中的变量"列表框

（2）"分析选项"选项卡

在该选项卡中显示仿真分析方式的名称，设置模型参数，如图 3.3-20 所示。

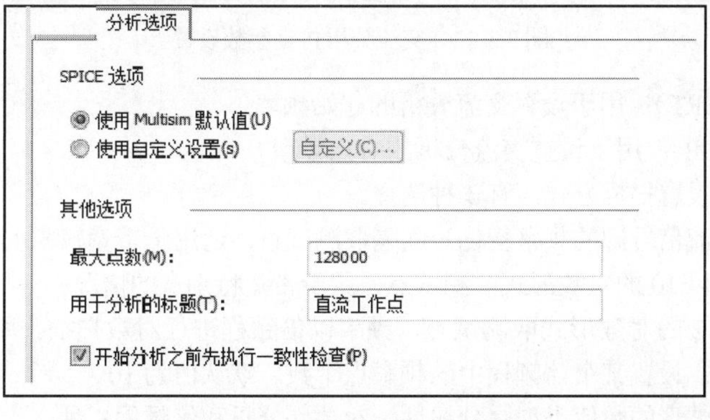

图 3.3-20　"分析选项"选项卡

（3）"求和"选项卡

在该选项卡中显示所有设置和参数结果，可供用户检查设置是否正确，是否有遗漏，如图 3.3-21 所示。

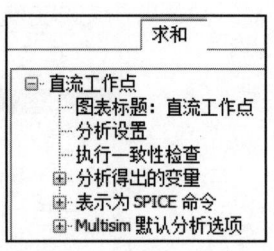

图 3.3-21　"求和"选项卡

### 3．交流分析

交流分析是计算电路在一定频率范围内的频率响应。在交流分析前，程序会先对电路进行直流工作点分析，得到电路中非线性器件的交流小信号模型。电路原理图中必须至少有一个交流信号源，分析时会自动以正弦波替代。

选中"交流分析"项，即可在右侧显示交流分析仿真参数设置，如图 3.3-22 所示。

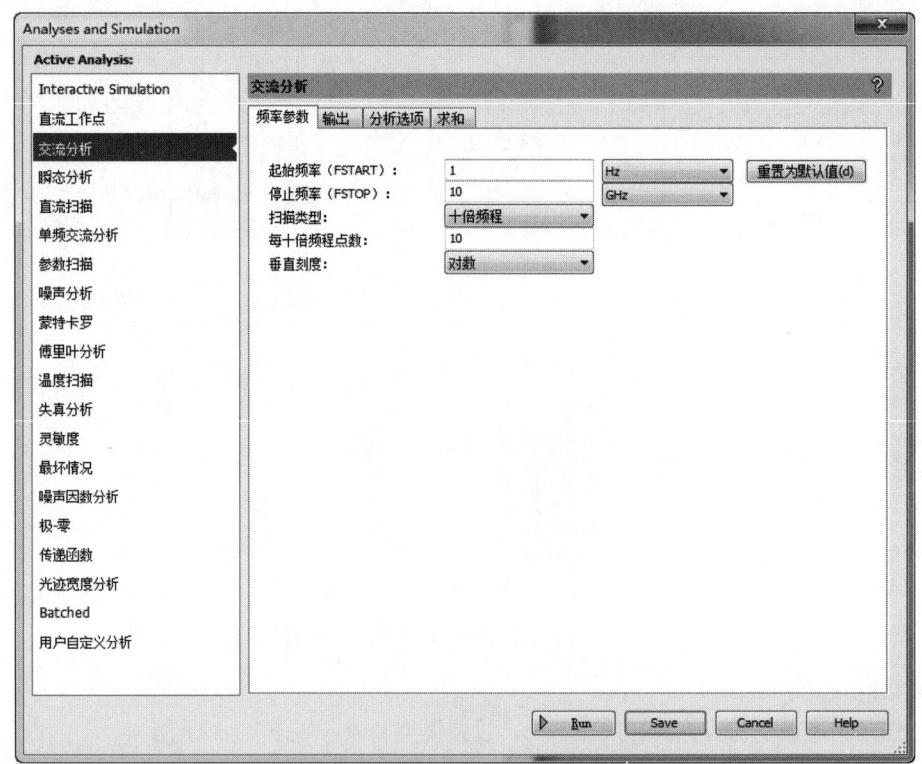

图 3.3-22　交流分析仿真参数设置

起始频率（FSTART）：用于设置交流分析的起始频率。

停止频率（FSTOP）：用于设置交流分析的终止频率。

扫描类型：用于设置扫描方式，有 3 种选择。

　　线性：按交流信号源的频率变化等间隔取测试点，适用于带宽较窄的情况。

　　十倍频程：以 10 的对数形式取测试点，用于带宽特别宽的情况。

　　倍频程：以 2 的对数形式取测试点，频率以倍频程进行对数扫描，用于带宽较宽的情况。

每十倍频程点数：设置某个倍频程中的频率点个数。默认值为 10。

垂直刻度：输出波形的数值类型，分线性、对数、分贝和倍频程 4 种。

### 4．瞬态分析

瞬态分析用于在时域中对选定电路节点的瞬态描述，属于非线性分析。当电路的偏置点固定时，需要考虑电容和电感的初始值。选中"瞬态分析"项，即可在右侧显示瞬态分析仿真参数设置，如图 3.3-23 所示。

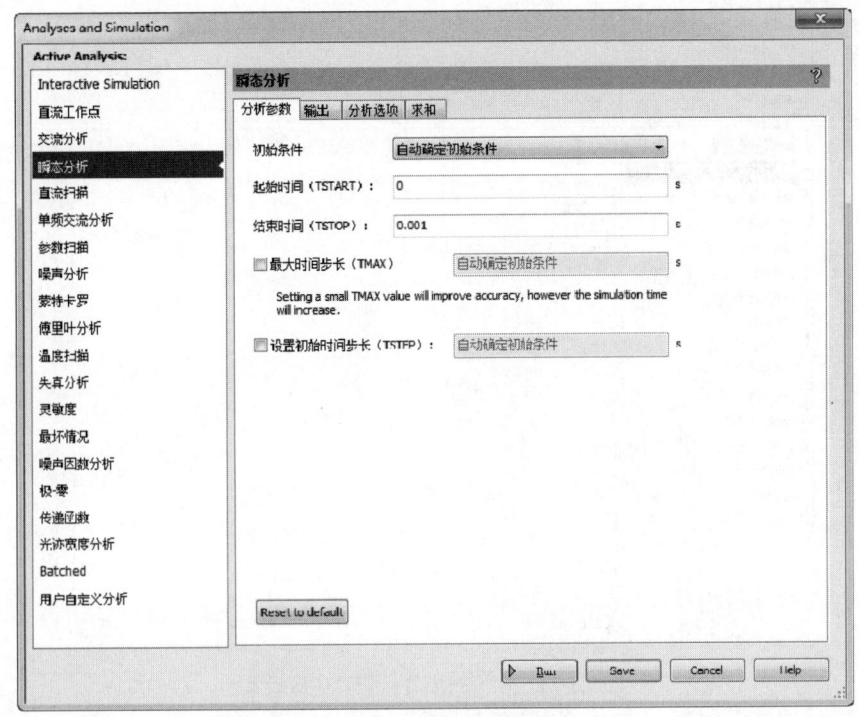

图 3.3-23 瞬态分析仿真参数设置

初始条件：分为将初始值设置为 0、由用户定义初始值、通过计算直流工作点得到的初始值、自动确定初始条件。

起始时间（TSTART）：设置开始分析的时间，通常设置为 0。

结束时间（TSTOP）：设置结束分析的时间，根据具体的电路进行设置。

最大时间步长（TMAX）：时间增量值的最大变化量。

## 5．直流扫描分析

直流扫描分析是利用电路中某个（或两个）独立直流电源的变化情况，分析电路中直流输出变量的相应变化曲线轨迹。选中"直流扫描"项，即可在右侧显示直流扫描分析仿真参数设置，如图 3.3-24 所示。

在直流扫描分析中可以设置 2 个源，分为源 1 和源 2，源 1 为主源，源 2 为可选源。

（1）源 1 选项组

源：电路中第一个独立电源的名称。

起始值：设置起始扫描的电压值。

停止值：设置结束扫描的电压值。

增量：设置扫描的增量值。

（2）源 2 选项组

勾选"使用源 2"复选框，表示在"源 1"基础上，执行对"源 2"的扫描分析。

源：电路中第二个独立电源的名称。

起始值：设置起始扫描的电压值。

停止值：设置结束扫描的电压值。
增量：设置扫描的增量值。

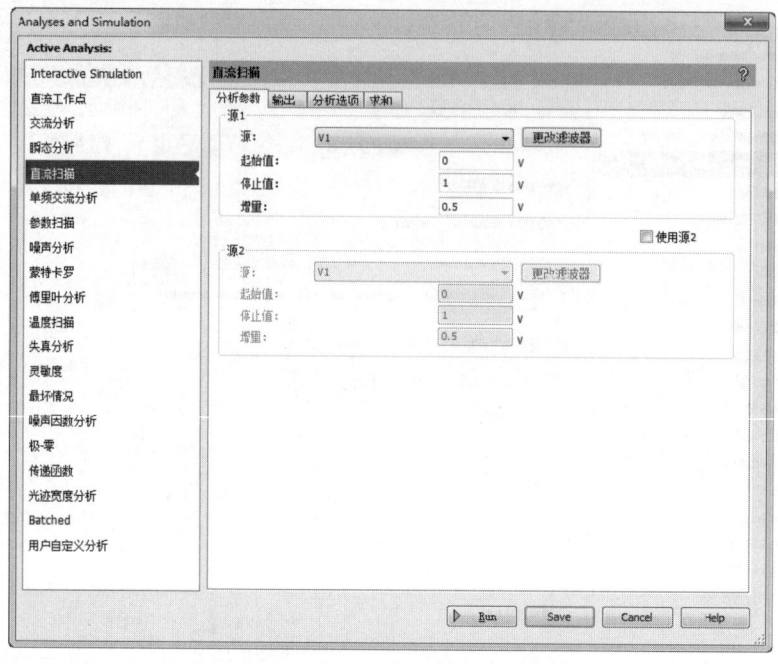

图 3.3-24　直流扫描分析仿真参数设置

6．单频交流分析

单频交流分析指 Multisim 中包含的虚拟仪表的仿真分析。选中"单频交流分析"项，即可在右侧显示单频交流分析仿真参数设置，如图 3.3-25 所示。

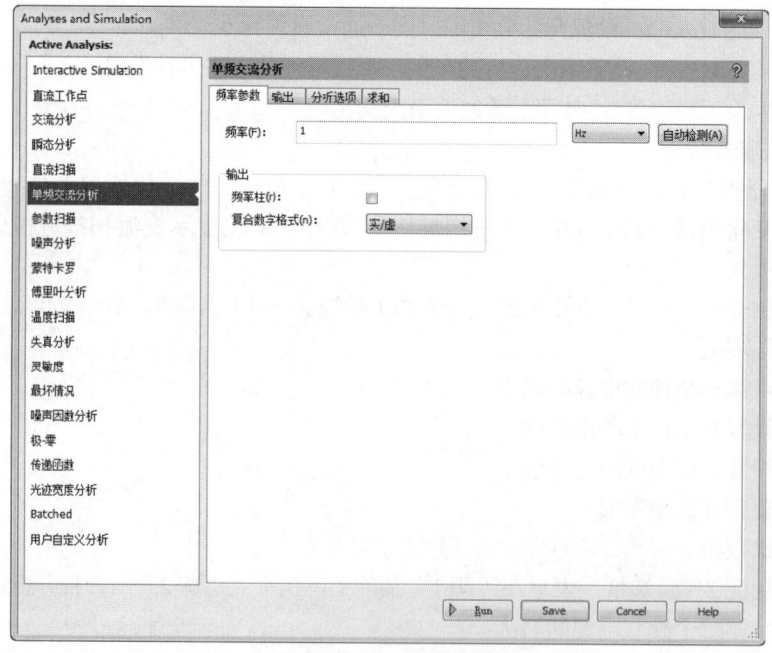

图 3.3-25　单频交流分析仿真参数设置

## 7. 参数扫描分析

参数扫描分析是指当电路中某些器件的参数按一定规律变化时，分析该参数变化对电路直流工作点、交流频率特性和瞬态特性所产生的影响。相当于该器件每次取不同的值，进行多次仿真、比较。利用参数扫描分析可以很方便地研究电路参数变化对电路特性的影响，其分析功能与蒙特卡罗分析和温度扫描分析类似。

选中"参数扫描"项，即可在右侧显示参数扫描仿真参数设置，如图 3.3-26 所示。

图 3.3-26  参数扫描仿真参数设置

（1）"扫描参数"选项组

扫描参数：选择设置扫描的电路参数或器件的值，通过下拉列表框进行选择，包括器件参数、模型参数和 Circuit parameters（电路参数）3 种。

器件类型：设置需要扫描的器件类型。

名称：设置需要扫描的器件序号。

参数：设置需要扫描的器件参数。

当前值：需要扫描的器件当前值。

描述：器件参数含义的说明。

（2）"待扫描的点"选项组

扫描变差类型：选择扫描变量类型，在下拉列表框中可以进行选择。

开始：扫描变量的起始值。

停止：扫描变量的终止值。

点数：扫描变量的测量点数目。

增量：扫描变量的增量。

（3）"更多选项"选项组

待扫描的分析：选择设置扫描分析的类型，包括 5 种，如图 3.3-27 所示。在选择好扫描分析的类型后，单击 编辑分析 按钮，弹出选中分析的类型的编辑对话框。当"待扫描的分析"列表中选择"瞬态分析"时，弹出"瞬态分析扫描"对话框，设置该扫描类型的参数，如图 3.3-28 所示，单击 Reset to default 按钮可恢复默认设置。

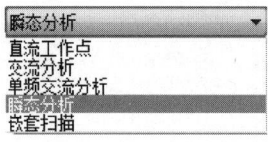

图 3.3-27　扫描分析的类型　　　　　　　图 3.3-28　"瞬态分析扫描"对话框

### 8．噪声分析

噪声分析是指利用噪声谱密度测量电阻和半导体器件的噪声影响，通常由 V2/Hz 表征测量噪声值。噪声电平取决于工作频率和工作温度，电阻和半导体器件产生噪声的类型不同。在噪声分析中，电容、电感和受控源视为无噪声元器件。对交流分析的每一个频率，电路中每一个噪声源（电阻或晶体管）的噪声电平都被计算出来。

选中"噪声分析"项，即可在右侧显示噪声分析仿真参数设置，如图 3.3-29 所示。

输入噪声参考源：选择一个用于计算噪声的参考电源（独立电压源或独立电流源）。

输出节点：选定噪声分析的输出节点。

参考节点：选定输出噪声参考节点，此节点一般为地（即为 0 节点），如果设置的是其他节点，可以通过 V（Output Node）-V（Reference Node）得到总的输出噪声。

计算总噪声值：叠加在输入端的噪声总量，将直接关系到输出端上的噪声值。

Units：输出图表上数据单位，分别为 RMS 和 Power。

### 9．温度扫描分析

温度扫描分析是指研究温度变化对电路性能的影响，用以确定电路的温度漂移等性能指标。仿真实验通常在 27℃下进行，温度扫描仅限于一些半导体和虚拟电阻，包括虚拟电阻器、二极管、BJT-NPN、BJT-PNP 等。

选中"温度扫描"项，即可在右侧显示温度扫描仿真参数设置，如图 3.3-30 所示。

扫描参数：设置扫描参数类型，这里为温度，当前值为 27℃。

待扫描的点：用于设置如何计算开始值和停止值区间。

扫描变差类型：分十倍频程、线性、倍频程、列表。

待扫描的分析：用于选择仿真分析类型，同样有直流工作点分析、交流分析、单频交流分析、瞬态分析等分析方法可供选择。

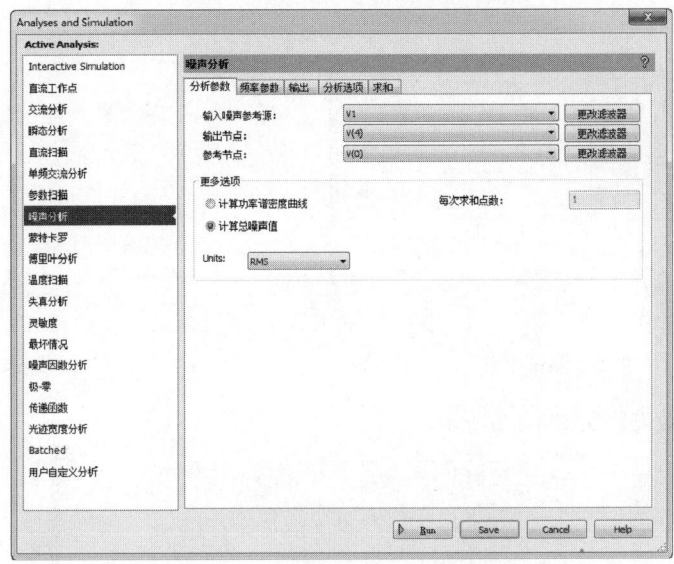

图 3.3-29 噪声分析仿真参数设置

图 3.3-30 温度扫描仿真参数设置

## 3.4 Multisim 的仿真实例

### 3.4.1 二极管伏安特性曲线测量

在 Multisim 中,利用 I/V 特性分析仪,可以很方便地测量二极管的伏安特性曲线。

二极管是非线性器件,具有单向导电性。以 1N4007 为例,其特性曲线测试电路如图 3.4-1 所示,其中 XIV1 是 I/V 特性分析仪。双击 I/V 特性分析仪图标,打开显示面板。按下"仿真"按钮,即可很容易地得到二极管的伏安特性曲线,如图 3.4-2 所示。

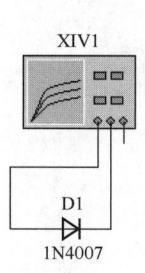
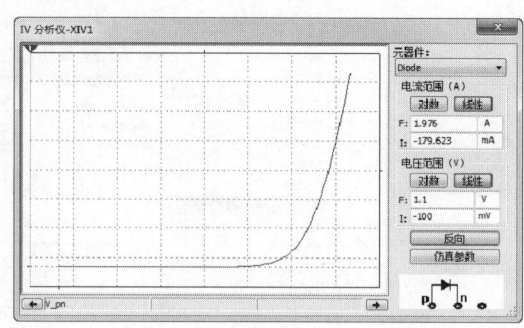

图 3.4-1 二极管特性曲线测试电路　　　　图 3.4-2 二极管的伏安特性曲线

二极管仿真参数设置如图 3.4-3 所示。

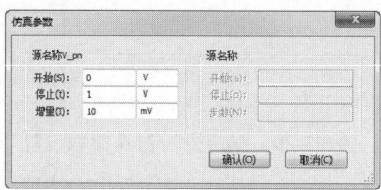

图 3.4-3 二极管仿真参数设置

### 3.4.2 三相交流电路

**1. 设置工作环境**

单击图标 NI Multisim 14.0，系统默认打开一个命名为"设计 1"的工程文件，将文件另存为"三相交流电路.ms14"。

**2. 设置电路图属性**

选择菜单栏中的"选项"→"电路图属性"命令，弹出"电路图属性"对话框，按照图 3.4-4 设置图纸大小，完成设置后，单击"确认"按钮，关闭对话框。

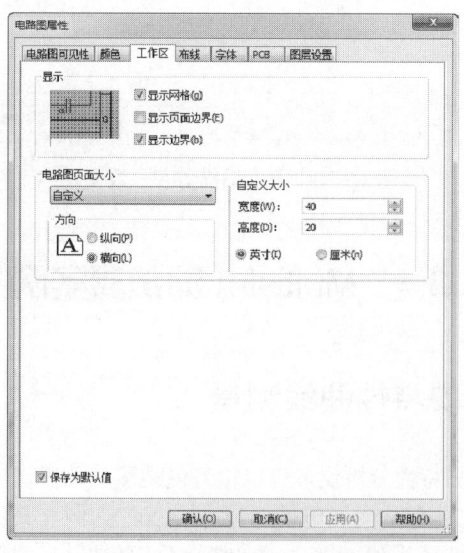

图 3.4-4 "电路图属性"对话框

### 3. 放置元器件

选择菜单栏中的"绘制"→"元器件"命令,打开"选择一个元器件"对话框,选择"主数据库"→"Sources"组→"POWER_SOURCES"系列,选中元器件"THREE_PHASE_WYE",如图 3.4-5 所示。

双击该元器件或单击"确认"按钮,然后将光标移动到工作窗口,进入图 3.4-6 所示的电源放置状态。

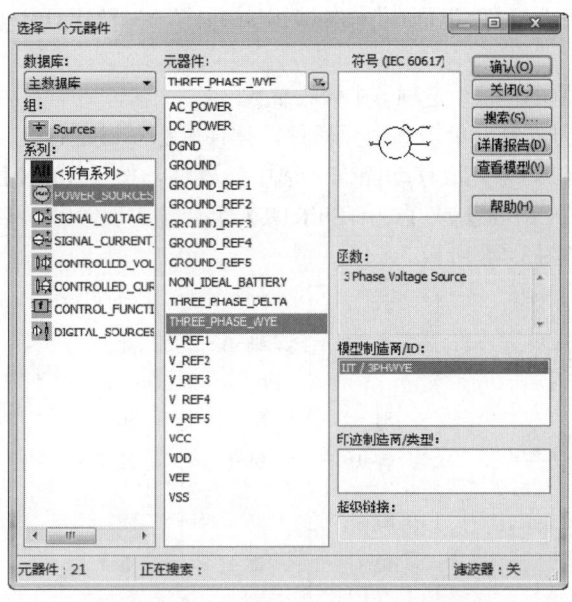

图 3.4-5　"选择一个元器件"对话框　　　　　图 3.4-6　选择元器件

选择菜单栏中的"选项"→"全局偏好"命令,选中"元器件"选项卡中的元器件布局模式下的"持续布局"和符号标准中的"DIN",如图 3.4-7 所示,单击"确认"按钮。

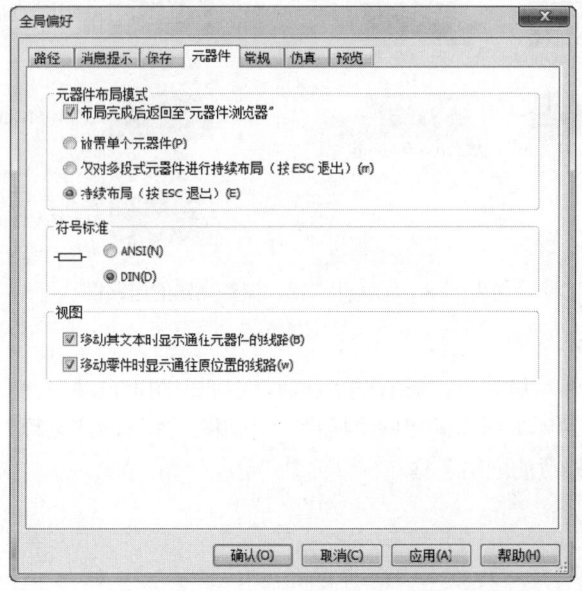

图 3.4-7　"元器件"选项卡

选择"主数据库"→"Indicators"组→"VIRTUAL_LAMP"系列,选中元器件"虚拟灯泡",双击该元器件或单击"确认"按钮,然后将光标移动到工作窗口,按【Ctrl+R】组合键旋转灯泡的方向,在适当的位置单击放置虚拟灯泡 X1,同时编号为 X2 的虚拟灯泡自动附在光标上,继续放置虚拟灯泡。

同理,选择"主数据库"→"Basic"组→"SWITCH"系列,选中元器件"SPST",放置开关;选择"主数据库"→"Indicators"组→"VOLTMETER"系列,选中元器件"VOLTMETER_V",放置电压表;选择"主数据库"→"Indicators"组→"AMTMETER"系列,选中元器件"AMTMETER_H",放置电流表。

双击电路图中的元件,在属性设置对话框的"值"选项卡中修改参数。

修改完元器件的参数后,调整元器件的位置。单击选中元器件,按住鼠标左键进行拖动,将元器件移至合适的位置后释放鼠标左键,即可完成移动操作。选中元器件,按【Alt+X】或【Alt+Y】组合键实现镜像旋转元器件,按【Ctrl+R】或【Ctrl+Shift+R】组合键实现 90°旋转元器件。完成所有元器件的调整后,电路图如图 3.4-8 所示。

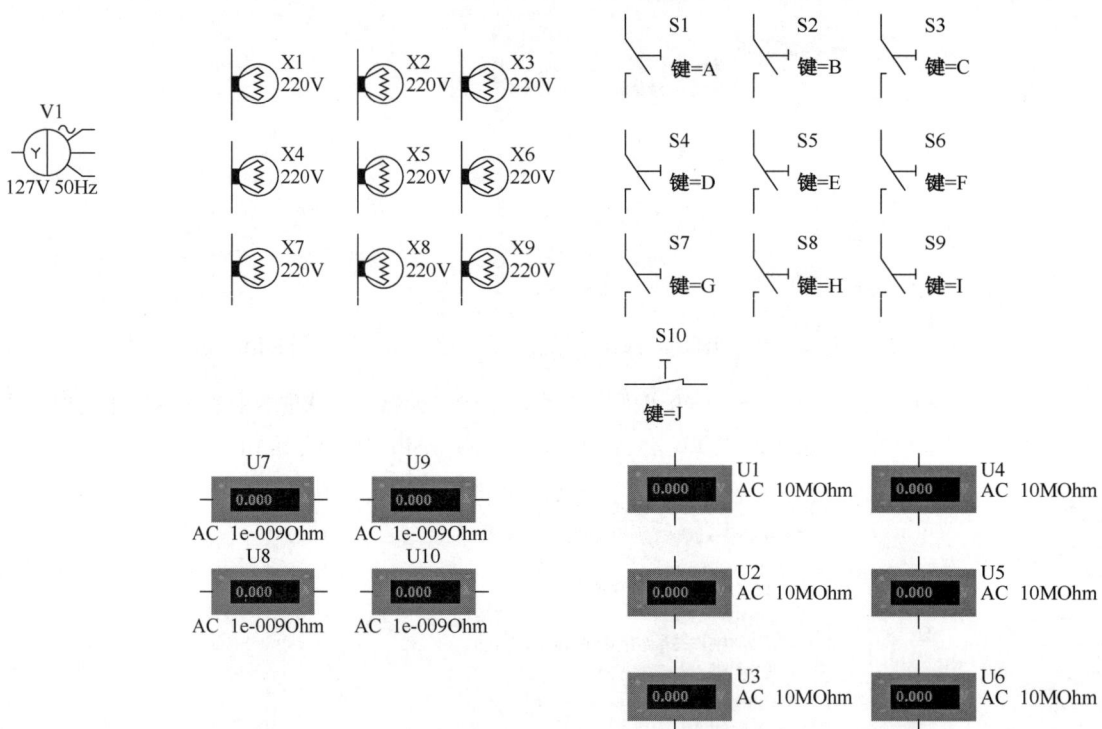

图 3.4-8　元器件放置、调整完毕的电路图

### 4．连线和网络命名

将鼠标放置到元器件引脚附近,激活自动连线,在原理图上自动布线。

双击导线弹出如图 3.4-9 所示的"网络属性"对话框,在"网络名称"选项卡下的"首选网络名称"文本框中输入要修改的网络名称。

第 3 章　Multisim 仿真基础

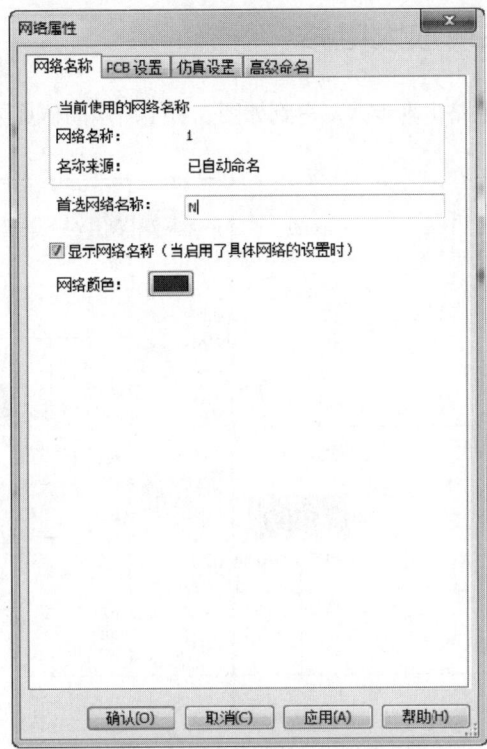

图 3.4-9　"网络属性"对话框

### 5. 运行仿真

单击工具栏中的 ▶ 按钮，进行仿真测试，在状态栏中显示运行速度等数据。结果如图 3.4-10 所示。

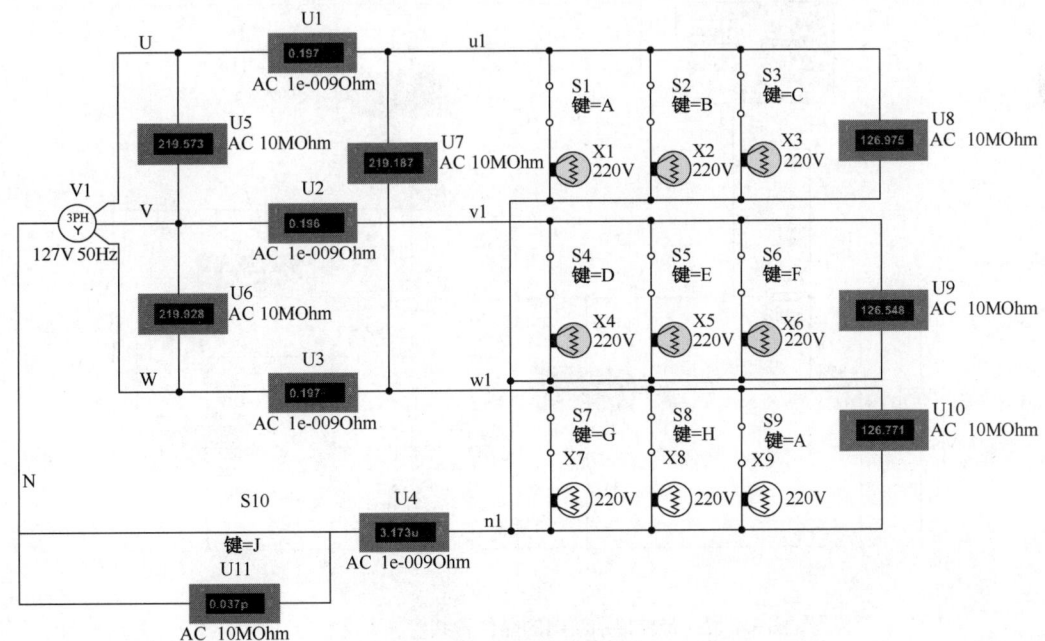

图 3.4-10　运行仿真

### 3.4.3 晶体管共射放大电路

参照 3.4.2 节三相交流电路仿真步骤,得到如图 3.4-11 所示的仿真结果。

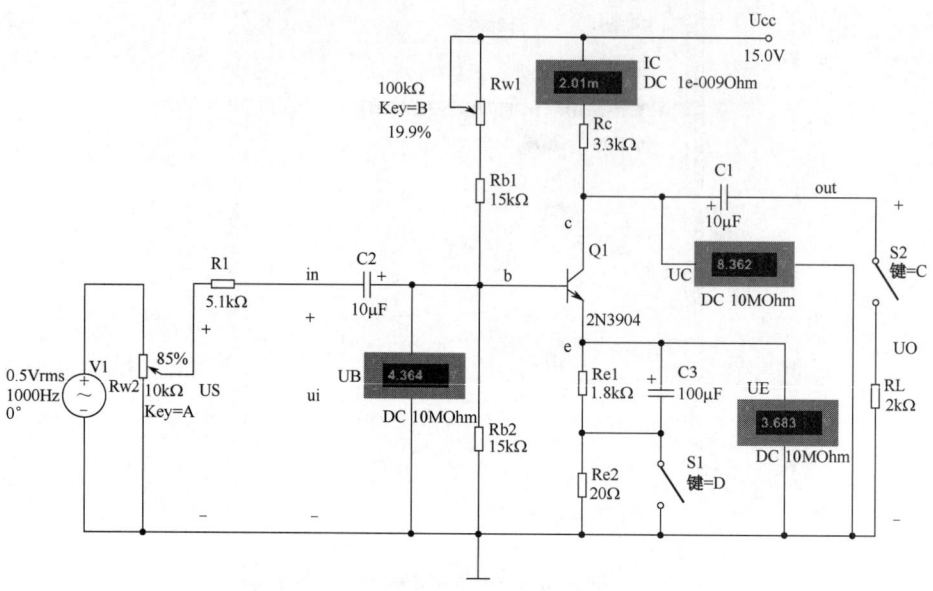

图 3.4-11　晶体管共射放大电路仿真

选择工具栏中的 Tektronix 示波器按钮 ,光标上显示浮动的 Tektronix 示波器虚影,在电路窗口的相应位置单击,完成示波器的放置,并连接示波器。单击工具栏中的 ▷ 按钮,进行仿真测试,结果如图 3.4-12 所示。

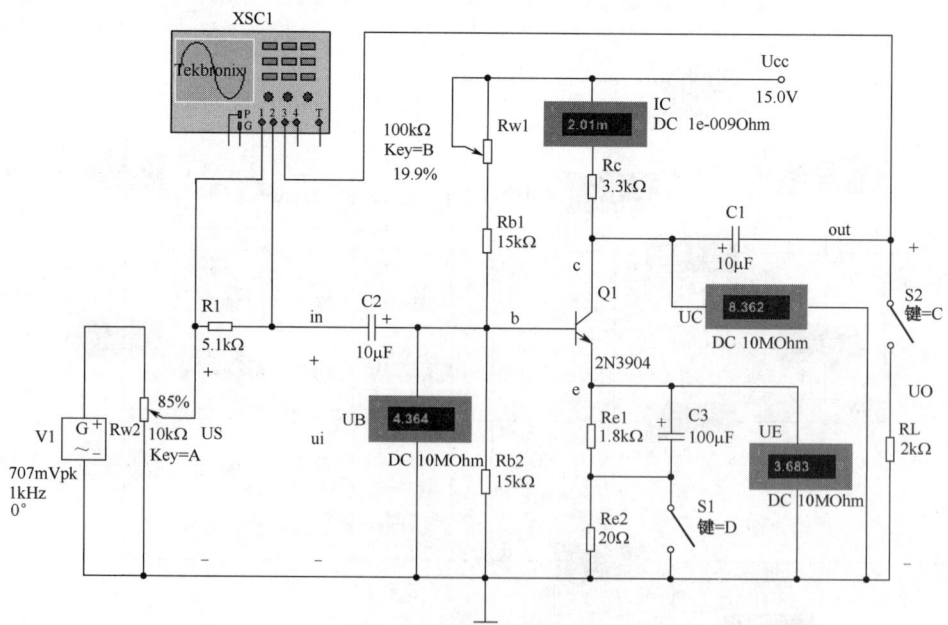

图 3.4-12　带虚拟示波器的晶体管共射放大电路仿真

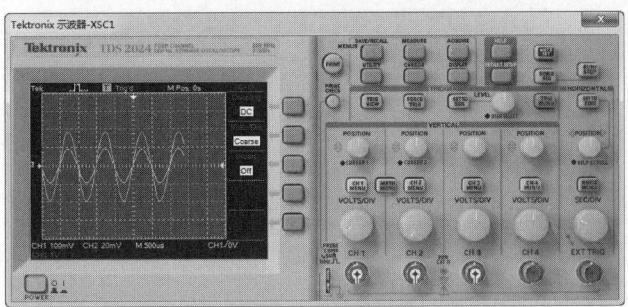

图 3.4-12 带虚拟示波器的晶体管共射放大电路仿真（续）

## 1. 直流扫描分析

选择菜单栏中的"仿真"→"Analyses and Simulation"命令，系统将弹出"Analyses and Simulation"对话框，选择"直流扫描"，参数设置如图 3.4-13 和图 3.4-14 所示，观察 V（c）信号。

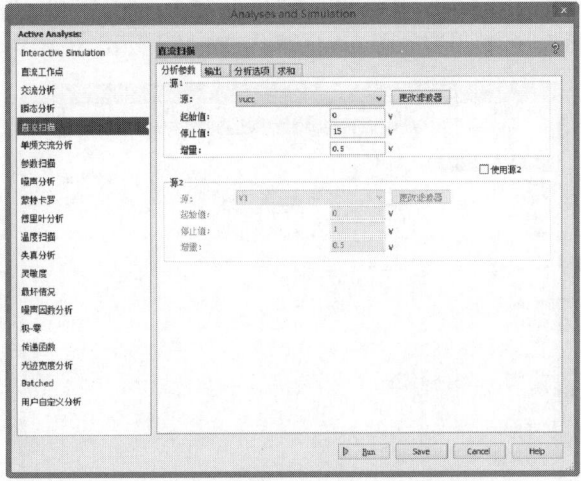

图 3.4-13 直流扫描分析参数设置

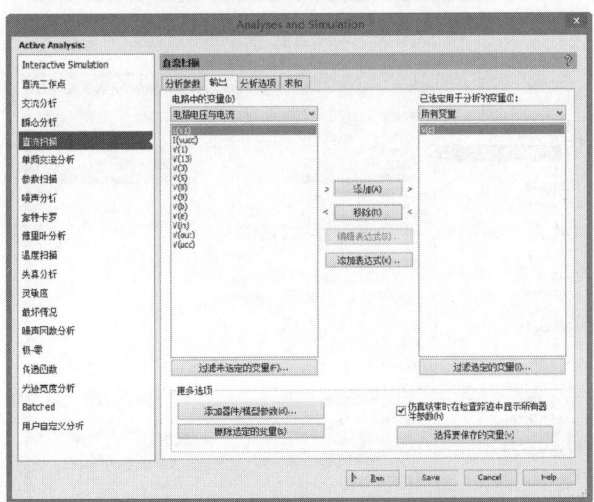

图 3.4-14 直流扫描输出设置

单击 Run 按钮，系统进行直流扫描分析，结果如图 3.4-15 所示。

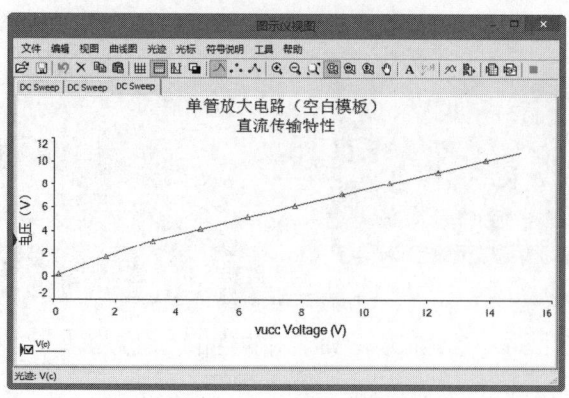

图 3.4-15　直流扫描分析结果

### 2. 交流扫描分析

选择菜单栏中的"仿真"→"Analyses and Simulation"命令，系统将弹出"Analyses and Simulation"对话框，选择"交流分析"，参数设置如图 3.4-16 和图 3.4-17 所示，观察 V（out）信号。

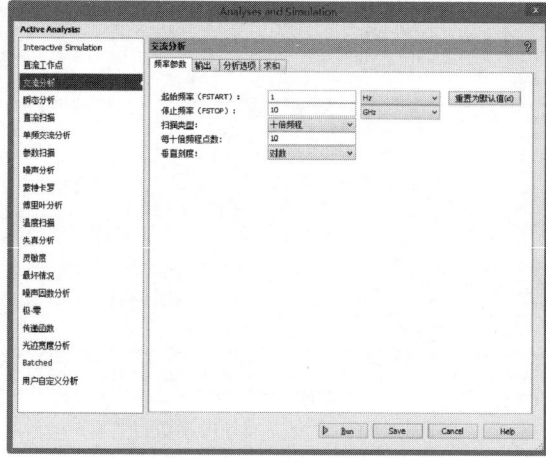

图 3.4-16　交流分析频率参数设置

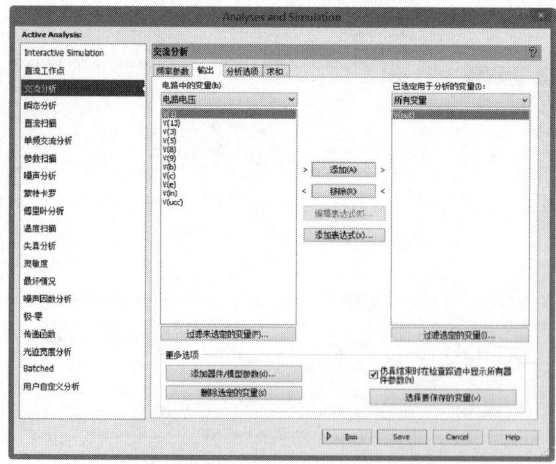

图 3.4-17　交流分析输出设置

单击 Run 按钮，系统进行交流扫描分析，结果如图 3.4-18 所示。

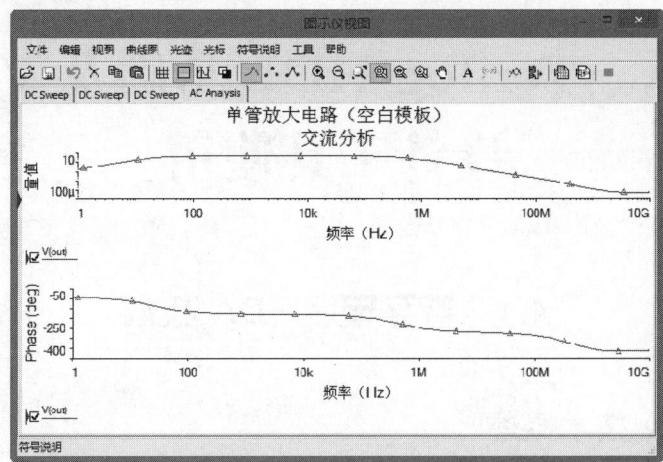

图 3.4-18 交流扫描分析结果

# 第 4 章　Verilog HDL 基础及 Vivado 设计工具使用

## 4.1　数字电路 EDA 技术

### 4.1.1　EDA 技术概述

数字电路 EDA（Electronics Design Automation：电子设计自动化）技术是以计算机为工作平台，以硬件描述语言为设计语言，以可编程器件为实验载体，以 ASIC（Application Specific Integrated Circuit：专用集成电路）/SOC（System On Chip：片上系统）芯片为目标器件，进行必要元件建模和系统仿真的电子产品自动化设计技术。

目前，现代集成电路技术发展使可编程逻辑器件等效门数迅速提高，其规模直逼标准门阵列，达到了系统集成水平。特别是进入 20 世纪 90 年代后，随着 CPLD（Complex Programmable Logic Device：复杂可编程逻辑器件）、FPGA 等现场可编程逻辑器件逐渐兴起，VHDL、Verilog 等通用性好、移植性强的硬件描述语言日益普及，ASIC 技术不断完善，EDA 技术在现代数字系统和微电子技术应用中起着越来越重要的作用。

### 4.1.2　FPGA 技术概述

FPGA（Field-Programmable Gate Array：现场可编程门阵列）是在 PAL、GAL、CPLD 等可编程器件的基础上进一步发展的产物。它是作为 ASIC 领域中的一种半定制电路而出现的，既解决了定制电路的不足，又克服了原有可编程器件门电路数有限的缺点。

FPGA 采用了 LCA（Logic Cell Array：逻辑单元阵列）概念，内部包括 CLB（Configurable Logic Block：可配置逻辑模块）、IOB（Input Output Block：输入输出模块）和内部连线（Interconnect）三个部分。FPGA 是可编程器件，利用小型查找表来实现组合逻辑，每个查找表连接到一个 D 触发器的输入端，触发器再来驱动其他逻辑电路或驱动 I/O，由此构成了既可实现组合逻辑功能又可实现时序逻辑功能的基本逻辑单元模块，这些模块间利用金属连线互相连接或连接到 I/O 模块。FPGA 允许无限次的编程，能完全替代常规的 TTL 或 CMOS 集成电路芯片及功能，同时具有可以简化设计过程，保证所设计的系统具有体积小、性能好、可靠性高、成本低等特点。

目前，FPGA 芯片的主要生产厂商有 Xilinx、Altera 和 Actel 公司。Basys3 是一款采用 Xilinx Artix 7 FPGA 架构的入门级 FPGA 开发板，本书采用 Basys3 实施数字电路实验，以及作为综合实验的基本实验平台。

### 4.1.3 硬件描述语言

HDL（Hardware Description Language：硬件描述语言）是电子系统硬件行为描述、结构描述、数据流描述的语言。利用这种语言，数字电路系统的设计可以从顶层到底层（从抽象到具体）逐层描述自己的设计思想，用一系列分层次的模块来表示极其复杂的数字系统。使用硬件语言设计 PLD、FPGA 已成为一种趋势。

Verilog HDL 由 Gateway Design Automation 公司（该公司于 1989 年被 Cadence 公司收购）开发，是在 C 语言的基础上发展起来的一种硬件描述语言。其主要优点是简洁、高效、功能强、易学易用，其语法与 C 语言有许多相似之处。

### 4.1.4 FPGA 开发工具

FPGA 开发工具包括硬件工具和软件工具。硬件工具主要是 FPGA 厂商或第三方厂商开发的 FPGA 开发板，如 Basys3 等。另外还包括示波器、逻辑分析仪等板级调试仪器。在软件方面，针对 FPGA 设计的各个阶段，FPGA 厂商和 EDA 软件公司提供了很多优秀的 EDA 工具，这些 EDA 工具基本都可以完成所有的设计输入、仿真、综合、布线、下载等工作。

Vivado 是 Xilinx 公司 2012 年发布的集成设计环境，并在不断地更新。Vivado 包括高度集成的设计环境和新一代从系统到 IC 级的工具，这些均建立在共享的可扩展数据模型和通用调试环境基础上。

## 4.2 Verilog HDL 程序结构与关键字

用 Verilog HDL 描述的电路设计是指该电路的 Verilog HDL 模型。Verilog 使用模块（Module）的概念来代表一个基本的功能块，Verilog HDL 程序就是模块的集合。Verilog 中的模块类似 C 语言中的函数，它能够提供输入、输出端口，可以实例调用其他模块，也可以被其他模块实例调用。构建复杂的电子电路主要是通过模块的相互连接、调用来实现的，每个模块实现特定的功能。图 4.2-1 给出了 Verilog HDL 的程序结构。

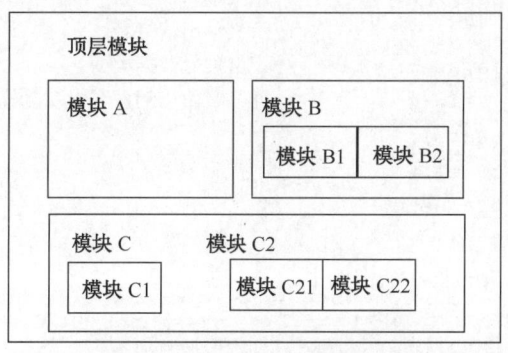

图 4.2-1 Verilog HDL 的程序结构

Verilog HDL 定义了一系列保留字，用来组织语言结构，称为关键字。关键字是用小写字母定义的，在编写 Verilog HDL 程序时，自定义标识符的定义不要与这些关键字冲突。部分常用关键字见表

4.2-1,更详尽的解释请参考 Verilog 硬件描述语言参考手册。

表 4.2-1　Verilog HDL 部分常用关键字

| 应用分类 | 关　键　字 |
| --- | --- |
| 定义 | module endmodule input output inout function endfunction task endtask |
| 数据类型 | wire reg parameter integer signed |
| 语句 | assign always if else begin end case casex casez endcase default for posedge negedge |
| 内置原语 | and or not nand nor xor xnor notif0 notif1 bμFif0 bμFif1 |

## 4.3　模　　块

### 4.3.1　模块结构

图 4.3-1 给出了一个简单的 2 选 1 多路选择器的 Verilog HDL 定义,其中 mux2to1 是模块名,a、b、sel 是输入信号,out 是输出信号。

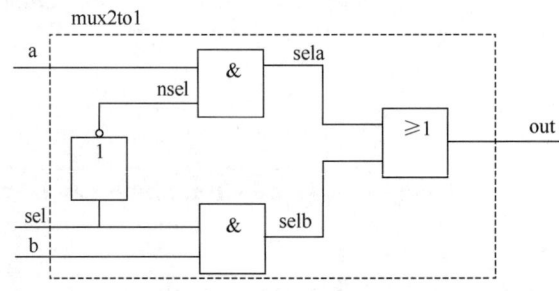

图 4.3-1　【例 4.1】电路图

【例 4.1】2 选 1 多路选择器的模块定义

```
`timescale 1ns/100ps
module mux2to1(a, b, sel, out);
    input a, b, sel;            //定义输入信号名
    output out;                 //定义输出信号名
    wire nsel,sela,selb;        //定义信号数据类型
    assign nsel=~sel;           //连续赋值语句,逻辑功能描述部分
    assign sela=a&nsel;
    assign selb=b&sel;
    assign out=sela|selb;
endmodule
```

Verilog HDL 程序中模块的基本结构如下

```
`timescale 时延单位/时间精度
module <模块名>(<端口列表>)              //模块声明
    端口说明(input, output, inout)
    数据类型声明
    连续赋值语句(assign)
    进程块语句(initial和always)
```

```
        模块实例与调用
        任务和函数
        延时说明块
    endmodule
```

**1. 时延单位和时间精度**

Verilog HDL 模型中，使用 `timescale 编译器指令将时间单位与实际时间相关联，它不属于模块，但需要在模块描述前定义。`timescale 编译器指令格式为

```
    `timescale 时延单位/时间精度
```

时延单位和时间精度由值 1、10、100 以及单位 s（秒）、ms（毫秒）、ns（纳秒）、ps（皮秒）或 fs（飞秒）组成。例如`timescale 10ns/100ps 表示时延单位为 10ns，仿真时间精度为 100ps，则在模块中可以写出类似如下带时延的语句

```
    assign #10 nsel=~sel;           //延迟10个单位时间，即延迟100ns，然后进行取反操作
    assign #10.566 sela=a&nsel;     //时间精度0.1ns，考虑四舍五入原则，延迟时间为105.7ns
```

时延单位和时间精度一旦被定义，则会影响后面所有的时延值，直至遇到另一个`timescale 指令或`resetall 指令。一般建议一个项目中保持一个相同的时延单位和时间精度，即只设置一个`timescale。

**2. 模块声明**

模块声明用于给出模块名和模块的输入输出端口，其格式如下

```
    module <模块名>(<端口列表>)
```

模块名用来标识模块，不可默认且唯一。在 Verilog HDL 中，模块声明不能嵌套，即在关键字 module 和 endmodule 之间不能再出现关键字 module 和 endmodule。

端口列表用来描述模块的输入、输出端口。端口列表不是必需的，如果模块和外部环境没有信号交换，则不需要端口列表。对外界而言，模块内部是不可见的，对模块的调用只能通过模块实例的端口进行。例如图 4.3-1 所示的电路图中，虚线框内是完成特定功能的逻辑门电路，如果封装起来，则从外部只看到 a、b、sel、out 这 4 个信号，这些信号就是模块的端口。当端口列表不变时，意味着模块与外部连接的接口不变，此时修改模块内部，不会改变模块与外部的连接。

**3. 数据类型声明**

模块中使用的所有信号都必须事先定义，声明其数据类型后方可使用。Verilog HDL 有 19 种数据类型，最常用的是 parameter 型、reg 型、integer 型和 wire 型，Verilog HDL 的数据类型说明详见 4.4.3 节。

端口的数据类型声明默认时，默认为 wire 型，例如例 4.1 中的 a、b、sel、out 这 4 个端口信号没有数据类型声明，则默认均为 wire 型。

**4. 连续赋值语句与进程块语句**

采用 assign 连续赋值语句是描述组合逻辑常用的方法，例如 assign a=b&c 描述了一个有两个输入的与门，其中"&"为逻辑与运算符（运算符的详细介绍见 4.4.4 节）。例 4.1 中 2 选 1 多路选择器模块的功能描述正是采用了这种方法。

进程块语句包括 initial 语句和 always 语句。initial 进程块语句只执行一次。initial 进程块语句的语法如下

```
    initial
    begin
        描述语句1;
        描述语句2;
        ……
    end
```

其中，begin…end 称为顺序块语句，它包含了顺序执行的进程语句，即块内的语句是按照顺序执行的。在上述语法说明中，先执行描述语句 1，然后执行描述语句 2，以此类推，直到最后一条语句执行完，程序流程控制才跳出该语句块。

与 initial 语句不同，always 进程块语句重复执行。always 进程块语句的语法如下

```
always @(<敏感信息列表>)
begin
    逻辑定义
end
```

always 进程块语句是指只要满足敏感信息列表的条件，则循环顺序执行 always 进程块内的语句（如果不给定条件，则无条件执行），如 always @(<posedge clk or negedge clk>)表示当时钟信号的上升沿或下降沿到来时，触发 always 进程块语句。又如 always #50 clk=～clk 实现通过每隔 50 个时间单位，让时钟 clk 翻转一次，从而产生周期为 100 个时间单位的时钟信号。

always 进程块语句既可用于描述组合逻辑，也可用于描述时序逻辑。

一个模块中可以包含任意多个 initial 或 always 进程块语句。所有的 initial 和 always 进程块在 0 时刻开始并行执行，即这些进程块的执行顺序与其在模块中的位置无关。而在进程块内部，逻辑是按照顺序执行的。

### 5. 模块实例与调用

模块的声明类似于一个模板，使用这个模板可创建实际的对象。当一个模块被调用的时候，Verilog HDL 就会根据模块声明创建标识唯一的对象。每个对象都有自己的名称、输入输出接口、变量和参数。从模板创建对象的过程称为实例化（instantiation），创建的对象称为模块实例（instance）。模块间的相互调用就是引用实例来完成的。模块的实例化方法有顺序端口连接和命名端口连接两种。

顺序端口连接是指严格按照模块定义的端口顺序来连接，不标明原模块定义时规定的端口名。此种方法下，模块实例中实例端口声明按照其连接的目标端口在模块声明中的位置顺序来排列，格式为

模块名称　实例名称(实例端口1,实例端口2,……,实例端口n);

命名端口连接是指在定义模块实例时，模块端口和相应的外部信号（实例端口）按照名字进行连接，而不是按照模块声明中的端口位置顺序来连接。在引用时用"."符号标明原模块定义时规定的端口名。格式为

模块名称　实例名称(.模块端口1(实例端口1), .模块端口2(实例端口2),……, .模块端口n(实例端口n) );

顺序端口连接的方法直观、简便；命名端口连接方法则提高了程序的可读性和可移植性。

【例 4.2】使用例 4.1 中模块 mux2to1 创建一个实例 my_mux2to1。

方法一：顺序端口连接

```
module my_inst;                //模块声明
    reg A, B, SEL;             //声明 3 个 reg 信号，用于连接mux2to1的输入端口
    wire OUT;                  //声明 1 个 wire 信号，用于连接mux2to1的输出端口

    mux2to1 my_mux2to1(A, B, SEL, OUT);    /*顺序端口连接
                                创建模块mux2to1的实例my_mux2to1
            默认 A 连接到 a，B 连接到 b，SEL连接到 sel，OUT 连接到 out  */
endmodule
```

方法二：命名端口连接

```
module my_inst;                //模块声明
```

```
        reg A, B, SEL;              //声明 3 个 reg 信号,用于连接mux2to1的输入端口
        wire OUT;                   //声明 1 个 wire 信号,用于连接mux2to1的输出端口
        mux2to1 my_mux2to1(         //命名端口连接,创建模块mux2to1的实例my_mux2to1
            .out(OUT),              //连接实例my_mux2to1的输出端口out到wire 变量OUT
            .a(A),                  //连接实例my_mux2to1的输入端口 a 到 reg 变量 A
            .b(B),                  //连接实例my_mux2to1的输入端口 b 到 reg 变量 B
            .sel(SEL));             //连接实例my_mux2to1的输入端口sel 到reg 变量 SEL
    endmodule
```

模块声明相当于定义了一个电路,而实例引用(即调用模块)相当于复制了一个和被调用模块相同的电路,然后将被调用模块的端口信号与实例端口(即外部信号)连接。例 4.2 中模块实例 my_mux2to1 和模块 mux2to1 的关系如图 4.3-2 所示。图中,模块实例 my_mux2to1 将其端口(即外部信号)A、B、SEL、OUT 连接到其模块 mux2to1 对应的端口 a、b、sel、out 上。Verilog HDL 允许模块实例的端口保持未连接的状态。当模块的某些输出端口只是用于调试,而不需要与外部信号连接时,实例引用中将这些端口连接变量处作空缺处理即可。

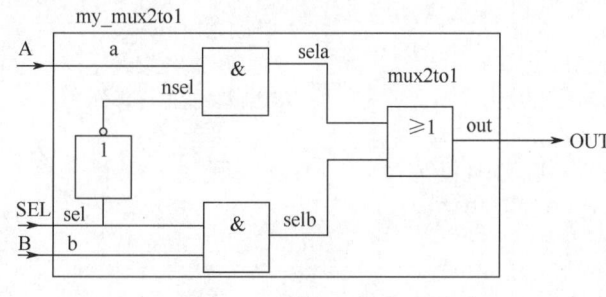

图 4.3-2　【例 4.2】电路图

## 4.3.2　模块的描述方式

模块的描述方式是指对模块具体逻辑行为的描述,又称为建模方式。Verilog HDL 支持行为级描述方法和结构级描述方法。在 Verilog 模块中,可以采用上述一种或上述描述方式的混合来对模块建模。

Verilog HDL 的行为级描述方法是采用抽象的描述方法来建立模型,从电路外部行为的角度对其进行描述。行为级描述关心电路在何种输入下,产生何种输出,而不关心电路的具体实现。这种抽象级别描述方法非常类似 C 语言编程。

当模块内部只包括连续赋值语句(assign)或进程块(initial 或 always)时,该模块采用的就是行为级建模,如例 4.1 的模块定义。

结构级描述方法是指在设计中通过调用库中的元件,或者调用已经设计好的模块,来完成功能的描述。

Verilog HDL 中有关门类型的关键字有 26 个,最基本的有 8 个,包括 6 个多输入门和 2 个多输出门,多输入门有 and(与门)、nand(与非门)、or(或门)、nor(或非门)、xor(异或门)、xnor(异或非门);多输出门是指 buF(缓冲门)和 not(非门)。

调用多输入门类型语句的格式如下

  <门类型>[<延时>] <例化的门名称>(输出端口名,输入端口名1,输入端口名2,……);

调用多输出门类型语句的格式如下

  <门类型>[<延时>] <例化的门名称>(输出端口名1,……,输出端口名n,输入端口名);

将例 4.1 中的 2 选 1 多路选择器改用门级结构描述,其中例化的门名称如图 4.3-3 所示,具体程序见例 4.3。

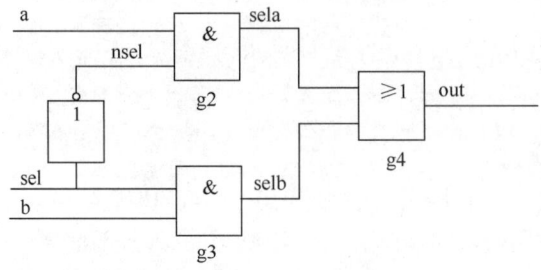

图 4.3-3 【例 4.3】电路图

**【例 4.3】** 采用结构级描述法设计 2 选 1 多路选择器。

```
module mux2to1(a, b, sel, out);     //模块声明
    input a, b, sel;                //定义输入信号名
    output out;                     //定义输出信号名
    wire nsel,sela,selb;            //定义内部连接线
    not g1(nsel, sel);              //逻辑功能描述部分
    and g2(sela, a, nsel);
    and g3(selb, b, sel);
    or g4(out, sela, selb);
endmodule
```

### 4.3.3 模块测试

Verilog 可以用来描述变化的测试信号。描述测试信号和测试过程的模块称为测试模块,它可以对已设计的电路模块进行检验,将测试信号输入至已设计的电路模块,通过观测被测试模块的输出信号是否符合要求,可以调试和验证逻辑系统的设计和结构正确与否,发现问题及时修改。

测试模块通过模块实例与调用进行,将被调用模块的端口信号与测试信号连接。对例 4.1 的 2 选 1 多路选择器进行检验的测试电路如图 4.3-2 所示,其中 A、B、SEL 为测试信号,OUT 为被测试模块 mux2to1 的输出。对例 4.1 的 2 选 1 多路选择器进行检验的测试文件可写为

```
module test;                        //模块声明
    reg A, B, SEL;                  //声明3个reg信号
    wire OUT;                       //声明1个wire信号
    initial
    begin
        A=0;    B=0;    SEL=0;      //端口输入初始化
        #100    A=0;    B=0;    SEL =1;     //#100是指延迟100个单位时间
        #100    A=0;    B=1;    SEL =0;
        #100    A=0;    B=1;    SEL =1;
        #100    A=1;    B=0;    SEL =0;
        #100    A=1;    B=0;    SEL =1;
        #100    A=1;    B=1;    SEL =0;
        #100    A=1;    B=1;    SEL =1;
        #100    $stop;              //$stop为系统任务,暂停仿真以便观察仿真波形
    end
```

```
         mux2to1 mtest(.out(OUT), .a(A), .b(B), .sel(SEL));  /*调用被测试模块
mux2to1 */
         endmodule
```

## 4.4　Verilog HDL 语法

### 4.4.1　标识符

Verilog HDL 中的标识符是以字母或下划线"_"或$符号开头的,由字母、数字、下划线"_"等组成的字符串。标识符区分大小写。模块名、端口名、参数、变量、实例名、关键字都是标识符,以"$"为开头的标识符是为系统函数保留的标识符。以下是非法自定义标识符的例子

```
    1_to_9      // 不能以数字开头,必须以字母或下划线"_"开头
    module      // module是关键字,不能用作自定义标识符
    $finish     // 系统函数,不能做自定义标识符
    a-to-g      // "-"不能用于自定义标识符
```

### 4.4.2　注释

Verilog HDL 中的注释有单行注释和多行注释两种形式。单行注释以"//"开始,Verilog 将忽略从"//"到行尾的内容;多行注释以"/*"开始,结束于"*/"。例 4.1 给出了单行注释的例子,例 4.2 给出了多行注释的例子。

### 4.4.3　常量与变量

#### 1.常量与变量概述

Verilog HDL 的信号有下列四种基本的值。
- 0:逻辑 0 或"假",表示低电平。
- 1:逻辑 1 或"真",表示高电平。
- x 或者 X:表示未知状态,大小写不敏感。
- z 或者 Z:表示高阻状态,大小写不敏感。

这四种值的解释都内置于 Verilog HDL 中,如一个为 z 的值总是意味着高阻抗,一个为 0 的值通常指逻辑 0。

Verilog HDL 的数据类型用来表示数字电路硬件中的数据存储和传输类型。Verilog HDL 中总共有 19 种数据类型,但是很多数据类型着重描述基本的逻辑单元,在实际的系统设计中很少使用,在设计和仿真中常用到的数据类型包括 parameter 型、reg 型、integer 型和 wire 型。

Verilog HDL 中的常量是指程序运行时值不能改变的量(即常数),包括无符号整数、有符号整数、实数、字符串等常量类型,常量类型不属于 Verilog HDL 定义的数据类型。常量可对已定义数据类型的变量赋值,不同数据类型的变量对赋值的常量类型有不同的规范,比如 reg 型变量的数据只能是无符号整数等。

可将常量定义为 parameter 型数据类型,增加常量的可读性和可维护性。

变量是指其值可以改变的量。常用的变量数据类型为 reg 型和 wire 型,称为 reg 型变量和 wire

型变量。

### 2. 常量

常量的表示形式为

<位宽>'<进制><数字>

<位宽>是指用十进制表示的数字的二进制位数。如果不指定位宽,则默认位宽一般为 32 位(与仿真器和使用的计算机有关)。

<进制>表明数字序列的进制,有 4 种进制,用 b 或 B 表示二进制,用 o 或 O 表示八进制,用 d 或 D 表示十进制,用 h 或 H 表示十六进制。如果不指定进制,则默认为十进制。

<数字>采用连续的 0~9、a~f 或者 A~F 来表示,不区分大小写,不同进制只能使用规定的部分数字。

表 4.4-1 是一些常量的例子。

可将常量定义为 parameter 型数据类型,即用 parameter 关键字来定义一个标识符(参数)代表一个常量,称为标识符形式的常量。在每一个赋值语句的右边必须是一个常量表达式,该表达式只能是数字或先前定义过的参数。采用标识符代表一个常量可提高程序的可读性和可维护性。格式为

parameter 标识符(参数)1=常量表达式,……, 标识符(参数)n=常量表达式;

如

parameter msb=6;        //定义参数msb为常量6
parameter byte_size=8,byte_msb=byte_size-1;

在模块和实例引用时,可通过参数传递改变在被引用模块和实例中已定义的参数。在一个模块中改变另一个模块的参数时,需使用 defparam 命令。

表 4.4-1　常量举例

| 整型常量举例 | 说　明 |
|---|---|
| 4'b1101 | 位宽为 4 的二进制数 |
| 8'ha6 | 位宽为 8 的十六进制数,等价于二进制数 10100110 |
| 5'O15 | 位宽为 5 的八进制数,等价于二进制数 10101 |
| 4'bx101 | 位宽为 4 的二进制数,首位为不定值 |
| 4'b011z | 位宽为 4 的二进制数,末位为高阻值 |
| 8'dz | 位宽为 8 的十进制数,其值为高阻值。这里定义的位宽大于数字长度。Verilog 约定:若最高位是 0、x 或 z,则用 0、x 或 z 自动扩展;若最高位为 1,则用 0 自动扩展。填补最高位 |
| 8'hax | 位宽为 8 的十六进制数,低 4 位值为不定值。十六进制数中一个 x(或 z)对应二进制 4 位 x(或 z);八进制中一个 x(或 z)代表二进制 3 位 x(或 z);二进制数中一个 x(或 z)代表 1 位 x(或 z) |
| -8'd9 | 8 位二进制补码表示的十进制数负数-9。注意负号不可以放在<位宽>与<进制>之间,也不可以放在<进制>与<数字>之间 |
| 8'b1011_0011 | 下划线出现在具体数字之间,用来增强可读性,等价于 8'b10110011 |
| 3'b10110011 | 左边高位截断,等价于 3'b011。如果定义的常量长度比数字序列的长度短,那么最左边的位相应地被截断 |
| "Hi" | 字符串常量。Verilog HDL 中一个字符用 8 位的 ASCII 码表示,"Hi"等价于 16'b01001000_01101001 |
| 3.5 | 常量为实数,用十进制计数法表示 |
| 5.2E-3 | 常量为实数,用科学计数法表示,等价于 0.0052 |

### 3. 变量

(1)reg 型和 integer 型

数据类型为 reg 型的变量简称为 reg 型变量。reg 型变量是反映具有状态保持功能的变量,类似

于寄存器的存储单元。在新的赋值语句执行之前，reg 型变量一直保持原值，通过赋值语句可以改变 reg 型变量的值，其作用与改变寄存器储存的值相当。

不过 reg 型变量不一定代表存储单元，在 always 模块内被赋值的每一个信号都必须定义成 reg 型。reg 型数据的格式如下

```
reg[msb: lsb] 数据名1, 数据名2, … , 数据名n;
```

reg 是 reg 型数据的确认标识符；[msb: lsb]用来定义 reg 型数据的位宽，即该数据有几位（bit），msb 是最高位序号，lsb 是最低位序号；如果不指定位宽，则自认默认位宽为 1；最后跟着数据名称。如果一次定义多个数据，数据名之间用逗号隔开。声明语句的最后以分号结尾。具体示例如下

```
reg cnt;                      // 定义一个 1 位名为 cnt 的 reg 型数据
reg [7:0] out;                // 定义一个 8 位名为 out 的 reg 型数据
reg [13:1] ir_addr, pc_addr;  /* 定义两个13位名为ir_addr和pc_addr out 的 reg
型数据 */
ir_addr[12]=2;                //赋值
```

reg 型变量的默认初始值为不定值 x。reg 中存储的类型被认作为无符号整数变量。例如，当一个 4 位寄存器用作表达式中的操作数时，如果开始寄存器被赋以值-1，则在表达式中进行运算时，其值被认为是+15。

integer 关键字声明了整数变量。和 reg 变量最主要的区别在于：reg 中存储的类型都是被认作为无符号数的，integer 中存储的数据则是有符号数。integer 的宽度一般默认是 32 位。例如

```
interger i;
i=-2;
```

这样在使用一些循环语句的时候会比较方便。

（2）wire 型

wire 型变量通常表示一种电气连接线，用于对结构化器件之间物理连线的建模，如器件的引脚，内部器件如"与门"的输出等。

wire 型变量不存储逻辑值，必须由器件所推动。通常用 assign 关键字来赋值。

输入、输出信号类型默认时自动定义为 wire 型。当一个 wire 型信号没有被驱动时，默认值为 z（高阻）。

wire 型信号的格式同 reg 型信号的格式类似，格式如下

```
wire[msb: lsb] 数据名1, 数据名2, … , 数据名n;
```

wire 是 wire 型数据的确认标识符；[msb: lsb]用来定义 wire 型数据的位宽，即该数据有几位(bit)，msb 是最高位序号，lsb 是最低位序号；如果不指定位宽，则默认位宽为 1，最后跟着数据名。如果一次定义多个数据，数据名之间用逗号隔开。声明语句的最后以分号结尾。具体示例如下

```
wire a;              // 定义一个 1 位名为 a 的 wire 型数据
wire [7:0] b;        // 定义一个 8 位名为 b 的 wire 型数据
wire [4:1] c, d;     // 定义两个 4 位名为 c 和 d 的 wire 型数据
```

wire 型变量不能出现在进程语句（initial 或 always 语句）中，当采用层次化设计数字系统时，常用 wire 型变量声明模块之间的连线信号。

（3）确定模块变量数据类型原则

模块中变量的数据类型可依照如下原则确定。

1）出现在端口列表中的变量，输入端口变量一般为 wire 型，输出端口变量可以是 wire 型，也可以是 reg 型。若输出端口变量在进程块中赋值，则为 reg 型，若在进程块外赋值（包括实例化语句），则为 wire 型。

2）内部变量的数据类型确定原则和端口变量一致。

3）如果变量未被声明，则默认值为 wire 型。

### 4.4.4 运算符与表达式

**1. 算术运算符**

算术运算符用于执行算术运算功能，常用的算术运算符符号和功能见表4.4-2。表中"举例"一栏的结果基于以下定义

```
reg[3:1] A, B;
integer C, D, E;
A=4'b1010;  B=4'b0101; C=3; D=5; E=9;
```

表 4.4-2　算术运算符的符号和功能

| 运算符 | 功能 | 举例 | | 备注 |
|---|---|---|---|---|
| | | 表达式 | 结果 | |
| + | 算术加或正值运算符 | A+B | 4'b1111 | |
| − | 算术减或负值运算符 | A−B | 4'b0101 | |
| * | 乘法 | A*B | 6'b110010 | |
| / | 除法 | E/D | 1 | 整除 |
| % | 求余，运算数均为整数 | D%C | 2 | 余数的正负取决于第一个操作数的符号位 |
| ** | 求幂 | D**C | 125 | |

有关算术运算符，还有以下几点需要注意。

1）在算术运算时，如果操作数的任意一位是不确定的值 x 或 z，则整个结果也为不定值 x。

2）算术表达式结果的长度由最长的操作数决定；在赋值语句下，算术操作结果的长度由操作符左端目标操作数长度决定。如表4.4-2中，A*B 的结果如果用于赋值，则该结果的长度取决于左端的操作数 A。

3）在算术运算或赋值时，注意操作数是无符号数还是有符号数。

**2. 逻辑运算符**

逻辑运算符在逻辑值 0 或 1 上进行逻辑运算。逻辑运算结果为 1 个 1 位的逻辑值：0 表示假，1 表示真，x 表示不确定。

在 Verilog HDL 中存在 3 种逻辑运算符，其符号和功能见表4.4-3。表中"举例"一栏的结果基于以下定义。

$$a=0;\quad b=1;\quad c=3;\quad d=0;$$

表 4.4-3　逻辑运算符的符号和功能

| 运算符 | 功能 | 举例 | | 备注 |
|---|---|---|---|---|
| | | 表达式 | 结果 | |
| && | 逻辑与 | a&&b | 0 | |
| | | c&&d | 0 | |
| \|\| | 逻辑或 | a\|\|b | 1 | 对于向量操作，非 0 向量作为 1 处理，如 c、d 为全 0，处理为 0 |
| | | c\|\|d | 1 | |
| ! | 逻辑非 | !a | 1 | |
| | | !b | 0 | |
| | | !c | 0 | |
| | | !d | 1 | |

有关逻辑运算符，要注意。
- 如果操作数中包含不确定的值 x 或 z，则结果为不定值 x。
- 逻辑运算符常对变量及表达式进行运算。例如，(c==3)&&(d==0)，即当 c 等于 3，且 d 等于 0 时，表达式结果为 1，否则结果为 0。

### 3．关系运算符

进行关系运算时，如果声明的关系是假的（false），则返回值是 0；如果声明的关系是真的（true），则返回值是 1；如果某个操作数的值不定，则关系是模糊的，返回值是不定值。若操作数长度不同，长度较短的操作数在最重要的高位方向（左方）添 0 补齐。

在 Verilog HDL 中有 4 种关系运算符，其符号和功能见表 4.4-4。表中"举例"一栏的结果基于以下定义。

a=4;    b=7;    c=4'b0x11;

表 4.4-4  关系运算符的符号和功能

| 运算符 | 功 能 | 举 例 | |
|---|---|---|---|
| | | 表达式 | 结 果 |
| > | 大于 | a>b | 0 |
| < | 小于 | a<b | 1 |
| >= | 大于等于（不小于） | a>=b | 0 |
| <= | 小于等于（不大于） | a<=c | x |

### 4．等式运算符

等式运算符用于比较两个操作数是否相等，运算结果是 1 位的逻辑状态。

在 Verilog HDL 中有 4 种等式运算符，其符号和功能见表 4.4-5。表中"举例"一栏的结果基于以下定义。

a=4;        b=7;        c=4'b0011;      d=4'b1011;
e=4'bx1zx;  f=4'bx1xx;  g=4'bx1zx;

表 4.4-5  等式运算符的符号和功能

| 运算符 | 功 能 | 举 例 | | 备 注 |
|---|---|---|---|---|
| | | 表达式 | 结 果 | |
| == | 等于 | a==b | 0 | 操作数中若有 x 或 z，则结果为 x |
| | | e==g | x | |
| != | 不等于 | a!=b | 1 | |
| | | e!=d | x | |
| === | 全等 | e===g | 1 | 对操作数进行比较时，值 x 和 z 严格按位进行比较 |
| | | e===f | 0 | |
| !== | 不全等 | e!==g | 0 | |
| | | e!==d | 1 | |

有关等式运算符，以下几点需要注意。

1）等式运算符==、!=、===、!==中的求反号"!"与等号"="之间、等号"="与等号"="之间不能有空格。

2）如果操作数的长度不相等，长度较小的操作数在最左侧添 0 补位。

3）===、!==运算符常用于 case 表达式的判别，所以也称为"case 等式运算符"。

### 5. 位运算符

在硬件电路中信号有 4 种状态值，即 1，0，x，z。在电路中信号进行与、或、非时，在 Verilog HDL 中对应为操作数的位运算。

位运算符用于对两个操作数按位进行逻辑运算操作。在 Verilog HDL 中有 5 种位运算符，其符号和功能见表 4.4-6。表中"举例"一栏的结果基于以下定义。

a=4'b0100;　　　b=4'b0111;　　　c=4'b0011;　　　d=4'b10xx;

表 4.4-6　位运算符的符号和功能

| 运算符 | 功　能 | 举　例 ||
|:---:|:---:|:---:|:---:|
| | | 表达式 | 结　果 |
| & | 按位与 | a & b | 4'b0100 |
| | | b & d | 4'b00xx |
| \| | 按位或 | a \| b | 4'b0111 |
| | | a \| d | 4'b11xx |
| ^ | 按位异或 | a ^ b | 4'b0011 |
| | | c ^ d | 4'b10xx |
| ~ | 按位取反 | ~a | 4'b1011 |
| | | ~d | 4'b01xx |
| ~^ | 按位同或 | a ~^ b | 4'b1100 |
| | | c ~^ d | 4'b01xx |

有关位运算符，以下几点需要注意。

1) 不同长度的数据进行位运算时，系统会自动将两者按右端对齐，位数少的操作数会在相应的高位（最左侧）用 0 填充，以使两个操作数按位进行运算。

2) 当操作数中出现 x 时，当位运算结果明确，则结果的对应位明确，如&运算中一个操作位为 0，则结果肯定为 0；当位运算结果不明确时，则结果的对应位为 x。

3) 注意位运算与逻辑运算的不同。位运算的结果是一个向量，每位都是按位运算得到的结果；而逻辑运算的结果是一个逻辑值，0、1 或 x。

### 6. 缩减运算符

缩减运算符用于对一个操作数的所有位逐位从左到右进行某种逻辑运算，其逻辑运算规则与位运算类似，只是其运算的结果是一位的逻辑值 0、1 或者 x。

在 Verilog HDL 中有 6 种缩减运算符，其符号和功能见表 4.4-7。表中"举例"一栏的结果基于以下定义。

a=4'b0100;　　　b=4'b10xx;

表 4.4-7　缩减运算符的符号和功能

| 运算符 | 功　能 | 举　例 ||
|:---:|:---:|:---:|:---:|
| | | 表达式 | 结　果 |
| & | 缩减与 | &a | 0 |
| | | &b | 0 |
| ~& | 缩减与非 | ~&a | 1 |
| | | ~&b | x |
| \| | 缩减或 | \| a | 1 |
| | | \| b | 1 |

续表

| 运算符 | 功能 | 举例 | |
|---|---|---|---|
| | | 表达式 | 结果 |
| ~\| | 缩减或非 | ~\|a | 0 |
| | | ~\|b | x |
| ^ | 缩减异或 | ^a | 1 |
| | | ^b | x |
| ~^ | 缩减同或 | ~^a | 0 |
| | | ~^b | x |

依据逻辑运算规则，可对缩减运算总结如下运算规则。

1）对缩减与操作，操作数向量中有 1 个 0，结果一定为 0。
2）对缩减或操作，操作数向量中有 1 个 1，结果一定为 1。
3）对缩减异或操作，不含 x 或 z 的操作数向量中有奇数个 1，结果一定为 1。
4）对缩减同或操作，不含 x 或 z 的操作数向量中有偶数个 1，结果一定为 1。
5）对缩减异或及缩减同或操作，操作数向量中有 1 个 x，结果一定为 x。

### 7. 移位运算符

移位运算符将运算符左边的操作数左移或者右移若干位，位数由运算符右边的操作数指定。右移 1 位相当于除以 2，左移 1 位在不溢出的情况下，相当于乘以 2。Verilog HDL 中移位运算分逻辑移位和算术移位两类。逻辑移位针对无符号数据。逻辑移位运算时，空闲位用 0 补位。算术移位针对有符号数据。算术移位运算中，左移时低位添 0 补位，右移时左侧高位以符号位补位（正数补 0，负数补 1）。4 种移位运算符的符号和功能见表 4.4-8。表中"举例"一栏的结果基于以下定义。

```
a=4'b1010;    b=4'b1011;
integer c=-5;   // 二进制  1111 1111 1111 1111 1111 1111 1111 1011;
```

表 4.4-8 移位运算符的符号和功能

| 运算符 | 功能 | 举例 | |
|---|---|---|---|
| | | 表达式 | 结果 |
| >> | 逻辑右移 | a>>1 | 4'b0101 |
| | | b>>2 | 4'b0010 |
| << | 逻辑左移 | a<<1 | 4'b0100 |
| | | b<<2 | 4'b1100 |
| >>> | 算术右移 | c>>>2 | 32'b1111_1111_1111_1111_1111_1111_1111_1110 |
| <<< | 算术左移 | c<<<3 | 32'b1111_1111_1111_1111_1111_1111_1101_1000 |

### 8. 条件运算符

条件运算符"?:"根据条件表达式的值选择表达式，它带有 3 个操作数，格式如下

条件表达式?真表达式:假表达式

如果条件表达式为真（即值为 1），则运算返回真表达式；如果条件表达式为假（即值为 0），则运算返回假表达式。例如，变量 c 要取 a 和 b 中值更大的那个数，则可采用条件运算符，具体表达式如下

```
c=(a>b)?a:b;
```

### 9. 位拼接运算符

位拼接运算符可将两个或多个信号的某些位拼接起来进行运算操作。其使用格式如下

```
{信号 1 的某几位，信号 2 的某几位,…,…, 信号 n 的某几位}
```

即把某些信号的某些位详细地列出来，中间用逗号分开，最后用大括号括起来表示一个整体信号。例如

```
{a, b[3:0], w, 4'b0100}
```

也可写成{a, b[3], b[2], b[1], b[0], w, 1'b0, 1'b1, 1'b0, 1'b0}。

因在计算拼接信号位宽的大小时必须知道拼接中每个信号的位宽，故在位拼接表达式中不能存在没有指明位数的信号。

位拼接可用重复法来简化表达式，例如

```
{4{ a } }          // 等同{a, a, a, a}，其中"4"必须是常数表达式
```

位拼接还可用嵌套的方式来表达，例如

```
{a, 3{ a, b } }    // 等同{a, a, b, a, b, a, b}，其中"3"必须是常数表达式
```

### 10. 运算符优先级

为了提高程序的可读性，明确表达各运算符之间的优先关系，建议使用括号。如果不通过括号将表达式的各个部分分开，则 Verilog HDL 将根据运算符之间的优先级对表达式进行计算。表 4.4-9 显示了所有运算符的优先级和名称。运算符从最高优先级（顶行）到最低优先级（底行）排列，同一行中的运算符优先级相同。

表 4.4-9 运算符的优先级和名称

| 运　算 | 运　算　符 | 优　先　级 |
| --- | --- | --- |
| 单目运算 | 逻辑运算：！ 位运算：~ | 最高 |
| 算术运算 | * / % | |
| | + − | |
| 移位运算 | << >> <<< >>> | |
| 关系运算 | < <= > >= | |
| 等式运算 | == != === !== | |
| 位运算 缩减运算 | & ~& | |
| | ^ ~^ | |
| | \| ~\| | |
| 逻辑运算 | && | |
| | \|\| | |
| 条件运算 | ?: | 最低 |

条件运算符是从右向左关联，其余运算符均为自左向右关联。表达式 a+b−c 等价于(a+b)−c 而表达式 a?b:c?d:e 等价于 a?b(c?d:e)，运算是从右向左关联。通过括号可明确运算顺序，也可通过括号改变运算顺序。

### 4.4.5 非阻塞赋值与阻塞赋值

Verilog HDL 语言中，信号有非阻塞（Non Blocking）和阻塞（Blocking）两种赋值方式。

非阻塞赋值符为"<="。"非阻塞"是指在进程语句（initial 和 always）中，当前的赋值语句不会阻断其后的语句。非阻塞语句可以认为是分为两个步骤进行的。

第一步，计算赋值符右边表达式的值，但不赋值。

第二步，在进程语句结束时，将赋值符右边的值赋予左边的变量。例如考虑如下进程

```
always @(posedge clk or posedge clr)
begin
  b<=a;
  c<=b;
end
```

当满足触发条件时，程序顺序执行，首先获取变量 a 的值，但不立即执行赋值操作；然后获取变量 b 的值。当进程语句结束时，将获取的值分别赋予赋值表达式左边的变量 b 和 c。采用这样的赋值方式会出现最终变量 c 值不会等于变量 a 的值。

例如，在移位寄存器设计中，要考虑将寄存器的原值赋予下一个寄存器，就必须要用非阻塞赋值。

要注意的是，非阻塞赋值符与关系运算符中的"小于等于"运算符号完全相同，但意义完全不同，前者用于赋值操作，后者用于比较大小。

阻塞赋值符为"="。赋值时先计算"等号"右边变量的值，然后马上执行赋值操作，即将"等号"右边变量的值赋予左边变量。在赋值过程中，不允许别的赋值语句的执行。如考虑如下进程

```
always @(posedge clk or posedge clr)
begin
  b=a;
  c=b;
end
```

当进程结束后，变量 c 值等于变量 a 的值。

### 4.4.6 条件语句与循环语句

**1. 条件语句（if_else 语句）**

条件语句必须在由 initial 和 always 语句引导的 begin end 进程块语句中使用。if 语句用来判定给定的条件是否满足，根据判定的结果决定执行相应操作。Verilog HDL 提供了 3 种形式的 if 语句，具体形式如下

```
1) if (表达式) 语句;
2) if (表达式)
       语句1;
   else
       语句2;
3) if (表达式1)            语句1;
   else if(表达式2)        语句2;
       ……
   else if(表达式i)        语句i;
       ……
   else  语句n;
```

if 后面都有"表达式"，一般为逻辑表达式或关系表达式。系统对表达式的值进行判断，若为 0、x、z，按"假"处理；若为 1，按"真"处理，执行指定的语句。else 子句不能作为语句单独使用，它必须是 if 语句的一部分，与 if 配对使用。

**2. case 语句**

if 语句是两分支选择语句，而 case 语句是多分支选择语句，其格式如下

| 1) case (控制表达式) | <case分支项> | endcase |
| 2) casez (控制表达式) | <case分支项> | endcase |
| 3) casex (控制表达式) | <case分支项> | endcase |

case 分支项的一般格式如下

| 分支表达式： | 语句； | |
| default： | 语句； | // 默认项，只允许存在一个 |

控制表达式通常表示为控制信号的某些位，分支表达式则用这些控制信号的具体状态值来表示。当检索到第一个与控制表达式的值相等的分支表达式时，就执行该分支表达式后面的语句，结束后跳出。如果所有的分支表达式的值都没有与控制表达式的值相匹配，就执行 default 后面的语句。case、casez 和 casex 的真值如表 4.4-10 所示。

表 4.4-10　case、casez 和 casex 的真值

| case | 0 | 1 | x | z | casez | 0 | 1 | x | z | casex | 0 | 1 | x | z |
|---|---|---|---|---|---|---|---|---|---|---|---|---|---|---|
| 0 | 1 | 0 | 0 | 0 | 0 | 1 | 0 | 0 | 1 | 0 | 1 | 0 | 1 | 1 |
| 1 | 0 | 1 | 0 | 0 | 1 | 0 | 1 | 0 | 1 | 1 | 0 | 1 | 1 | 1 |
| x | 0 | 0 | 1 | 0 | x | 0 | 0 | 1 | 1 | x | 1 | 1 | 1 | 1 |
| z | 0 | 0 | 0 | 1 | z | 1 | 1 | 1 | 1 | z | 1 | 1 | 1 | 1 |

case 语句的所有表达式值的位宽必须相等，只有这样，控制表达式和分支表达式才能进行对应位的比较。信号 x、z 的默认宽度是机器的字节宽度，通常是 32 位，故'bx、'bz 表达所对应的位宽为 32 位，而 n'bx、n'bz 表达所对应的位宽为 n，两者不可混淆。

下面是一个简单的使用 case 语句的例子。该例子中对寄存器 rega 译码以确定 result 的值。

```
reg[15:0]   rega;
reg[9:0]    result;
case(rega)
    16'd0:   result=10'b0111111111;
    16'd1:   result=10'b1011111111;
    16'd2:   result=10'b1101111111;
    16'd3:   result=10'b1110111111;
    16'd4:   result=10'b1111011111;
    16'd5:   result=10'b1111101111;
    16'd6:   result=10'b1111110111;
    16'd7:   result=10'b1111111011;
    16'd8:   result=10'b1111111101;
    16'd9:   result=10'b1111111110;
    default: result=10'bx;
```

### 3. forever 循环语句

forever 循环语句常用于产生周期性的波形，用来作为仿真测试信号。该语句必须写在 initial 块中，不能独立写在程序中，其格式如下

　　forever　　语句；

以下是用 forever 语句输出周期为 20 个时间单位的方波，语句用 begin…end 组合成顺序块

```
forever
begin
    #0  clk=0;
    #10 clk=1;
```

```
            #10 clk=0;
        end                    //也可用 always #10 clk=~clk 来实现
```

### 4. repeat 循环语句

repeat 循环语句是执行指定循环次数的过程语句,其格式如下

```
    repeat(表达式)    语句;
```

其中表达式通常为常量表达式。给定循环次数,如果循环次数表达式的值不确定,即为 x 或 z 时,则循环次数按 0 处理。

下面的例子中使用 repeat 循环语句及加法和移位操作来实现一个乘法器。

```
            parameter size=8, longsize=16;
            reg[size:1] opa, opb;
            reg[longsize:1] result;
              begin:
                reg[longsize:1] shift_opa, shift_opb;
                shift_opa=opa;
                shift_opb=opb;
                result=0;
                repeat(size)
                begin
                  if(shift_opb[1])
                      result=result+shift_opa;
                      shift_opa=shift_opa<<1;
                      shift_opb=shift_opb>>1;
                end
              end
```

### 5. while 循环语句

while 循环语句循环执行过程赋值语句,直到指定的条件为假,其格式如下

```
    while(表达式)    语句;
```

下面的例子中使用 while 循环语句对 8 位二进制数 rega 中值为 1 的位进行计数。

```
        begin:
            reg[7:0] tempreg;
            count=0;
            tempreg=rega;
            while(tempreg)
            begin
              if(tempreg[0]) count=count+1;
              tempreg=tempreg>>1;
            end
        end
```

### 6. for 循环语句

for 循环语句按指定循环次数重复执行过程赋值语句,其格式如下

```
    for(循环变量初始值; 循环结束条件; 循环变量增值)      语句;
```

下面例子是用 for 循环语句改写上面 while 循环语句的例子。

```
        begin:
            reg[7:0] tempreg;
            count=0;
            for(tempreg=rega; tempreg; tempreg=tempreg>>1)
```

```
        if(tempreg[0]) count=count+1;
    end
```

## 4.5　Vivado 设计套件简介

### 4.5.1　Vivado 设计套件概述

Vivado 设计套件是 FPGA 厂商 Xilinx 公司发布的高度集成的设计环境和新一代从系统到 IC 级的工具，这些均建立在共享的可扩展数据模型和通用调试环境的基础上。Vivado 不仅支持传统的 RTL（Register Transfer Level：寄存器传输级）到比特流的 FPGA 设计流程，而且支持基于 C 和 IP（Intellectual Property：知识产权）核的系统级设计流程，从而提高效率。

Vivado 设计套件中的 HLS（High-Level Synthesis：高级综合工具）、C/C++语言库和 IP 集成器，可以加速开发进度和实现系统集成。用户根据自己的项目需求，可选择基于硬件描述语言的设计方法、基于 IP 核的设计方法或利用 HLS 工具实现。

Vivado 设计套件基于目前最流行的一种约束方法即 SDC（Synopsys Design Constraints：Synopsys 设计约束）格式，并增加了对 FPGA 的 I/O 引脚分配，从而构成了新的 XDC（Xilinx Design Contraints：Xilinx 设计约束）文件。设计者可以在设计流程的不同阶段添加 XDC 约束。

XDC 约束文件由 Tcl（Tool command language：工程命令语言）提供支持，Tcl 还支持设计分析、工具控制和模块构建、运行设计程序、查询设计网表等操作。

可至 Xilinx 网站（http://www.xilinx.com）下载最新版的 Vivado 软件。本书以 Vivado 2017.2 版本为例，对 Vivado 设计套件做一简要介绍。

### 4.5.2　Vivado 设计流程

Vivado 的一个典型的 RTL 设计流程包括了创建工程项目、设计输入、建立仿真文件、仿真分析、添加引脚约束文件、设计综合、设计实现、生成比特流文件、下载比特流文件到 FPGA 的过程。

设计输入是指输入电路设计源文件。如选择采用 RTL 源文件的方式、文件类型选择"Verilog"，则是指利用 Verilog 硬件描述语言建立源文件。也可通过 IP 创建原理图的方法进行设计输入。

在设计输入步骤后实施仿真，是针对功能实现和性能实现的验证，建立仿真文件也即建立测试文件（模块）的过程。也可以分别在设计综合步骤后和设计实现步骤后添加仿真功能，实现功能实现和时序的验证。

引脚约束是指硬件引脚的使用，包括引脚的映射关系和电平标准，以及诸如上拉、下拉等的属性参数的确定。

设计综合是将设计描述转换成由与门、或门、非门、触发器等基本逻辑单元组成的逻辑连接，包括对硬件语言源代码输入进行翻译与逻辑层次上的优化，以及对翻译结果进行逻辑映射与结构层次上的优化，最后生成逻辑网表的过程。

设计实现是将设计综合输出的网表文件翻译（Translate）成所选器件的底层模块和硬件原语，将设计映射（Map）到具体型号的 FPGA 器件结构上，根据用户约束和物理约束进行综合布线（Place & Route），达到利用选定器件实现设计的目的。

比特流文件存储了 FPGA 的配置数据。将比特流文件下载到 FPGA，是指将比特流文件转移到

FPGA 内存单元实现逻辑功能和电路互联，完成项目的板级验证。

## 4.5.3 Vivado 窗口界面

**1. 主界面**

Vivado 2017.2 主界面如图 4.5-1 所示，该界面分组排列所有的功能图标。

（1）Quick Start（快速开始）
- Create Project：用于生成新设计工程项目的向导，指导用户创建不同类型的工程项目。
- Open Project：用于打开已有工程项目。如果扩展名为 xpr，对应的是 Vivado 工程项目文件；如果扩展名为 ppr，对应的是 PlanAhead 工具创建的工程文件；如果扩展名为 xise，对应的是 ISE 设计平台所创建的工程项目文件。
- Open Example Project：用于指导如何从预定义的模板创建一个新的 Vivado 工程项目。

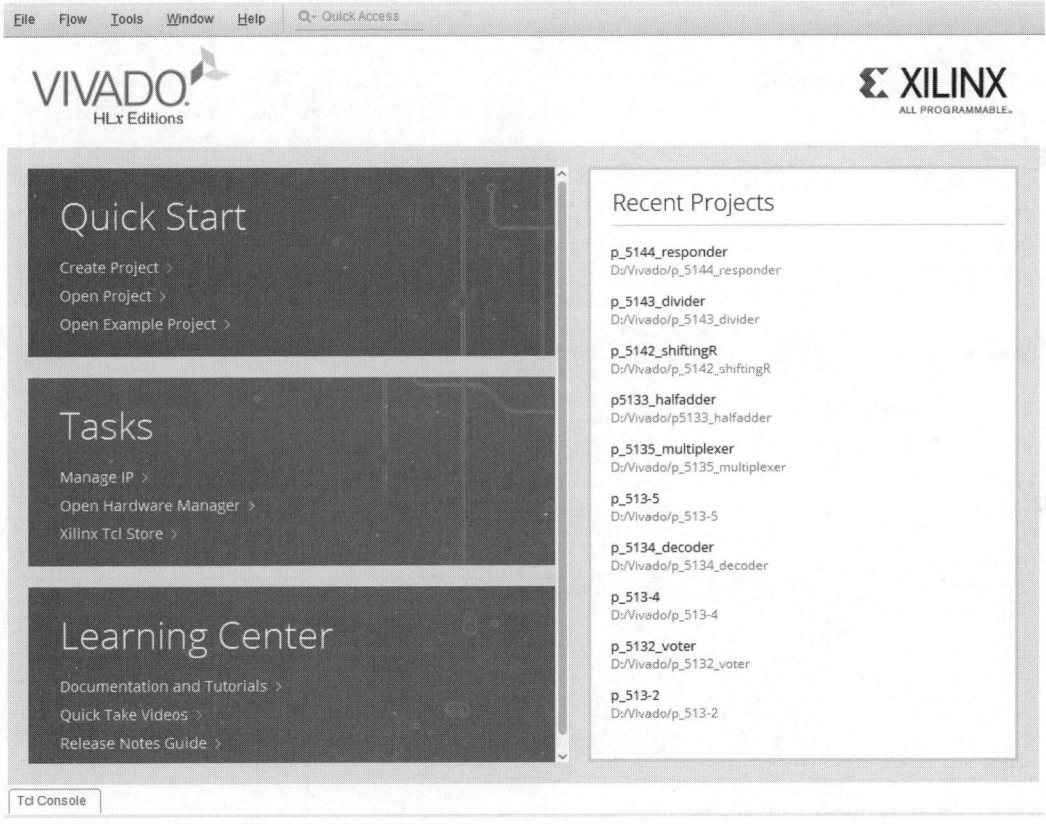

图 4.5-1　Vivado 2017.2 主界面

（2）Tasks（任务）
- Manage IP：用于管理 IP，用户可以创建或打开一个 IP 位置。允许用户从不同的设计工程和源控制器管理系统访问 IP。
- Open Hardware Manager：用于打开硬件管理器，可快捷打开 Vivado 设计套件的下载和调试器界面，将设计编程下载到硬件中。通过该工具所提供的 Vivado 逻辑分析仪和 Vivado 串行 I/O 分析仪特性，可对设计项目进行调试。

◆ Xilinx Tcl Store：该选项是 Xilinx Tcl 开源代码商店，用于在 Vivado 设计套件中进行 FPGA 的设计。第一次选中该选项，会弹出提示对话框，提示用户即将从 Xilinx Tcl 商店安装第三方的 Tcl 脚本。通过 Tcl 商店能够访问多个不同来源的多个脚本和工具，用于解决不同的问题和提高设计效率。用户可以安装 Tcl 脚本，也可以与其他用户分享自己的 Tcl 脚本。

（3）Learning Center（学习中心）

该分组是 Vivado 集成设计套件的学习中心，提供了学习文档、教程、视频等资源。

◆ Documentation and Tutorials：用于打开 Xilinx 的文档教程和支持设计数据。
◆ Quick Take Videos：用于快速打开 Xilinx 视频教程。
◆ Release Notes Guide：用于查看此版本的安装信息和 Vivado 新功能的相关信息。

### 2. 工程界面

在图 4.5-1 中新建或打开已有工程，会出现如图 4.5-2 所示工程界面。

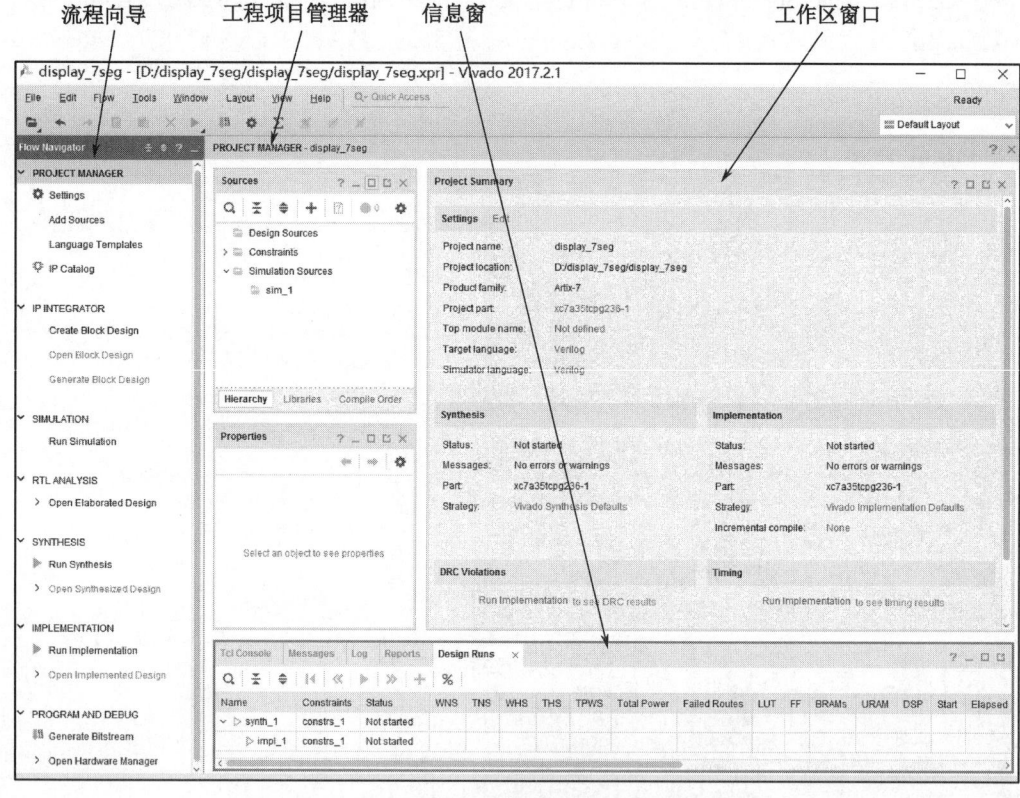

图 4.5-2　工程界面

（1）Flow Navigator（流程向导）

Vivado 的 Flow Navigator（流程向导）界面如图 4.5-3 所示，存在于图 4.5-2 的 Vivado 工程界面的左侧，流程向导给出了工程项目的主要处理流程。

① PROJECT MANAGER（工程项目管理器）

◆ Settings：配置设计合成、设计仿真、设计实现及和 IP 有关的选项。
◆ Add Sources：在工程项目中添加或创建源文件。
◆ Language Templates：显示语言模板窗口。
◆ IP Catalog：IP 目录，浏览、自定义和生成 IP 核。

② IP INTEGRATOR（IP 集成器）
- Create Block Design：创建模块设计。
- Open Block Design：打开模块设计。
- Generate Block Design：生成模块设计。

③ SIMULATION（仿真）
- Run Simulation：运行仿真。

④ RTL ANALYSIS（RTL 分析）
- Open Elaborated Design：打开详细描述的设计。

⑤ SYNTHESIS（综合）
- Run Synthesis：运行综合。
- Open Synthesized Design：打开综合后的设计。

⑥ IMPLEMENTATION（实现）
- Run Implementation：运行实现。
- Open Implemented Design：打开实现后的设计。

⑦ PROGRAM AND DEBUG（编程和调试）
- Generate Bitstream：生成比特流。
- Open Hardware Manager：打开硬件管理器。

（2）PROJECT MANAGER（工程项目管理器）

PROJECT MANAGER（工程项目管理器）窗口界面如图 4.5-2 和图 4.5-4 所示。该窗口中显示所有设计文件，以及这些文件之间的关系。

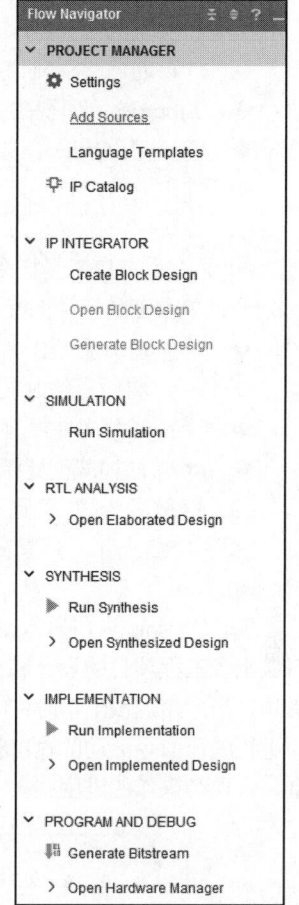

图 4.5-3　Vivado 的流程向导界面

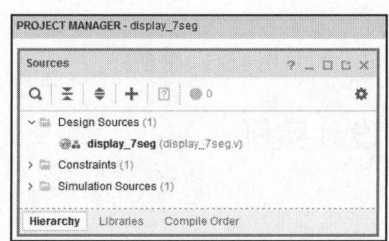

图 4.5-4　工程项目管理器窗口界面

① Sources（源文件窗口）

该窗口用于管理工程项目下的源文件，可添加、删除文件及对文件进行排序。该窗口中包含以下几部分：
- Design Sources：显示设计中使用的源文件。
- Constraints：显示约束文件。
- Simulation Sources：显示用于仿真的源文件。

② 源文件窗口视图模式

源文件窗口有以下 3 种窗口视图模式，用于显示不同的源文件。

◆ Hierarchy：层次视图，用于显示设计模块和例化的层次。顶层模块定义了用于编译、综合和实现的设计层次。Vivado 设计套件自动检测顶层模块，也可使用鼠标右击某个设计源文件，通过"Set as Top"选项手动定义顶层模块。
◆ Libraries：库视图，用于显示保存到各种库的源文件。
◆ Compile Order：该视图显示了所有需要编译的源文件顺序。顶层模块通常是编译的最后文件。通常，Vivado 设计套件自动确定编译的顺序，也可通过手动方式重新调整源文件的编译顺序。

③ 源文件窗口工具栏命令

通过单击工具栏中图标，可快速实现对源文件的相关操作。

◆ ：打开查找工具条，可快速定位源文件窗口内的对象。
◆ ：将所有的源文件折叠收起，只显示顶层对象。
◆ ：在源文件窗口展开层次设计中的所有设计源文件。
◆ ：添加或创建源文件。

（3）信息窗

如图 4.5-5 所示，信息内容可在 Tcl Console、Messages、Log、Reports 及 Design Runs 这几个之间切换。

Tcl Console 窗口显示 Tcl 命令或预先写好的 Tcl 脚本，以控制设计流程的每一步。Messages 窗口显示了工程项目的设计和报告信息，包括 Warning（警告）、info（消息）、Sataus（状态）等各类信息，当程序调试出错时，Messages 窗口会显示故障代码所在位置及故障原因。Log 窗口显示对设计进行编译命令活动的输出状态。Reports 窗口显示当前状态运行的报告。Design Runs 窗口可查看综合、实现等操作的进度。

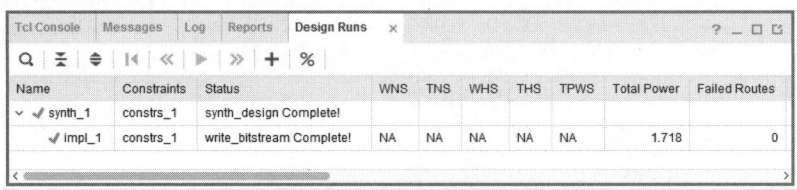

图 4.5-5 信息窗

### 4.5.4 Vivado 软件设计实例

#### 1. 7 段数码管显示实例

下面的实例基于硬件描述语言 Verilog HDL，实现通过判断拨键开关 SW0 的状态，判断开发板 4 个 7 段数码管顺序显示数字还是逆序显示数字，即当 SW0=0 时显示 1234；当 SW0=1 时显示 4321。以下为具体实现过程的步骤。

（1）初始工作

1）启动 Vivado 软件，进入如图 4.5-1 所示的界面。

2）单击"Create Project"，进入新建工程项目向导界面，单击"Next"按钮，在弹出的窗口中填写 Project name（工程项目名称）为"display_7seg"，Project location（工程项目所在文件夹）存储地址为"D:/display_7seg"。注意勾选"Create project subdirectory"复选框，如图 4.5-6 所示。通常建议一个工程项目建立一个文件夹，文件夹名称及工程项目名称的确定与工程项目内容相关，以方便文件的管理。

3) Project Type: 指定项目类型。在如图 4.5-7 所示的窗口中，选择"RTL Project"。

4) Add Sources: 添加源文件。设置编程语言和仿真语言，如图 4.5-8 所示。这里暂时不添加源文件，且编程语言和仿真语言均设置为 Verilog。

5) Add Constraints: 添加约束文件。如图 4.5-9 所示。这里暂时不添加约束文件。

6) Default Part: 选择 FPGA 芯片型号，如图 4.5-10 所示，这里选择 xc7a35tcpg236-1，和 Basys3 的核心芯片一致。

新建项目向导完成后，软件给出新建项目的摘要信息，最后单击"Finish"按钮，进入如图 4.5-2 所示的工程界面。

若 Vivado 启动时，在图 4.5-1 所示的主界面中选择打开某个工程项目，则会直接显示图 4.5-2。

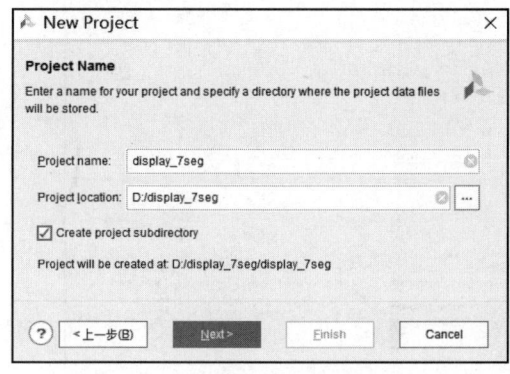

图 4.5-6　工程项目名称输入界面图

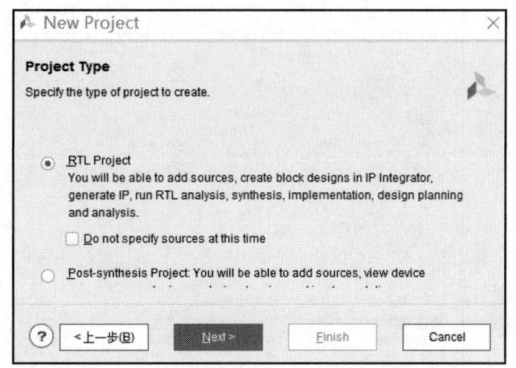

图 4.5-7　工程项目类型指定窗口

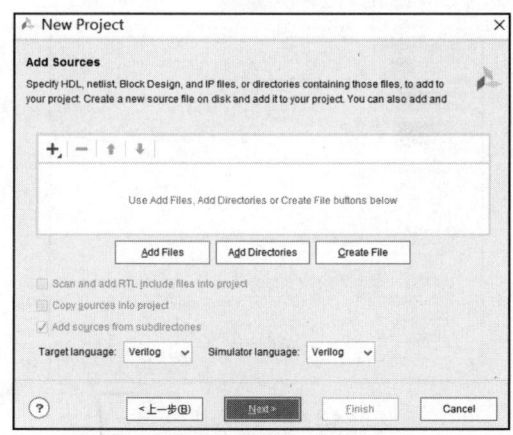

图 4.5-8　添加源文件窗口

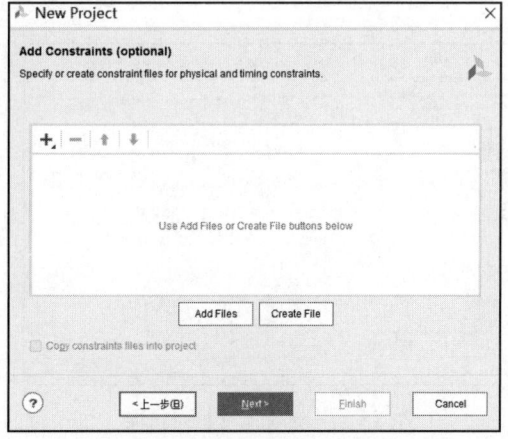

图 4.5-9　添加约束文件窗口

（2）建立源文件

1) 新建源文件：在图 4.5-2 所示的工程界面（或图 4.5-4）中单击 PROJECT MANAGER 窗口中的 **+**，在弹出的对话框中选择 Add or Create Design Sources 选项，单击"Next"按钮，进入"Add or Create Design Sources"添加源文件对话框，如图 4.5-11 所示。单击"Create Files"按钮，在弹出的"Creat Sources File"对话框中的 File Name 栏内输入新建源文件名称为 display_7seg，如图 4.5-11 所示。单击"OK"按钮后，再单击"Finish"按钮。

2) 定义源文件模块：紧接着 1) 的操作，此时，出现如图 4.5-12 所示 Define Module（定义模块）对话框，在 I/O Port Definitions（输入/输出端口定义）栏内的 Port Name（端口名）中定义 CLK、

SW_in 和 display_out 三个端子,其中定义 CLK 和 SW_in 为输入端子,定义 display_out 为输出端子,位宽为 11 位。最终如图 4.5-12 所示,单击"OK"按钮返回图 4.5-2 所示的工程界面。系统默认定义一个源文件对应一个源文件模块,且源文件名和源文件模块命名一致。

3)编写源文件代码:双击 PROJECT MANAGER 窗口中 Design sources 下的 display_7seg (display_7seg.v)源文件名。在工作区窗口出现 display_7seg.v 源文件代码编辑窗口,如图 4.5-13 所示,系统默认给出了时延单位和时间精度定义`timescale 1ns / 1ps,并根据 2)中模块输入/输出端口的定义给出了新建模块 display_7seg 的模块声明。参考如下代码,完成源文件代码编写,并注意保存源文件,默认源文件名和源文件中的模块名命名一致。

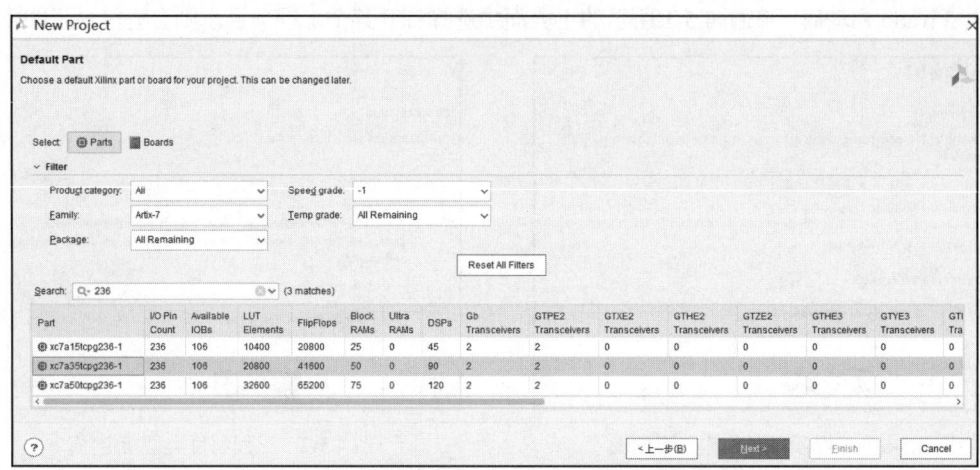

图 4.5-10　选择 FPGA 芯片型号窗口

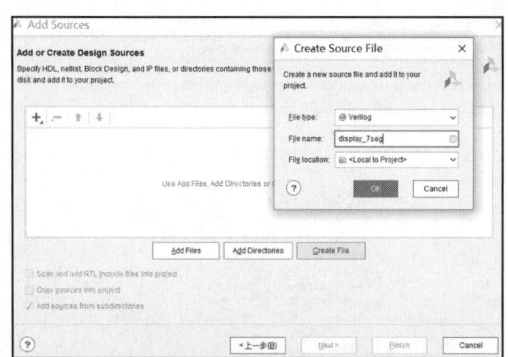

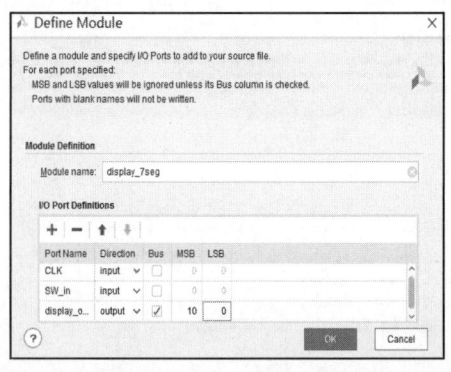

图 4.5-11　添加源文件对话框　　　　　　　　图 4.5-12　添加模块端子

```
module display_7seg(
    input CLK,
    input SW_in,
    output reg [10:0] display_out
    );
    reg[19:0] count=0;
    reg[2:0] sel=0;
    parameter T1MS=50000;
    always@(posedge CLK)
    begin
```

```verilog
        if (SW_in==0)
        begin
            case(sel)
                0:display_out<=11'b0111_1001111;
                1:display_out<=11'b1011_0010010;
                2:display_out<=11'b1101_0000110;
                3:display_out<=11'b1110_1001100;
                default:display_out<=11'b1111_1111111;
            endcase
        end
        else
        begin
            case(sel)
                0:display_out<=11'b1110_1001111;
                1:display_out<=11'b1101_0010010;
                2:display_out<=11'b1011_0000110;
                3:display_out<=11'b0111_1001100;
                default:display_out<=11'b1111_1111111;
            endcase
        end
    end
    always@(posedge CLK)
    begin
        count<=count+1;
        if(count==T1MS)
        begin
            count<=0;
            sel<=sel+1;
            if (sel==4) sel<=0;
        end
    end
endmodule
```

(3) 建立仿真文件

1) 新建仿真文件：基本步骤和前述建立源文件中新建源文件的步骤一致。在图 4.5-2 所示的工程界面中单击 PROJECT MANAGER 窗口中的 +，在弹出的对话框中选择 "Add or Create Simulation Sources" 选项，单击 "Next" 按钮，进入 Add or Create Simulation Sources 添加仿真文件对话框，单击 "Create Files" 按钮，在弹出的 Creat Sources File 对话框中的 File Name 栏内输入新建仿真文件名称为 display_7seg_tb，单击 "OK" 按钮后，再单击 "Finish" 按钮。

2) 定义仿真模块：基本步骤和前述建立源文件中的定义模块操作一致，这里不定义仿真模块的输入和输出端口。系统默认一个仿真文件对应一个仿真模块，且仿真文件名和仿真模块命名一致。

3) 编写仿真文件代码：单击展开 PROJECT MANAGER 窗口中 Simulation sources 下的 sim_1 文件夹，可看到其下有两个文件 display_7seg (display_7seg.v)源文件及 display_7seg_tb (display_7seg_tb.v)仿真文件。双击 display_7seg_tb (display_7seg_tb.v)仿真文件。在工作区窗口出现 display_7seg_tb.v 仿真文件代码编辑窗口。参考如下代码，完成仿真文件代码的编写，并注意保存仿真文件。

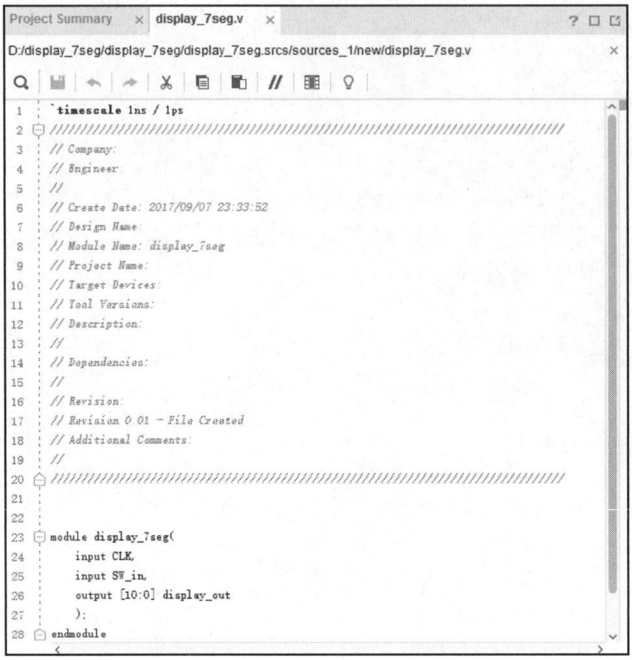

图 4.5-13 源文件代码编辑窗口

```
module display_7seg_tb;
    reg CLK,SW_in;
    wire [10:0] display_out;
    parameter PERIOD=20,PERIOD_SW_in=2e7*25;
    initial begin
        CLK=0;SW_in=0;#100; //延迟100ns,等待复位结束
    end
    always
    begin
        #(PERIOD/2);CLK=~CLK;  //CLK周期20ns
    end
    display_7seg uut(.CLK(CLK), .SW_in(SW_in), .display_out(display_out));
    always begin
        #(2*PERIOD_SW_in);SW_in=1;
        #(2*PERIOD_SW_in);SW_in=0; //SW_in周期1s
    end
endmodule
```

（4）运行仿真

单击图 4.5-2（或图 4.5-3）Flow Manager 中 SIMULATION 下的 Run Simulation，选择 Run Behavioral Simulation，在工作区窗口显示仿真波形。可预先右击 SIMULATION，选择 Simulation Settings…，在 Simulation 选项卡的 xsim.simulate.runtime*栏设置仿真时间。也可通过 Vivado 软件界面上方工具栏中的仿真控制区域来调整仿真时间，运行仿真程序，如图 4.5-14 所示。图 4.5-15 和图 4.5-16 是从不同时间点，不同缩放比例下观察到的仿真波形。

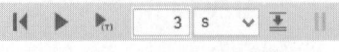

图 4.5-14 仿真时间调整

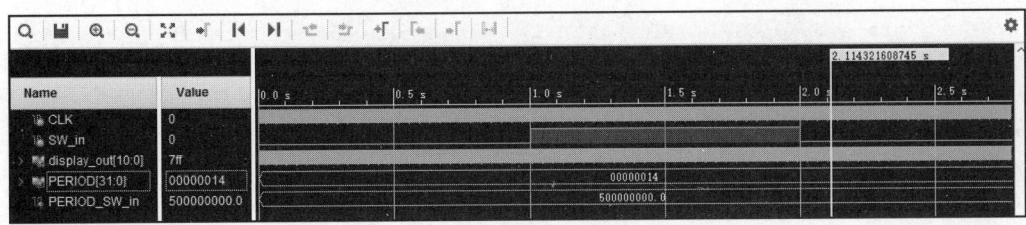

图 4.5-15 仿真波形完整视图

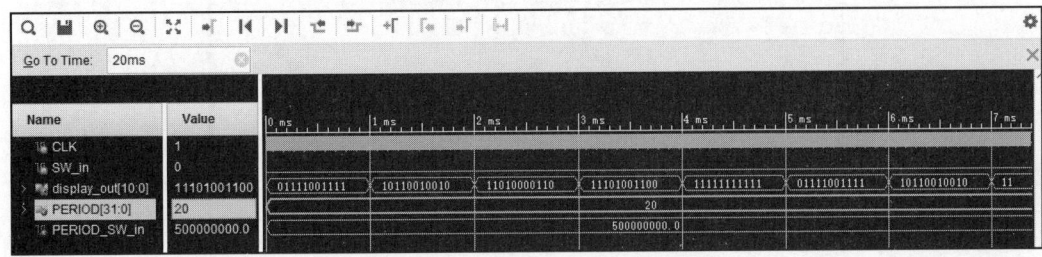

图 4.5-16 仿真波形局部视图

（5）添加约束文件，分配引脚

1）新建约束文件：基本步骤和前述建立源文件中新建源文件的步骤一致。在图 4.5-2 工程界面中单击 PROJECT MANAGER 窗口中的 +，在弹出的对话框中选择 Add or Create Constraints 选项，单击 "Next" 按钮，进入 Add or Create Constraints 添加约束文件对话框，单击 "Create Files" 按钮，在弹出的 Creat Sources File 对话框中的 File Name 栏内输入新建约束文件名称 display_7seg。单击"OK"按钮后，再单击 "Finish" 按钮。

2）编写约束文件代码：单击展开 Project Manager 窗口中 Constraints 下的 constrs_1 文件夹，双击该文件夹下的 display_7seg.xdc 约束文件。在工作区窗口出现 display_7seg.xdc 约束文件代码编辑窗口，如图 4.5-17 所示。参照表 2.11-1 Basys3 的引脚分配表，参考如下代码完成约束文件代码的编写，并注意保存约束文件。

```
set_property PACKAGE_PIN W5 [get_ports CLK]
set_property PACKAGE_PIN V17 [get_ports SW_in]
set_property IOSTANDARD LVCMOS33 [get_ports SW_in]
set_property IOSTANDARD LVCMOS33 [get_ports CLK]
set_property PACKAGE_PIN W4 [get_ports {display_out[10]}]
set_property PACKAGE_PIN V4 [get_ports {display_out[9]}]
set_property PACKAGE_PIN U4 [get_ports {display_out[8]}]
set_property PACKAGE_PIN U2 [get_ports {display_out[7]}]
set_property PACKAGE_PIN W7 [get_ports {display_out[6]}]
set_property PACKAGE_PIN W6 [get_ports {display_out[5]}]
set_property PACKAGE_PIN U8 [get_ports {display_out[4]}]
set_property PACKAGE_PIN V8 [get_ports {display_out[3]}]
set_property PACKAGE_PIN U5 [get_ports {display_out[2]}]
set_property PACKAGE_PIN V5 [get_ports {display_out[1]}]
set_property PACKAGE_PIN U7 [get_ports {display_out[0]}]
set_property IOSTANDARD LVCMOS33 [get_ports {display_out[9]}]
set_property IOSTANDARD LVCMOS33 [get_ports {display_out[8]}]
set_property IOSTANDARD LVCMOS33 [get_ports {display_out[7]}]
set_property IOSTANDARD LVCMOS33 [get_ports {display_out[6]}]
set_property IOSTANDARD LVCMOS33 [get_ports {display_out[5]}]
```

```
set_property IOSTANDARD LVCMOS33 [get_ports {display_out[4]}]
set_property IOSTANDARD LVCMOS33 [get_ports {display_out[3]}]
set_property IOSTANDARD LVCMOS33 [get_ports {display_out[1]}]
set_property IOSTANDARD LVCMOS33 [get_ports {display_out[2]}]
set_property IOSTANDARD LVCMOS33 [get_ports {display_out[0]}]
set_property IOSTANDARD LVCMOS33 [get_ports {display_out[10]}]
```

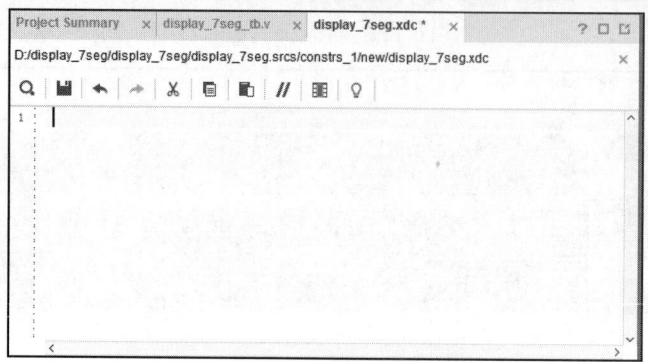

图 4.5-17　约束文件代码编辑窗口

(6) 综合、实现与生成比特流

单击 Flow Navigator（流程处理）界面中 SYHTHESIS 下的 Run Synthesis，运行综合操作，综合操作结束后，会弹出如图 4.5-18 所示的对话框，选择 "Run Implementation"（运行实现）单选按钮，再单击 "OK" 按钮。实现操作结束后，会弹出如图 4.5-19 所示的对话框，选中 "Generate Bitstream"（生成比特流）选项，单击 "OK" 按钮。当生成比特流操作结束后，会弹出如图 4.5-20 所示窗口，选中 "Open Hardware Manager" 单选按钮打开硬件管理器，再单击 "OK" 按钮。此时出现如图 4.5-21 所示的界面。

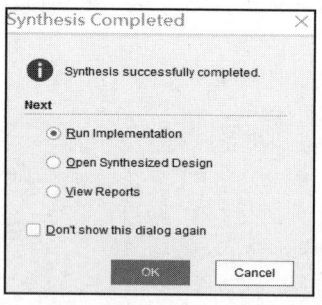

图 4.5-18　运行实现

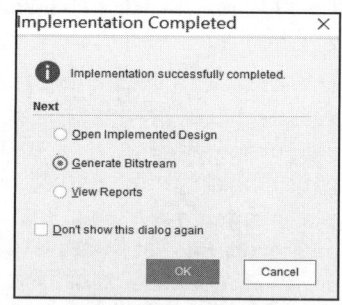

图 4.5-19　生成比特流

(7) 下载程序到 FPGA

将 Basys3 开发板连接到电脑，打开开发板电源。单击如图 4.5-21 所示窗口的上方中间位置处的 "Open target"，在弹出的菜单选项中选择 "Open New Target…"，依次单击 "Next" 按钮，直至最后单击 "Finish" 按钮。

此时在图 4.5-2（或图 4.5-3）Flow Navigator（流程向导）的 PROGRAM AND DEBUG 菜单 Open Hardware Manager 下会出现 Program Device 选项。单击该选项，或者单击软件界面上方中间位置处的 Program Device，随后弹出如图 4.5-22 所示的窗口，第

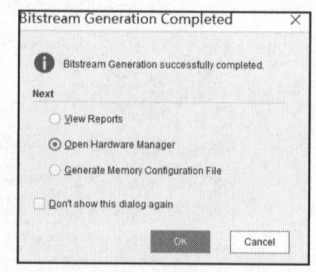

图 4.5-20　打开硬件管理器

一栏 Bitstream file 应选择工程目录下之前生成好的比特流文件 display_7seg.bit，通常软件已自动填好。第二栏 Debug Probes file，如果是第一次操作应该是空白的，保持空白即可。

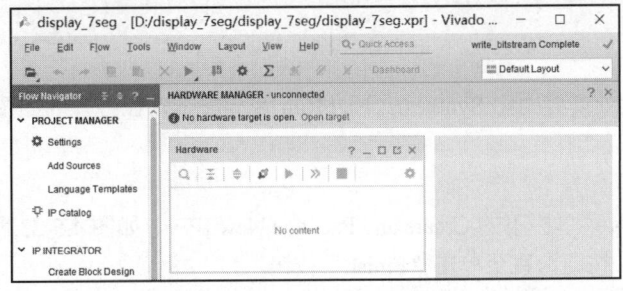

图 4.5-21 硬件管理器界面

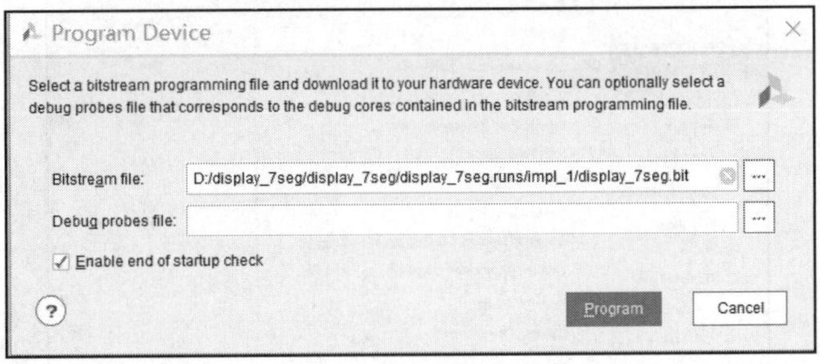

图 4.5-22 下载程序到 FPGA

程序下载完毕后，拨动拨键开关 SW0，开发板 4 个 7 段数码管显示的数字在 1234 与 4321 之间切换，实现了 7 段数码管的显示功能。

### 2. IP 核方式创建 74LS00 IP 封装实例

本实例通过 IP 核方式创建 4 个双输入与非门的 74LS00 IP 封装。具体操作步骤中多数窗口界面可参见"1. 7 段数码管显示实例"，以下为具体实现过程的步骤。

（1）初始工作

1）启动 Vivado 软件，创建新工程项目，Project name（工程项目名称）命名为"74LS00"，Project location（工程项目所在文件夹）存储地址为"D:/74LS00"。

2）指定项目类型：选择"RTL Project"。

3）选择 FPGA 芯片，选择 xc7a35tcpg236-1。

（2）建立源文件

1）新建源文件：源文件名称取为 four_2_input_nand。

2）建立模块：添加 a1、b1、a2、b2、a3、b3、a4、b4 共 8 个输入端口，以及相应的 y1、y2、y3、y4 共 4 个输出端口。

3）编写源文件代码：参考如下代码，完成 four_2_input_nand.v 源文件代码的编写，并注意保存源文件。

```verilog
module four_2_input_nand(
    input a1, b1, a2, b2, a3, b3, a4, b4,
    output y1, y2, y3, y4
    );
parameter DELAY=10;
nand #DELAY (y1, a1, b1);
```

```
        nand #DELAY (y2, a2, b2);
        nand #DELAY (y3, a3, b3);
        nand #DELAY (y4, a4, b4);
endmodule
```

（3）综合

单击 Vivado 流程处理界面中 Synthesis 下的 Run Synthesis，在打开的如图 4.5-18 所示窗口中单击"Cancel"按钮。

（4）IP 封装

单击图 4.5-2 Tools 菜单栏下的 Create and Package New IP…，如图 4.5-23 所示，后续依次出现窗口，依次单击"Next"按钮，直至单击"Finish"按钮。

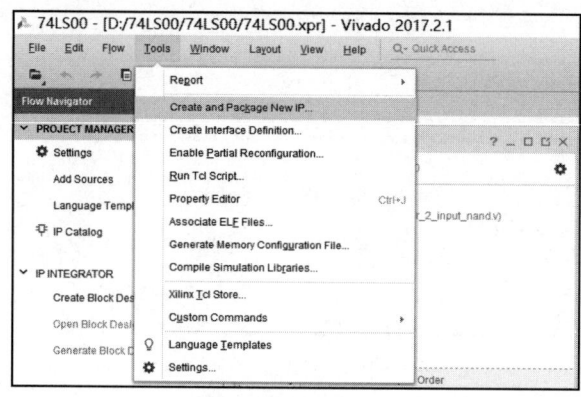

图 4.5-23　IP 封装

（5）修改确定 IP 封装信息

工作区窗口出现 IP 封装相关信息，当前位于 Identification 选项，参考图 4.5-24 完善 74LS00 相关 IP 封装信息。单击"Next"按钮，直至单击"Finish"按钮。

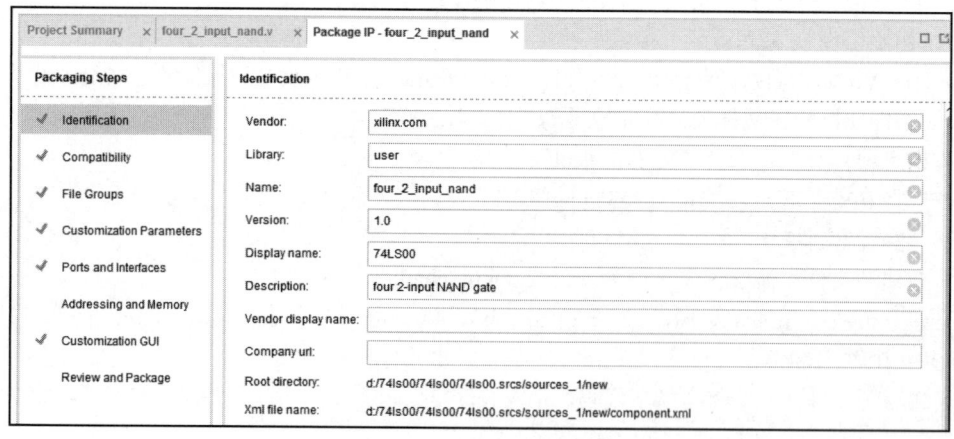

图 4.5-24　完善 IP 封装信息

（6）添加 IP 适用器件

选择"Compatibility"选项，如图 4.5-25 所示，单击"+"，选择"Add Family Explicitly…"选项，弹出如图 4.5-26 所示窗口，参考该图，勾选"artix7"，单击"OK"按钮。完善 74LS00 相关 IP 封装信息。单击"Next"按钮，直至单击"Finish"按钮。

## 第4章　Verilog HDL 基础及 Vivado 设计工具使用

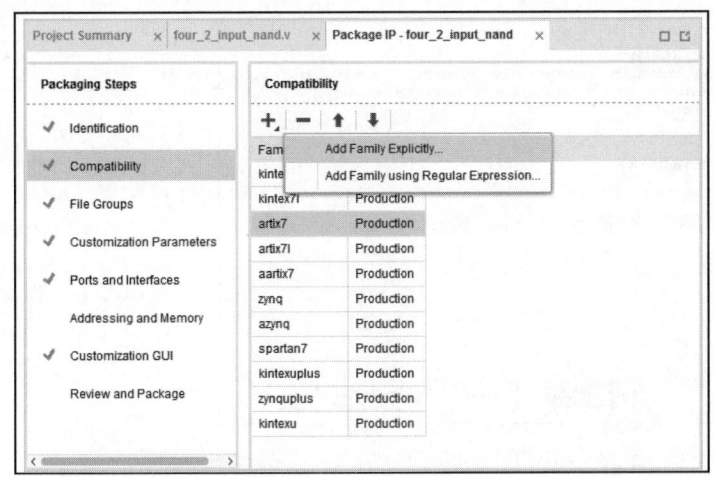

图 4.5-25　添加 IP 适用器件

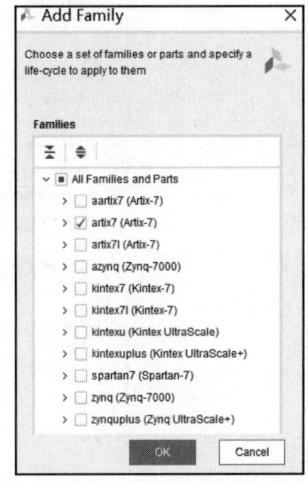

图 4.5-26　添加 IP 适用器件

（7）浏览各选项并封装 IP

依次浏览 File Groups、Customization Parameters、Ports and Interfaces、Addressing and Memory、Customization GUI、Review and Package 各选项。在最后 Review and Package 选项下，单击"Package IP"，完成 74LS00 的 IP 封装。

### 3．IP 核方式实现异或功能

本实例基于 IP 核设计，通过调用封装后的 74LS00 IP 实现异或功能。异或功能的逻辑状态表见表 4.5-1，利用 4 个与非门实现异或功能的逻辑图见图 4.5-27。

（1）初始工作

1）启动 Vivado 软件，创建新工程项目，Project name（工程项目名称）取为"xor_1"，Project location（工程项目所在文件夹）存储地址为"D:/xor_1"。

2）指定项目类型：选择"RTL Project"。

3）选择 FPGA 芯片，选择 xc7a35tcpg236-1。

4）单击图 4.5-2（或图 4.5-3）Flow Navigator（流程向导）中 PROJECT MANAGER 目录下的"Settings"，再单击弹出窗口左侧 IP 选项中的 Repository，然后单击 IP Repositories 中的 ✚ 按钮，添加 74LS00 IP 所在的地址。为了方便操作和管理，建议事先将所用到的 74LS00 目录文件夹复制到本工程文件夹下。

添加 74LS00 IP 后，结果如图 4.5-28 所示。

表 4.5-1　异或功能的逻辑状态表

| A | B | F |
|---|---|---|
| 0 | 0 | 0 |
| 0 | 1 | 1 |
| 1 | 0 | 1 |
| 1 | 1 | 0 |

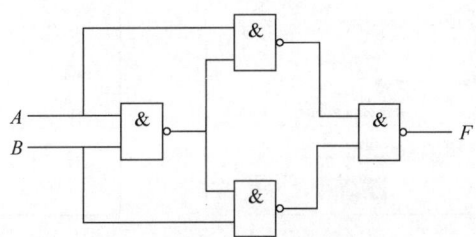

图 4.5-27　异或功能逻辑图

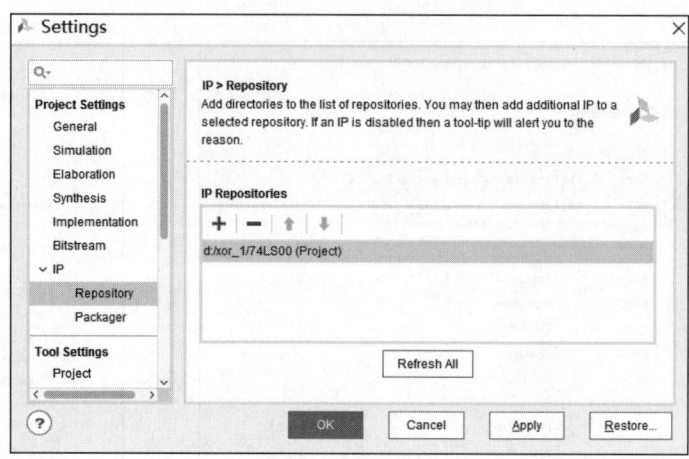

图 4.5-28  添加 74LS00IP

（2）创建电路

1）单击 Flow Navigator 界面中 IP INTEGRATOR 目录下的 Create Block Design，在弹出的窗口中修改 Design name 命名为 xor_1，如图 4.5-29 所示，单击"OK"按钮，完成原理图的创建，在工作区窗口显示如图 4.5-30 所示的原理图设计界面。

2）按照图 4.5-30 的提示，单击 + 按钮，在弹出的窗口中选择需要添加的 74LS00 IP，按回车键或使用鼠标双击，将 74LS00 IP 添加到原理图中。

3）连线：将鼠标移至 IP 引脚附近，鼠标图案变成铅笔状，单击鼠标左键进行拖曳至将要连线处。Vivado 软件会给出引线出的引脚可与之相连的引脚或端口的提示。

4）创建端口：选中 IP 的一个引脚，右击，选择"Creat Port"选项，可自动创建与引脚同名、同方向的端口，可对端口名进行修改，如图 4.5-31 所示。

5）原理图布局：基于图 4.5-27 的逻辑功能要求，完成原理图绘制，如图 4.5-32 所示，注意文件保存。

6）生成输出文件：在 Sources 界面右击 xor_1(xor_1.bd)，选择 Generate Output Products…，如图 4.5-33 所示。在随后出现的生成输出文件界面中保持默认设置，单击"Generate"按钮，完成输出文件的生成。

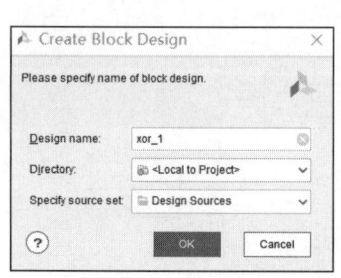

图 4.5-29  创建原理图

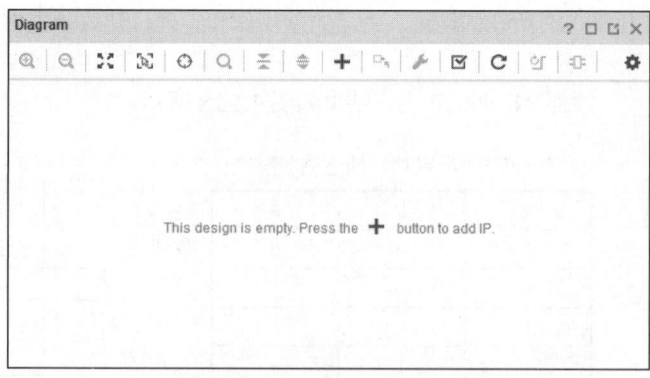

图 4.5-30  原理图设计界面

# 第 4 章　Verilog HDL 基础及 Vivado 设计工具使用

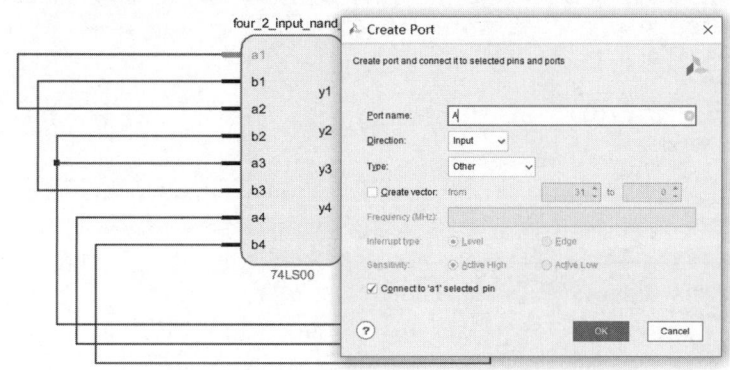

图 4.5-31　绘制原理图及创建端口

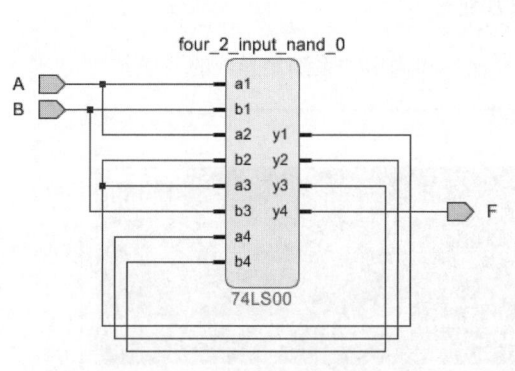

图 4.5-32　原理图

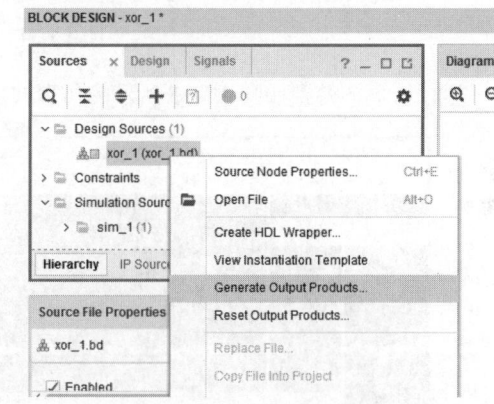

图 4.5-33　生成输出文件

7）创建 HDL 文件：在 Sources 界面右击 xor_1(xor_1.bd)，选择 Create HDL Wrapper…，弹出创建 HDL 文件的界面，保持默认选项，单击"OK"按钮，完成 HDL 文件的创建，文件名为 xor_1_wrapper.v，如图 4.5-34 所示。

（3）仿真

操作步骤请参考"7 段数码管显示实例"，新建仿真文件 xor_1_wrapper_test.v，同名仿真文件代码如下。

```
module xor_1_wrapper_test(
    );
    reg A,B;
    xor_1_wrapper UUU(A,B,F);
    always begin
    A=0;B=0;#200;
    A=0;B=1;#200;
    A=1;B=0;#200;
    A=1;B=1;#200;
    end
endmodule
```

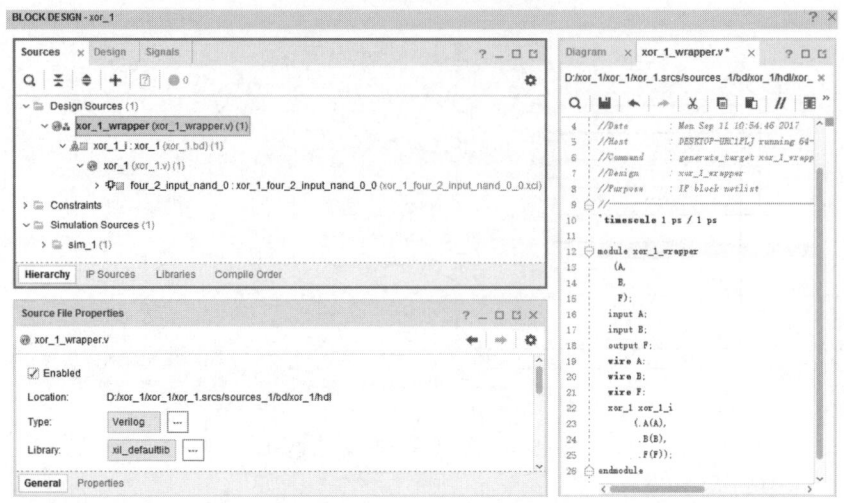

图 4.5-34 创建 HDL 文件

运行仿真，得到如图 4.5-35 所示的仿真波形，其输入和输出关系满足异或的要求。

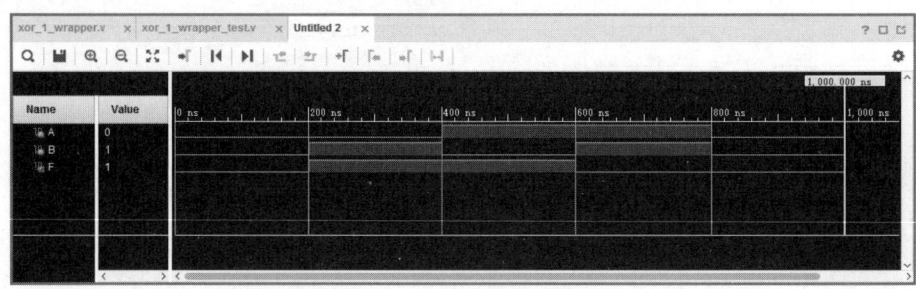

图 4.5-35 仿真波形

（4）添加约束文件，分配引脚

1）创建约束文件：对工程项目添加约束文件，名称为 xor_1.xdc。

2）编写约束文件代码：参考表 2.11-1 Basys3 引脚分配表，设置输入为 SW0 和 SW1，输出为 LD0。参考如下代码完成约束文件代码的编写，并注意保存约束文件。

```
set_property PACKAGE_PIN V17 [get_ports A]
set_property IOSTANDARD LVCMOS33 [get_ports A]
set_property PACKAGE_PIN V16 [get_ports B]
set_property IOSTANDARD LVCMOS33 [get_ports B]
set_property PACKAGE_PIN U16 [get_ports F]
set_property IOSTANDARD LVCMOS33 [get_ports F]
```

（5）综合、实现与生成比特流

单击 Vivado 流程处理界面中 Synthesis 下的 Run Synthesis，完成综合后，通过 Run Implementation，完成实现。工程实现完成后，选择 Generate Bitstream，生成比特流。生成比特流后，在弹出的窗口中，选择 Open Hardware Manager，打开硬件管理器。

（6）下载程序到 FPGA

将 Basys3 开发板连接到电脑，打开开发板电源。单击 Open target，连接开发板。单击 Program Device，选择比特流文件，将程序下载到 FPGA。

拨动拨键开关 SW0 和 SW1，观察 LED 显示 LD0，其逻辑关系满足异或的要求。

# 第二篇　电工电子学实验项目

# 第 5 章　基 础 实 验

## 5.1　基础实验 1　基本电量测量与测量方法误差

### 一、实验目的

1. 理解掌握基尔霍夫定律。
2. 了解电工电子综合实验台上仪器仪表的布局，掌握直流电流源、直流电压表、直流电流表的使用方法。
3. 掌握稳压电源的使用方法。
4. 掌握数字式万用表的使用方法。
5. 掌握电压表内阻、电流表内阻的测量方法。
6. 了解电压表内阻和电流表内阻对测量准确度的影响。

### 二、实验设备

1. 电工电子综合实验台（直流电流源、直流电压表、直流电流表）。
2. 数字式万用表。
3. 稳压电源。
4. 电阻元件、十进制电阻箱。
5. 课外实践套件、PC（装有片上仪器上位机软件）。（可选）
6. PC（装有 Multisim 仿真软件）。（可选）

### 三、实验原理

**1. 基尔霍夫定律**

基尔霍夫定律包括电压和电流两个定律，是电路的基本定律。

基尔霍夫电压定律是指在任何电路中，形成任何一个回路的所有支路沿同一循行方向电压的代数和在任何时刻都等于零。其数学表达式为

$$\sum u = 0$$

基尔霍夫电流定律是指在任何电路中，任何结点上的所有支路电流的代数和在任何时刻都等于零。其数学表达式为

$$\sum i = 0$$

**2．电量测量与误差分析**

在电工测量中需要使用各类电工仪表。测量仪表接入被测电路后，应对被测电路的工作影响尽可能小。这是对测量仪表最基本的要求。

测量电压时，电压表（设其内阻为 $R_V$）并联在被测电阻两侧；测量电流时，电流表（设其内阻为 $R_A$）串联在被测电路中。显然，测量仪表的接入，不可避免地改变了电路原有的工作状况，从而产生测量误差。这种由于仪表内阻引入的测量误差称为方法误差。为了减小方法误差，电压表的内阻 $R_V$ 越大越好，而电流表的内阻 $R_A$ 越小越好。

为了解误差的情况，需测量所用电工仪表的内阻。

通常用"分压法"来测量电压表的内阻，图 5.1-1 为测试电路。将 $R$ 值电阻与电压表串联后接到电压源上。测量时，先闭合开关 S，此时电压表的读数即为 $U_S$；然后断开 S，此时电压表读数为 $U_V$。由基尔霍夫电压定律，有

$$U_S = U_V + U_R$$

而

$$U_V = \frac{R_V}{R + R_V} U_S$$

故电压表内阻为

$$R_V = \frac{U_V}{U_S - U_V} R$$

为尽可能提高测量精度，通常将电路中的电阻采用精密可调电位器。测量时，先合上开关 S，调节 $U_S$ 至电压表尽量接近满量程；打开 S，调节电位器，使得电压表读数为 $U_S/2$，则由分压原理可知电压表内阻 $R_V = R$。

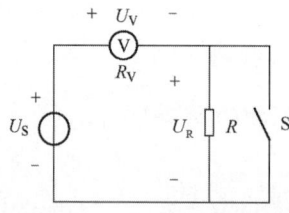  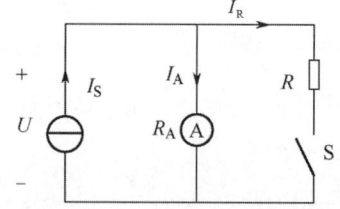

图 5.1-1 "分压法"测量电压表内阻　　　图 5.1-2 "分流法"测量电流表内阻

测量电流表的内阻通常用"分流法"。将一个 $R$ 值电阻与电流表并联后接到电流源上，如图 5.1-2 所示。测量时，先断开开关 S，此时电流表的读数即为 $I_S$。然后闭合 S，此时电流表读数为 $I_A$。由基尔霍夫电流定律，有

$$I_S = I_A + I_R$$

而

$$I_A = \frac{R}{R + R_A} I_S$$

故电流表内阻为

$$R_\mathrm{A} = \frac{I_\mathrm{S} - I_\mathrm{A}}{I_\mathrm{A}} R$$

为尽可能提高测量精度，通常将电路中的电阻采用精密可调电位器。测量时，先断开开关 S，调节 $I_\mathrm{S}$ 至电流表尽量接近满量程；闭合 S，调节电位器，使得电流表读数为 $I_\mathrm{S}/2$，则由分流原理可知电流表内阻 $R_\mathrm{A} = R$。

必须注意选择适当的仪表量程以减小方法误差。

即便是合格的测量仪表本身也存在着一定的误差，称为仪器误差。为了减小这种仪器误差，通常用同一只电压表来测量电路中的多处电压。此时，电压表不是固定接在电路某处，而是用活动的测试棒进行测量的，如图 5.1-3（a）所示；在需要用同一只电流表来测量电路中多处电流时，电流表不是固定接在电路某处，而是利用电流插座和插头来实现的，如图 5.1-3（b）所示。

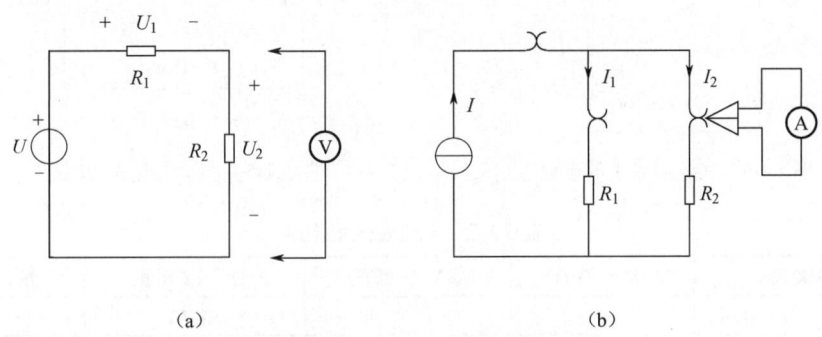

图 5.1-3　电压、电流的测量

## 四、预习要求

1. 学习基尔霍夫电压定律和基尔霍夫电流定律。
2. 阅读有关电工电子综合实验台、稳压电源以及万用表相关资料，了解电压表、电流表、稳压电源以及万用表的主要技术指标和使用方法。
3. 用万用表测量电阻时，要确保电阻未接入电路中，为什么？
4. 使用万用表测量电阻（尤其是高阻值电阻）时，用两手把表笔和电阻两端捏紧，对测量结果有什么影响？为什么？

## 五、实验内容

**1. 直流电压、电流和电阻的测量**

（1）选用电阻 $R_1$ 和 $R_2$ 标称阻值分别为 330Ω、620Ω 的两只电阻。用万用表电阻挡，选择合适量程，测量电阻值 $R_1$ 和 $R_2$，记入表 5.1-1。

（2）设置稳压电源为恒压源，调节稳压电源输出电压为 12V，作为图 5.1-4 电路的电压源。

（3）根据图 5.1-4 电路接线。

（4）通电后，用万用表直流电压挡，选择合适量程，测量稳压电源输出电压 $U$，并测量电阻电压 $U_1$、$U_2$；用直流电流表，选用合适量程，测量电流 $I$。将上述测量结果记入表 5.1-1。

**2. 电压表、电流表内阻的测量**

（1）电压表内阻测量

按图 5.1-1 所示电路接线，选用串联电阻的标称阻值 $R$ 如表 5.1-2 所示。调节电压源输出电压为

12V，分别测量万用表直流 20V 挡（或自选量程，依所选万用表型号决定）与直流电压表 20V 挡内阻，将测量和计算结果记入表 5.1-2。

表 5.1-1  直流电压、电流和电阻的测量

| U/V | $U_1$/V | $U_2$/V | I/mA | $R_1$/Ω | $R_2$/Ω |
|---|---|---|---|---|---|
|  |  |  |  |  |  |

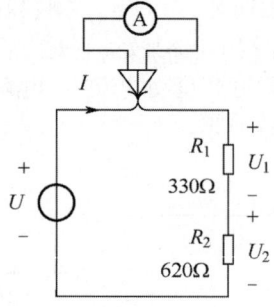
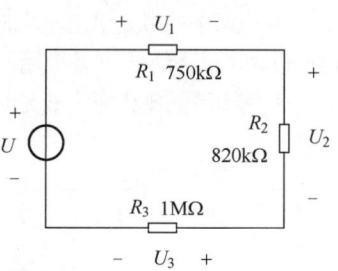

图 5.1-4  实验内容 1 的电路         图 5.1-5  实验内容 3 的电路

表 5.1-2  电压表内阻测量

| 被测电压表量程/V | $U_S$/V（S 闭合） | $U_V$/V（S 断开） | R/Ω（标称阻值） | $R_V$/Ω（计算） |
|---|---|---|---|---|
| 万用表 20V（或__V）DC 挡 |  |  | 5.1MΩ |  |
| 直流电压表 20V 挡 |  |  | 500kΩ |  |

（2）电流表内阻测量

按图 5.1-2 所示原理图接线，R 值并联电阻选用十进制电阻箱的电阻。设置稳压电源为恒流源，作为图 5.1-2 的电流源 $I_S$。断开 S，此时电流表的读数即为 $I_S$，调节 $I_S$ 至电流表接近满量程；闭合 S，调节十进制电阻箱的旋钮，使得电流表读数接近 $I_S$/2；断开电路，用万用表电阻挡测量十进制电阻箱的输出阻值 R。将测量和计算结果记入表 5.1-3。

表 5.1-3  电流表内阻测量

| 被测电流表量程/mA | $I_S$/mA（S 断开） | $I_A$/mA（S 闭合） | R/Ω | $R_A$/Ω（计算） |
|---|---|---|---|---|
| 2 |  |  |  |  |
| 20 |  |  |  |  |

### 3. 电压表内阻对电压测量准确度的影响

（1）选用电阻 $R_1$、$R_2$ 和 $R_3$ 的标称阻值分别为 750kΩ、820kΩ 和 1MΩ 的三只电阻。用万用表电阻挡，选用合适量程，测量电阻值 $R_1$、$R_2$ 和 $R_3$，记入表 5.1-4。

（2）按图 5.1-5 所示原理图接线，调节电源输出电压至 U = 12V（以所用电压表测量读数为准），分别用万用表 20V DC 挡（或自选量程，依所选万用表型号决定）和实验台直流电压表 20V 挡测量 $U_1$、$U_2$、$U_3$，记入表 5.1-4，比较总电压 U 与 $\Sigma U = U_1 + U_2 + U_3$ 的大小。

表 5.1-4  电压表内阻对电压测量准确度的影响

| 电压表量程 /V | $U_1$/V | $U_2$/V | $U_3$/V | $\Sigma U$/V（计算） | $R_1$/kΩ | $R_2$/kΩ | $R_3$/kΩ |
|---|---|---|---|---|---|---|---|
| 万用表 20V（或__V）DC |  |  |  |  |  |  |  |
| 直流电压表 20V |  |  |  |  |  |  |  |

**4．电流表内阻对电流测量准确度的影响**

按图 5.1-3（b）原理图接线，选 $R_1=10\Omega$，$R_2=20\Omega$，调节电流源输出分别为 1.8mA、18mA，用电流表相应的挡位测量 $I$、$I_1$、$I_2$，断开电路后用万用表测量 $R_1$、$R_2$ 值，记入表 5.1-5。

表 5.1-5　电流表内阻对电流测量准确度的影响

| 电流表量程 /mA | $I$/mA | $I_1$/mA | $I_2$/mA | $\Sigma I$/mA（计算） | $R_1/\Omega$ | $R_2/\Omega$ |
|---|---|---|---|---|---|---|
| 2 | 1.8 | | | | | |
| 20 | 18 | | | | | |

## 六、课外实践

1．阅读"实验原理"和"实验内容"。完成"预习要求"1、3、4。

2．复习 2.10.2 节中"电源"内容。

3．选用电阻 $R_1$ 和 $R_2$ 标称阻值分别为 330Ω 和 1kΩ，用万用表电阻挡选择合适量程测量后记入表 5.1-1。在便携式实验箱上实现如图 5.1-6 所示电路，稳压电源选用+12V。用万用表直流电压挡选择合适量程，测量电压 $U$、$U_1$、$U_2$，电流 $I$ 通过计算求得，将数据记入表 5.1-1。

利用 Multisim 软件对上述内容进行仿真。采用 Multimeter 虚拟仪器替代电压表，设置参数采用默认值。自拟表格记录数据。

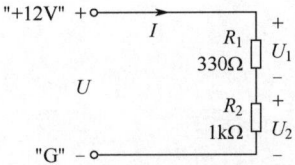

图 5.1-6　电压测量电路

4．利用 Multisim 软件对图 5.1-1 所示电压表内阻测量电路进行仿真。采用 Multimeter 万用表虚拟仪器 XMM1 替代电压表，点击 Multimeter 面板的"设置…"（Set…）按钮，设置 Voltmeter resistance 参数为 520kΩ。电源 V1 选用 DC_POWER，电压设置为 12V；电阻 R1 采用 1MΩ 的 POTENTIOMETER 可调电位器；开关 S1 选用 SWITCH 中的 DIPSW1，如图 5.1-7 所示。

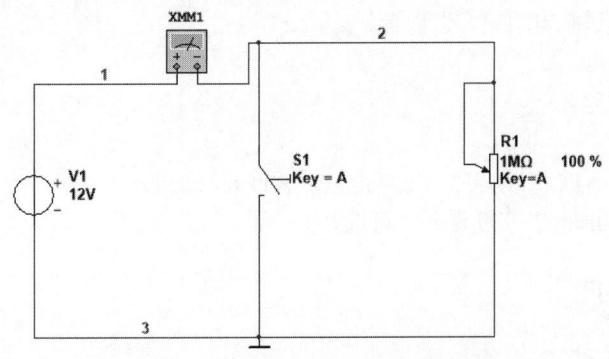

图 5.1-7　分压法测量电压表内阻仿真

（1）运行程序，闭合开关 S1，读取此时 XMM1 的电压读数。

（2）打开开关 S1，调节 R1 的大小，使得 XMM1 的电压读数为原先电压读数的一半。获得此时的 R1 值。

（3）仿照表 5.1-2 自拟表格记录。计算电压表内阻记入表中。

5.（1）完成"实验总结"1。（2）结合"课外实践"3 比较实际测量和仿真的结果。（3）结合"课外实践"4 总结电压表内阻的测量，设计电流表内阻测量的仿真实现方案。

## 七、实验总结

1. 根据表 5.1-1 中的电压、电流测量值分别计算 $R_1$、$R_2$ 值，与标称阻值、万用表电阻挡所测值进行比较。

2. 根据表 5.1-2 和表 5.1-3 的测量数据，分别计算电压表和电流表对应量程的内阻值。

3. 根据表 5.1-4 测量数据，判断哪只表对测量的影响较小，为什么？

4. 如何在不改变测量仪表的情况下，减小因测量仪表的影响所造成的误差，提高测量准确度？

5. 思政融入：为保证人身安全和设备安全，操作实验设备时，必须严格遵循操作规范，请结合实验室安全教育，总结体会规矩意识的重要性。

## 5.2 基础实验 2 电路元件伏安特性与电源外特性测量

### 一、实验目的

1. 掌握函数信号发生器和示波器的使用。
2. 理解掌握电路元件伏安特性定义。
3. 掌握线性电阻和非线性电阻元件伏安特性的测量。
4. 掌握电源外特性的测量。

### 二、实验设备

1. 电工电子综合实验台（直流电流源、直流电压表、直流电流表）。
2. 电阻元件、十进制电阻箱、二极管。
3. 双踪数字示波器。
4. 函数信号发生器。
5. 稳压电源。
6. 课外实践套件、PC（装有片上仪器上位机软件）。（可选）
7. PC（装有 Multisim 仿真软件）。（可选）

### 三、实验原理

**1. 测量电路元件的伏安特性**

伏安特性是指元件两端所加的电压与通过它的电流之间的关系。用纵坐标表示电流 $i$、横坐标表示电压 $u$，以此画出的 $i$-$u$ 图像叫作元件的伏安特性曲线图。

电阻元件有线性电阻和非线性电阻。线性电阻两端的电压与通过它的电流成正比，其伏安特性曲线为过原点的直线，不管流过的电流大小，其电阻值总是不变的；非线性电阻两端的电压和流过它的电流不呈线性关系，阻值是变化的。图 5.2-1 为电路元件伏安特性测量电路，其中 $U_S$ 为可调电压源大小，$R_A$、$R_V$ 分别为电流表和电压表的内阻值，$R_X$ 为被测元件电阻大小。图 5.2-1 中，$R_S$ 值限流电阻的作用是保证电源和被测元件正常工作，满足其额定功率要求。为减小测量误差，通常，当 $R_X \ll R_V$ 时采用图 5.2-1（a）所示电路；当 $R_X \gg R_A$ 时，采用图 5.2-1（b）所示电路。

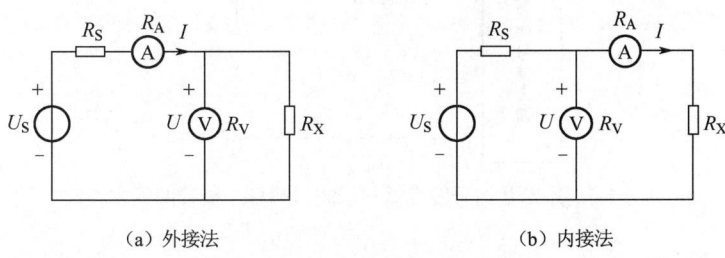

(a) 外接法　　　　　　　　　　　　(b) 内接法

图 5.2-1　元件伏安特性测量电路

用图 5.2-1 所示电路测量元件伏安特性，通过改变输入电压 $U_S$，读出电流 $I$ 和电压 $U$，在 $i$-$u$ 坐标上绘出相应的点，再连成曲线则为被测元件的伏安特性曲线。

### 2. 测量电源的外特性

一个实际的电压源可以用一个大小为 $U_S$ 的理想电压源和一个阻值为 $R_S$ 的电阻串联来等效。电源的端电压 $U$ 和端电流 $I$ 的关系为

$$U = U_S - R_S I$$

即为电压源的外特性曲线。测量电路如图 5.2-2 所示。

同样，实际的电流源可以用一个大小为 $I_S$ 的理想电流源和一个阻值为 $R_S$ 的电阻的并联来等效，电源的端电流 $I$ 与端电压 $U$ 的关系为

$$I = I_S - \frac{1}{R_S} U$$

即为电流源的外特性曲线。测量电路如图 5.2-2 所示。

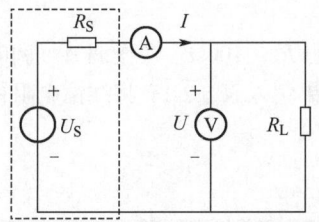 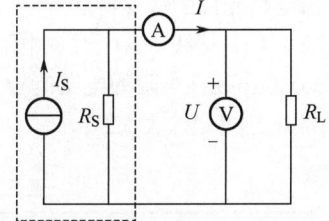

图 5.2-2　电压源外特性测量电路　　　　　图 5.2-3　电流源外特性测量电路

### 3. 电路元件伏安特性的动态测量

可以用函数信号发生器将正弦信号加在被测元件两端，直接用示波器显示元件的伏安特性。图 5.2-4 为测量二极管 D 伏安特性的电路，示波器 CH1 红色接线端子接二极管的阳极，CH1 黑色接线端子接二极管的阴极。同时按图放置 CH2 的红色端子和黑色端子。这样，CH1 测量二极管的电压 $U_D$，而 CH2 实际测量流过二极管的电流 $I$。将 CH2 设置为波形"反相"，示波器显示设置为"XY"模式，于是得到二极管的伏安特性曲线。通过调节函数信号发生器输出正弦信号的幅度和频率改善波形的质量。

在某些情况下，函数信号发生器的信号地（即图 5.2-4 中的 $U_S$ 参考方向负端）与示波器的信号

输入地（即 CH1 和 CH2 的黑色端子）是连在一起的，这样就不能直接按照图 5.2-4 进行测量。可以将原直接接入示波器的 2 路信号先接入一个称为隔离测量放大器的 2 路输入端，隔离测量放大器的输出再接入示波器进行测量。

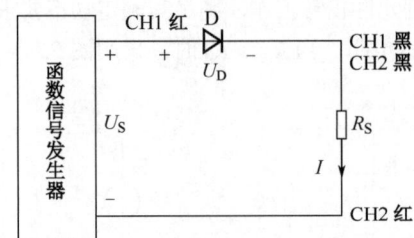

图 5.2-4  用函数信号发生器与示波器测量二极管的伏安特性

## 四、预习要求

1. 学习有关函数信号发生器的内容，熟悉信号波形及输出通道选择、信号幅度及信号频率调节等基本操作。

2. 学习有关数字示波器的内容，熟悉信号幅度及扫描速度调节、扫描触发信号选择与调节，测量内容选择，示波器显示方式选择，波形数据的存储等操作。

3. 图 5.2-1 中，忽略电压表内阻和电流表内阻对电路的影响，若电阻 $R_X$ = 1kΩ，取限流电阻 $R_S$ = 100Ω，当 $I$ = 20mA 时，求 $U_S$ 大小以及发出的功率，并求两个电阻消耗的功率。

4. 图 5.2-1 中，忽略电压表内阻和电流表内阻对电路的影响，若测量整流二极管的伏安特性，设整流二极管的正向压降为 0.7V，取限流电阻 $R_S$ = 100Ω，当 $I$ = 80mA 时，求 $U_S$ 大小以及发出的功率，并求限流电阻消耗的功率。

## 五、实验内容

### 1. 测量电路元件的伏安特性

按图 5.2-1（a）接线，其中线性电阻 $R_X$ = 1kΩ，限流电阻 $R_S$ = 100Ω；缓慢调节可调电压源输出电压 $U_S$，分别测出线性电阻的电压值 $U$ 和电流值 $I$，测量结果记入表 5.2-1。将线性电阻替换为整流二极管，将测量结果记入表 5.2-1。

表 5.2-1  电路元件的伏安特性

| 线性电阻<br>（$R_X$ = 1kΩ） | $U$/V（参考值） | 0 | 1 | 2 | 4 | 6 | 8 | 10 | 20 |
|---|---|---|---|---|---|---|---|---|---|
| | $U$/V | | | | | | | | |
| | $I$/mA | | | | | | | | |
| 整流二极管 | $I$/mA（参考值） | 0 | 0.2 | 0.4 | 0.6 | 1 | 2 | 5 | 10 | 20 | 50 | 80 |
| | $I$/mA | | | | | | | | | | | |
| | $U$/V | | | | | | | | | | | |

### 2. 电压源外特性测量

按图 5.2-2 所示接线，其中 $U_S$ = 10V，$R_S$ = 100Ω，改变负载电阻值 $R_L$，将测量数据记入表 5.2-2。

表 5.2-2　电压源的外特性

| $R_L/\Omega$ | 200 | 100 | 50 | 20 | 0（短路） |
|---|---|---|---|---|---|
| $U/V$ |  |  |  |  | / |
| $I/mA$ |  |  |  |  |  |

**3. 电流源外特性测量**

按图 5.2-3 所示接线，其中 $I_S = 18mA$，$R_S = 100\Omega$，改变负载电阻 $R_L$，将测量数据记入表 5.2-3。

表 5.2-3　电流源的外特性

| $R_L/\Omega$ | ∞（开路） | 100 | 50 | 20 | 0（短路） |
|---|---|---|---|---|---|
| $U/V$ |  |  |  |  | / |
| $I/mA$ | / |  |  |  |  |

**4. 电路元件伏安特性的动态测量**

按图 5.2-4 所示接线，其中 D 为 1N4007 整流二极管，取限流电阻 $R_S = 100\Omega$；函数信号发生器输出 $U_{S(pp)} = 10V$，$f = 500Hz$ 的正弦波。注意示波器通道 1 的信号置"反相"，观察示波器通道 1 和通道 2 的波形；当波形稳定后，将显示设置为"XY"模式，直接观察元件的伏安特性。

## 六、课外实践

1. 阅读"实验原理"和"实验内容"。完成"预习要求"1。
2. 复习 2.10.2 节中"电源"、"电压表"、"波形发生器"、"示波器"内容。
3. 测量二极管元件的伏安特性。在便携式实验箱上按图 5.2-5 搭建电路，可调电压源 $U_S$ 由模拟电路实验板上的 Vout1 提供，$R_S=1k\Omega$，二极管 D 选用 1N4007。通过调节 Vout1 改变电源电压 $U_S$，每改变 1 次 $U_S$ 大小，用片上仪器的电压表功能测量电压 $U_1$ 和 $U$，将测量和计算数据记入表 5.2-4。

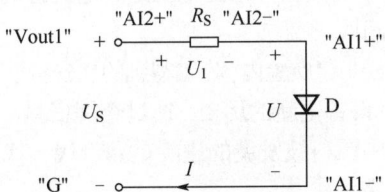

图 5.2-5　元件伏安特性测量电路

根据表 5.2-4 中的数据，作出二极管的伏安特性曲线。

表 5.2-4　电路元件的伏安特性

| | $U_1/V$ | 0.05 | 0.1 | 0.2 | 0.3 | 0.4 | 0.5 | 0.6 | 1 | 2 | 5 | 7 | 9 |
|---|---|---|---|---|---|---|---|---|---|---|---|---|---|
| 二极管 | $I/mA$（计算） | 0.05 | 0.1 | 0.2 | 0.3 | 0.4 | 0.5 | 0.6 | 1 | 2 | 5 | 7 | 9 |
| | $U/V$ | | | | | | | | | | | | |

将图 5.2-5 中 $U_S$ 用片上仪器波形发生器 AO1 输出代替，设置波形参数为 Type = Sine、Frequency = 500Hz、Amplitude = 4V、Offset = 0。示波器显示设置为 XY 模式，观察记录二极管元件的伏安特性。

用 Multisim 软件对图 5.2-5 电路进行仿真，得到二极管的伏安特性曲线。

4. 测量电压源的外特性曲线。在便携式实验箱上按图 5.2-6 所示搭建电路，$R_S$ 取 100Ω。改变负载电阻值 $R_L$，用片上仪器的电压表功能分别测量 $U_1$ 和 $U$。将测量和计算数据记入表 5.2-5。

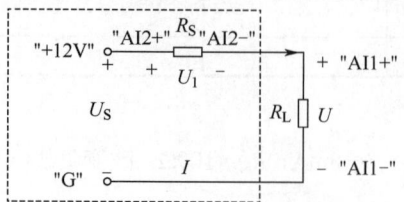

图 5.2-6 电压源外特性测量电路

表 5.2-5 电压源的外特性

| $R_L/\Omega$ | 100 | 200 | 330 | 1k | 2k |
|---|---|---|---|---|---|
| $U$/V | | | | | |
| $U_1$/V | | | | | |
| $I$/mA（计算）| | | | | |

用 Multisim 软件对图 5.2-6 的电路进行仿真，绘出电压源的外特性曲线。

5．（1）比较实际测量和仿真获得的二极管伏安特性曲线。（2）根据表 5.2-5 中的数据，绘出电压源的外特性曲线，并由特性曲线求出实际电源的内阻，分析其准确性。（3）比较实际测量和仿真得到的电压源外特性曲线。

## 七、实验总结

1．根据表 5.2-1 中的数据，分别作出 $R_X$ = 1kΩ 线性电阻、整流二极管的伏安特性曲线，比较其区别，说明原因。

2．根据表 5.2-2 和表 5.2-3 中的数据，绘出电压源、电流源的外特性曲线，并由该外特性曲线求出实际电源的内阻，分析其准确性。

3．比较"实验内容"4 的曲线与"实验内容"1 得到的伏安特性曲线，说说两种实验方法的特点。

4．思政融入：试结合实验室设备更新的历史，通过查阅资料，结合改革开放以来中国在仪器设备领域迅猛发展的趋势，体会到中国科技发展的进步是靠一代一代的专业技术人员努力的结果，同时增强自身的社会使命感和责任感。

# 5.3 基础实验 3 叠加定理和等效电源定理验证

## 一、实验目的

1．理解掌握叠加定理和等效电源定理。
2．验证叠加定理。
3．掌握含源一端口网络外特性的测量方法。
4．验证等效电源定理。

## 二、实验设备

1. 电工电子综合实验台（直流电流源、直流电压表、直流电流表）。
2. 稳压电源。
3. 电阻元件，十进制电阻箱。
4. 数字式万用表。
5. 课外实践套件、PC（装有片上仪器上位机软件）。（可选）
6. PC（装有 Multisim 仿真软件）。（可选）

## 三、实验原理

### 1. 叠加定理

线性电路中，若干独立电源共同作用下的任意支路上的电流或电压等于各个独立电源单独作用时分别在该支路所产生的电流或电压的代数和。当其中某个独立电源单独作用时，其余的独立电源应除去（电路中电压源所在位置予以短路，电流源所在位置予以开路）。

### 2. 等效电源定理

等效电源定理包括戴维宁等效定理和诺顿等效定理。

一个线性有源二端网络可用一个电压源和一个电阻串联的电路来等效，该电压源的电压等于此有源二端网络的开路电压 $U_{OC}$，串联电阻等于此有源二端网络除去独立电源后在其端口处的等效电阻 $R_0$。此即为戴维宁定理，而这个电压源和电阻串联的等效电路称为戴维宁等效电路。

一个线性有源二端网络可用一个电流源和一个电阻并联的电路来等效，该电流源的电流等于此有源二端网络的短路电流 $I_{SC}$，串联电阻等于此有源二端网络除去独立电源后在其端口处的等效电阻 $R_0$。此即为诺顿定理，而这个电流源和电阻并联的等效电路称为诺顿等效电路。

戴维宁等效电路与诺顿等效电路均与原始线性有源二端网络等效，而等效之后的戴维宁等效电路与诺顿等效电路之间也相互等效。戴维宁等效电路与诺顿等效电路的参数测量实际可归结为原始线性有源二端网络的开路电压 $U_{OC}$、短路电流 $I_{SC}$ 以及等效电阻 $R_0$ 的测量。

## 四、预习要求

1. 对实验电路进行理论计算，获得测量值的理论参考值。
2. 在被测电压或电流给定参考方向时，被测电压、电流值是否可能为负值？具体测量时仪表的接入与被测量值的参考方向有怎样的对应关系？
3. 在图 5.3-2 中，外接电阻 $R = \infty$，当 $I_S$ 从 8mA 逐渐增加时，试计算流过 $U_S$ 的电流改变方向时的 $I_S$ 值。

## 五、实验内容

### 1. 验证叠加定理

按图 5.3-1 所示连接实验电路，其中 $U_S = 9V$、$I_S = 10mA$。采用直流电压表和直流电流表，选择合适的量程，分别测量电压源 $U_S$ 单独作用、电流源 $I_S$ 单独作用，以及电压源 $U_S$ 与电流源 $I_S$ 共同作用时，两个 510Ω 电阻上的电压 $U_1$、$U_3$，流经 510Ω 电阻的电流 $I_2$（注意电压、电流的参考方向）。将测量数据填入表 5.3-1 中。

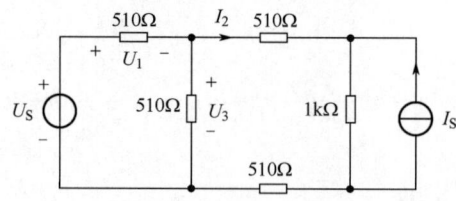

图 5.3-1 验证叠加定理电路图

表 5.3-1 验证叠加定理

|  | $U_1$/V | $I_2$/mA | $U_3$/V |
|---|---|---|---|
| 电压源 $U_S$ 单独作用 |  |  |  |
| 电流源 $I_S$ 单独作用 |  |  |  |
| 以上两者叠加结果（计算） |  |  |  |
| 电压源 $U_S$ 与电流源 $I_S$ 共同作用 |  |  |  |

### 2. 验证等效电源定理

（1）按图 5.3-2 所示连接实验电路，改变 AB 端口上外接电阻的阻值 $R$，测量图中所示含源二端网络的外特性，记录电阻值 $R$、端口电压 $U_{AB}$ 以及端口电流 $I_R$，将测量数据填入表 5.3-2。

表 5.3-2 验证等效电源定理

| $R/\Omega$ | 0 | 100 | 200 | 500 | 1200 | ∞ |
|---|---|---|---|---|---|---|
| $U_{AB}$/V | / |  |  |  |  |  |
| $I_R$/mA |  |  |  |  |  | / |
| 测量说明 | 短路电流 $I_{SC}$ |  |  |  |  | 开路电压 $U_{OC}$ |

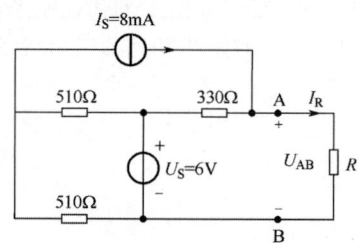

图 5.3-2 验证等效电源定理电路图

（2）将图 5.3-2 中独立电压源、独立电流源去除（电路中电压源位置予以短路，电流源位置予以开路），同时不接外部电阻，用万用表测量 A、B 间电阻即此含源二端网络的等效电阻 $R_0$ = _____。

（3）依据以上所测量的开路电压 $U_{OC}$ 与等效电阻 $R_0$ 构造戴维宁等效电路，选择和表 5.3-2 中相同的电阻 $R$，测量此戴维宁等效电路的外特性，将测量数据填入表 5.3-3。

表 5.3-3 戴维宁等效电路外特性测量

| $R/\Omega$ | 0 | 100 | 200 | 500 | 1200 | ∞ |
|---|---|---|---|---|---|---|
| $U_{AB}$/V | / |  |  |  |  |  |
| $I_R$/mA |  |  |  |  |  | / |
| 测量说明 | 短路电流 $I_{SC}$ |  |  |  |  | 开路电压 $U_{OC}$ |

(4) 依据以上所测量的短路电流 $I_{SC}$ 与等效电阻 $R_0$ 构造诺顿等效电路，选择和表 5.3-2 中相同的电阻 $R$，测量此诺顿等效电路的外特性，将测量数据填入表 5.3-4。

表 5.3-4 诺顿等效电路外特性测量

| $R/\Omega$ | 0 | 100 | 200 | 500 | 1200 | ∞ |
|---|---|---|---|---|---|---|
| $U_{AB}/V$ | / | | | | | |
| $I_R/mA$ | | | | | | / |
| 测量说明 | 短路电流 $I_{SC}$ | | | | | 开路电压 $U_{OC}$ |

## 六、课外实践

1. 阅读"实验原理"和"实验内容"。完成"预习要求"2、3。
2. 复习 2.10.2 节中"电源""电压表"内容。
3. 验证叠加定理。利用 Multisim 软件对图 5.3-1 进行仿真，将仿真数据填入表 5.3-1，验证叠加定理的正确性。
4. 验证等效电源定理。

在便携式实验箱上按图 5.3-3 连接电路，改变 AB 端口上外接电阻的阻值 $R$，测量图中所示含源二端网络的外特性，用万用表（或用片上仪器的电压表功能）测量端口电压 $U_{AB}$，计算端口电流 $I_R$，将测量和计算数据填入表 5.3-5。

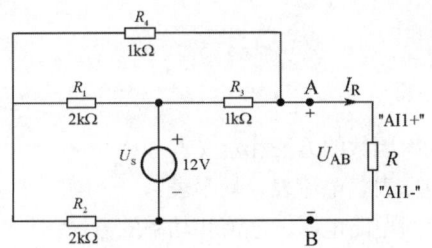

图 5.3-3 验证等效电源定理电路图

表 5.3-5 验证等效电源定理

| $R$ | 100Ω | 200Ω | 330Ω | 1kΩ | 2kΩ | ∞ |
|---|---|---|---|---|---|---|
| $U_{AB}/V$ | | | | | | |
| $I_R/mA$（计算） | | | | | | 0 |
| 测量说明 | / | / | / | / | / | 开路电压 $U_{OC}$ |

采用 Multisim 软件仿真图 5.3-3 所示电路。

将图 5.3-3 中独立电压源除去，同时将电压源所在位置短路，A、B 断开，用万用表测量求得此含源二端网络的等效电阻 $R_0=$_____。

利用可调电源 Vout1 实现表 5.3-5 中的开路电压 $U_{OC}$。利用可调电位器实现等效电阻 $R_0$。

用开路电压 $U_{OC}$ 与等效电阻 $R_0$ 构造戴维宁等效电路，选择和表 5.3-5 中相同的电阻 $R$，测量此戴维宁等效电路的外特性，将测量数据填入表 5.3-6。

表 5.3-6 戴维宁等效电路外特性测量

| $R$ | 100Ω | 200Ω | 330Ω | 1kΩ | 2kΩ | ∞ |
|---|---|---|---|---|---|---|
| $U_{AB}$/V | | | | | | |
| $I_R$/mA（计算） | | | | | | 0 |
| 测量说明 | / | / | / | / | / | 开路电压 $U_{OC}$ |

5.（1）根据表 5.3-5，验证叠加定理。（2）根据表 5.3-6，验证戴维宁等效定理。

## 七、实验总结

1. 根据表 5.3-1，验证叠加定理。

2. 根据表 5.3-2、表 5.3-3 和表 5.3-4，完成外特性曲线的描绘，并对比分析，验证原始电路、戴维宁等效电路以及诺顿等效电路之间的等效性。

3. 思政融入：莱昂·夏尔·戴维宁（Léon Charles Thévenin，1857—1926）是法国的电信工程师，他发现了戴维宁定理。试通过查阅资料，了解戴维宁的生平，深刻体会作为新时代的大学生，需要努力学习，树立远大理想，成为担当民族复兴大任的时代新人。

# 5.4　基础实验 4　单相交流电路特性及功率因数提高

## 一、实验目的

1．了解电感性电路提高功率因数的方法和意义。
2．学会使用交流仪表（电压表、电流表、功率表）。
3．掌握用交流仪表测量交流电路电压、电流和功率的方法。

## 二、实验设备

1．实验电路板。
2．电工电子综合实验台（220V 单相交流电源、交流电压表、交流电流表、功率表、电流插头、插座）。
3．数字式万用表。
4．PC（装有 Multisim 仿真软件）。（可选）

## 三、实验原理

交流电路中常用的无源电路器件有电阻、电感和电容，利用交流电压表、交流电流表、功率表测量有关的电压、电流和功率，可以算得被测电路的有关参数。交流电路中的负载通常有电阻性负载，如白炽灯、电阻加热器等，也有电感性负载，如电动机、变压器、电磁线圈等。电磁线圈通常带有铁芯，在交流工况下铁芯会产生一定的损耗，因此一个具有铁芯的线圈在交流工况下其等效电阻是不等于直流工况下的等效电阻的。有时为了测量线圈的电感和交流工况下的等效电阻，将它和

一个 $R$ 值电阻串联后接在工频交流电源上,如图 5.4-1 所示(开关 S 断开),图中电压和电流采用相量表示。用交流电压表和交流电流表分别测量有效值 $U$、$U_R$、$U_L$、$I(=I_{RL})$。设以电源电压相量 $\dot{U}$ 为参考相量,其相量图如图 5.4-2(a)所示。由相量关系可得

$$\cos\varphi_{RL} = \frac{U^2 + U_R^2 - U_L^2}{2U_R U}, \quad \sin\varphi_{RL} = \sqrt{1-\cos^2\varphi_{RL}}$$

$$X_L = \frac{U\sin\varphi_{RL}}{I_{RL}} \text{ 或 } L = \frac{U\sin\varphi_{RL}}{\omega I_{RL}}, \quad R_L = \frac{U\cos\varphi_{RL} - U_R}{I_{RL}}$$

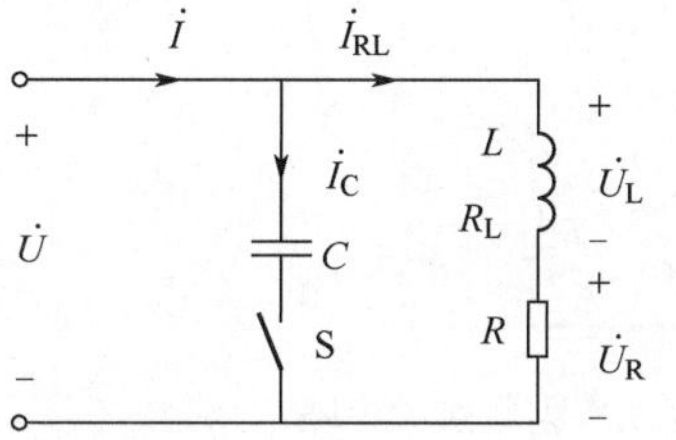

图 5.4-1 感性负载及并联电容的电路

图 5.4-2 图 5.4-1 电路的电压电流相量图

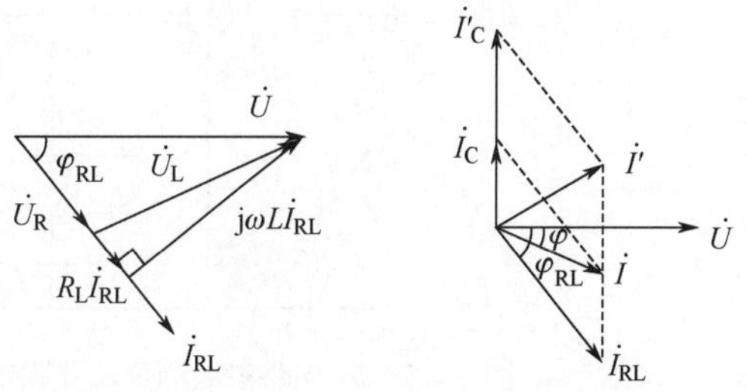

(a) 电压相量图　　(b) 电流相量图

工业上大量的设备为电感性负载,由于电感性负载存在较大的感抗,因而电路的功率因数较低。对于电感性负载,可以采用并联电容器的方法来提高电路的功率因数,从而提高电源设备的利用率,降低输电线路中的损耗。

图 5.4-1 为感性负载及并联电容的电路,图中 $L$ 为电感线圈的电感量,$R_L$ 为电感线圈在交流情况下的等效电阻值。当开关 S 闭合时,在外加正弦交流电压 $\dot{U}$ 的作用下,各支路电流的关系为

$$\dot{I} = \dot{I}_{RL} + \dot{I}_C$$

其电流相量图如图 5.4-2(b)所示。由图可知,并联容量适当的电容 $C$ 后,电容电流 $\dot{I}_C$ 补偿了电流 $\dot{I}_{RL}$ 的部分无功分量,使得电路总电流 $\dot{I}$ 的数值减小,$\dot{U}$ 与 $\dot{I}$ 的相位差 $\varphi$ 减小,功率因数提高。但是,如果并联电容的容量过大,总电流 $\dot{I}$ 又会增大,功率因数下降,所以,与电感性电路并联的电容量要适当。

交流电路所消耗的有功功率可以用功率表(也称瓦特表)来测量。功率表有数字式与模拟式,其内部包含电流测量部件与电压测量部件。电流测量部件工作时与被测电路相串联,电压测量部件工作时与被测电路相并联,"*"号表示电压线圈和电流线圈间的同极性端(同名端)。测量负载功率时,功率表的接线如图 5.4-3 所示,电压测量端口的"*"端和电流测量端口的"*"端连接在一起后接到电源端,读数为正表示被测电路吸收功率,读数为负表示被测电路发出功率。注意,一般数字式功率表除了能够测量有功功率外,通常还可以测量电压、电流及功率因数等参数。在电路图中功率表的电路符号如图 5.4-4 所示。

## 四、预习要求

1. 图 5.4-5 中,已知开关 $S_1,\ldots,S_n$ 均处于打开状态,若已知功率表读数 $P$ 和功率因数 $\cos\varphi_{RL}$,试给出 $R+R_L$、$X_L$、$L$ 的计算式。

2. 当图 5.4-5 中开关 $S_1,\ldots,S_n$ 依次合上时,电路中 $I$、$I_{RL}$、$I_C$ 及电路功率 $P$ 将如何改变?

3. 本实验采用交流 220V 电源,如何在实验中保证人身安全?

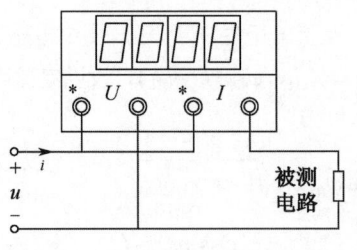
图 5.4-3 功率表接线示意图

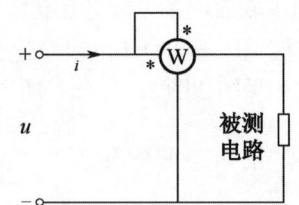
图 5.4-4 功率表的电路图画法

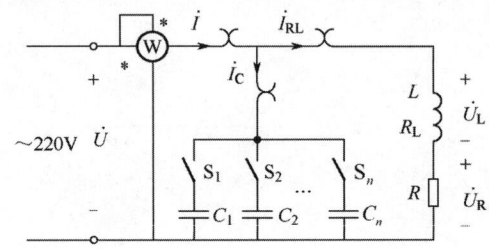
图 5.4-5 $R_L$ 支路参数测量及并联电容改变功率因数实验电路

## 五、实验内容

### 1. 交流电压、电流及功率的测量

图 5.4-5 中，用实验电路板上的镇流器替代线圈，白炽灯替代电阻。按图 5.4-5 接好实验电路，调节交流电源电压 $U$ 至 220V，测量不接电容时 $R_L$ 支路的电流 $I_{RL}$、电源电压 $U$、镇流器（线圈）两端电压 $U_L$、电阻性负载（白炽灯）两端电压 $U_R$ 及电路功率 $P$、功率因数 $\lambda$，记入表 5.4-1。

表 5.4-1 交流电压、电流及功率的测量

| 测量值 | | | | | | 计算值 |
|---|---|---|---|---|---|---|
| $U$/V | $U_L$/V | $U_R$/V | $I_{RL}$/A | $P$/W | $\lambda$ | $\cos\varphi_{RL}$ |
|  |  |  |  |  |  |  |

### 2. 并联电容对功率因数的影响

测量并联不同电容量时的总电流 $I$ 和各支路电流 $I_{RL}$、$I_C$ 及电路功率 $P$、功率因数 $\lambda$，记入表 5.4-2。注意并联电容 $C$ 要涵盖电路性质是感性和容性两种情况。

表 5.4-2 并联电容对功率因数的影响

| 并联电容 $C$/μF | 测量值 | | | | | 计算值 | 电路性质 |
|---|---|---|---|---|---|---|---|
|  | $I$/A | $I_C$/A | $I_{RL}$/A | $P$/W | $\lambda$ | $\cos\varphi$ |  |
|  |  |  |  |  |  |  |  |
|  |  |  |  |  |  |  |  |
|  |  |  |  |  |  |  |  |
|  |  |  |  |  |  |  |  |
|  |  |  |  |  |  |  |  |

## 六、课外实践

1. 阅读"实验原理"和"实验内容"。完成"预习要求"。

2. 图 5.4-5 电路中，已知开关 $S_1,...,S_n$ 均处于打开状态，若已知功率表读数 $P=42W$，功率因数 $\lambda=\cos\varphi_{RL}=0.7$（感性）。试计算 $R+R_L$、$X_L$、$L$ 的值。

3. 根据 2 所求得的参数，若 $n=5$，已知开关 $S_1,...,S_5$ 均处于打开状态，利用 Multisim 对图 5.4-5 进行仿真。若已知 $C_1=C_2=1\mu F$、$C_3=C_4=C_5=2.2\mu F$，求当并联电容分别为 $1\mu F$、$2.2\mu F$、$3.2\mu F$、$4.2\mu F$、$5.4\mu F$、$6.6\mu F$ 时的 $I$、$I_C$、$I_{RL}$、$P$、$\lambda$，并将数据填入表 5.4-2。

4. 完成"实验总结"1。

## 七、实验总结

1. 根据表 5.4-1 中的测量数据按比例画出电压、电流相量图，并计算出电路参数 $R$、$R_L$、$X_L$、$L$。

2. 根据表 5.4-2 中的测量数据按比例画出并联不同电容量后的电源电压、各支路电流的相量图，判断电路是感性还是容性。

3. 思政融入：讨论电感性负载用并联电容器的方法来提高功率因数的现实意义及注意事项。通过查阅资料，了解国家电网对用电设备的功率因数要求，同时结合自身周围的真实案例，体会节能意识和环保意识。

# 5.5 基础实验 5 三相交流电路

## 一、实验目的

1. 学习三相交流电路中三相负载的连接方法。
2. 了解三相四线制中线的作用。
3. 掌握三相电路功率的测量方法。
4. 学会三相电源相序的判别方法。

## 二、实验设备

1. 实验电路板。
2. 电工电子综合实验台[220V 三相交流电源、交流电压表、交流电流表、功率表（瓦特表）]。
3. 数字式万用表。
4. 单掷刀开关。
5. 电流插头、插座。
6. PC（装有 Multisim 仿真软件）。（可选）

## 三、实验原理

三相电源带负载时,三相负载有星形连接和三角形连接两种连接方式。根据每相负载的阻抗是否相同,三相负载有对称负载和不对称负载两种类型。当三相对称负载作星形连接时,具有关系式

$$U_L = \sqrt{3} U_p, \qquad I_L = I_p$$

式中,$U_L$、$I_L$ 分别为电源线电压和线电流,$U_p$、$I_p$ 分别为负载相电压和相电流。

当三相对称负载作三角形连接时,具有关系式

$$U_L = U_p, \qquad I_L = \sqrt{3} I_p$$

对于星形连接有中线的负载,负载的不对称不会影响负载三相电压的对称,因此各相负载仍能正常工作。对于星形连接无中线的负载,负载的不对称会使负载三相电压不对称,造成各相负载不能正常工作,甚至发生损坏。因此,对于星形连接的不对称负载,必须有中线,即采用三相四线制供电,才能保证负载正常工作。不对称负载作三角形连接时,负载相电压对称,因此各相负载仍能正常工作。

对于三相四线制对称负载电路,可用一个瓦特表测出单相功率,三相总功率为单相功率的三倍。对于三相四线制不对称负载的电路,可采用三瓦特表法,即分别测出每相负载功率,各相负载功率之和即为三相总功率。

对于三相三线制电路,不论电路对称与否,均可采用两瓦特表法来测量电路的总功率,如图 5.5-1 所示。根据图中瓦特表的连接可知,$W_1$ 和 $W_2$ 的测量数据分别为

$$W_1 = \frac{1}{T}\int_0^T i_U u_{UW} dt, \qquad W_2 = \frac{1}{T}\int_0^T i_V u_{VW} dt$$

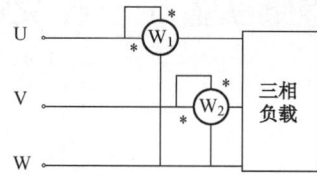

图 5.5-1 两瓦特表法测量三相三线制电路总功率示意图

两瓦特表读数之和为

$$W_1 + W_2 = \frac{1}{T}\int_0^T (i_U u_{UW} + i_V u_{VW}) dt$$

假设负载为星形连接,则有

$$i_u u_{uw} + i_v u_{vw} = i_u(u_u - u_w) + i_v(u_v - u_w) = i_u u_u + i_v u_v - (i_u + i_v) u_w$$

在三相三线制电路中有

$$i_u + i_v + i_w = 0$$

即

$$i_w = -(i_u + i_v)$$

因此两瓦特表读数之和可以表示为

$$W_1 + W_2 = \frac{1}{T}\int_0^T (i_U u_U + i_V u_V + i_W u_W) dt = \frac{1}{T}\int_0^T (p_U + p_V + p_W) dt = P$$

即两瓦特表所测得的功率的和等于三相电路的总功率。这里要特别指出的是,在用两瓦特表法测量三相电路功率时,其中一个瓦特表的读数可能会出现负值,而总功率是两瓦特表读数的代数和。

三相电源供电的相序正确与否关系到一些电气设备能否正常工作。通常用相序器来判断三相电源的相序。其原理如图 5.5-2 所示。它是由一个 C 值电容和两个功率相等的灯泡（等效电阻为 R）组成的 Y 连接电路，设 $\dfrac{1}{\omega C}=R$，且 $\dot{U}_U = U\angle 0°$，

则负载中点 $N'$ 与电源中点 $N$ 之间的电压为

$$\dot{U}_{N'N} = \dfrac{\mathrm{j}\omega C\dot{U}_U + \dfrac{\dot{U}_V}{R} + \dfrac{\dot{U}_W}{R}}{\mathrm{j}\omega C + \dfrac{1}{R} + \dfrac{1}{R}}$$

$$= \dfrac{\mathrm{j}U + U\angle -120° + U\angle -240°}{\mathrm{j}+2}$$

$$= (-0.2+\mathrm{j}0.6)U$$

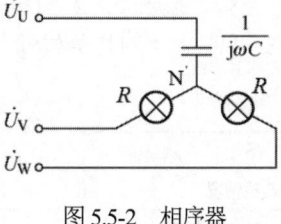

图 5.5-2　相序器

V 相灯泡两端电压 $\dot{U}_{VN'} = \dot{U}_V - \dot{U}_{N'N}$，其有效值 $U_{VN'} = 1.50U$；同样可得到 W 相灯泡两端的电压有效值 $U_{WN'} = 0.4U$。可见 V 相灯泡电压要高于 W 相灯泡电压，V 相灯泡要比 W 相灯泡亮得多。因此，用相序器判别三相电源相序时，若连接电容器的一相为 U 相，则灯泡较亮的一相为 V 相，较暗的一相为 W 相。

## 四、预习要求

1．三相负载根据什么条件决定采用星形连接或三角形连接？本实验负载采用额定电压为 220V、功率为 15W 的白炽灯，当作星形连接时，电源线电压能否用 380V？为什么？

2．如何选择本实验中各测量仪表的量程？

## 五、实验内容

### 1．三相负载星形连接

按图 5.5-3 所示接线，图中每相负载采用三只白炽灯，电源线电压为 220V。

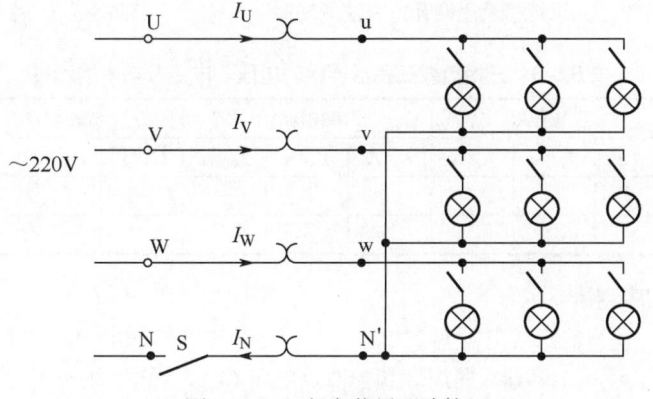

图 5.5-3　三相负载星形连接

（1）测量三相四线制电源的线电压和相电压，记入表 5.5-1。

表 5.5-1  三相四线制电源的电压

| $U_{UV}$/V | $U_{VW}$/V | $U_{WU}$/V | $U_{UN}$/V | $U_{VN}$/V | $U_{WN}$/V |
|---|---|---|---|---|---|
|  |  |  |  |  |  |

（2）按表 5.5-2 内容完成各项测量，并观察实验中各白炽灯的亮度。表中对称负载时为每相开亮三只灯；不对称负载时为 U 相开亮一只灯，V 相开亮两只灯，W 相开亮三只灯。

表 5.5-2  三相负载星形连接时电压、电流测量

| 负载情况 | 测量值 | 相电压 | | | 相电流 | | | 中线电流 | 中点电压 |
|---|---|---|---|---|---|---|---|---|---|
|  |  | $U_{uN'}$/V | $U_{vN'}$/V | $U_{wN'}$/V | $I_U$/A | $I_V$/A | $I_W$/A | $I_N$/A | $U_{N'N}$/V |
| 对称负载 | 有中线 |  |  |  |  |  |  |  | / |
|  | 无中线 |  |  |  |  |  |  | / |  |
| 不对称负载 | 有中线 |  |  |  |  |  |  |  | / |
|  | 无中线 |  |  |  |  |  |  | / |  |

## 2．三相负载三角形连接

按图 5.5-4 接线。测量功率时可用一只功率表借助电流插头和插座实现一表两用，具体接法如图 5.5-5 所示。接好实验电路后，按表 5.5-3 内容完成各项测量，并观察实验中白炽灯的亮度。表中对称负载和不对称负载的开灯要求与表 5.5-2 相同。

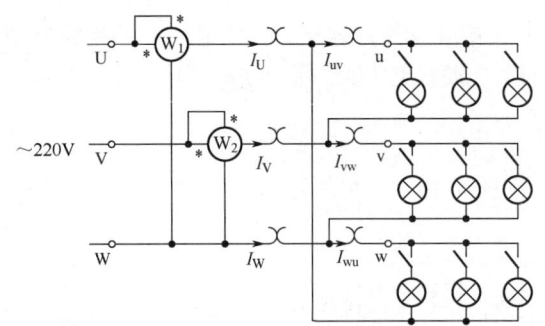

图 5.5-4  三相负载三角形连接及用两瓦特表法测功率

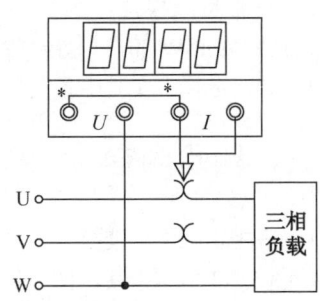

图 5.5-5  功率表一表两用示意图

表 5.5-3  三相负载三角形连接时电压、电流及功率的测量

| 负载情况 | 测量值 | 线电流/A | | | 相电流/A | | | 负载电压/V | | | 功率/W | |
|---|---|---|---|---|---|---|---|---|---|---|---|---|
|  |  | $I_U$/A | $I_V$/A | $I_W$/A | $I_{uv}$/A | $I_{vw}$/A | $I_{wu}$/A | $U_{uv}$/V | $U_{vw}$/V | $U_{wu}$/V | $P_1$/W | $P_2$/W |
| 对称负载 |  |  |  |  |  |  |  |  |  |  |  |  |
| 不对称负载 |  |  |  |  |  |  |  |  |  |  |  |  |

## 3．三相电源相序测量

调节三相电源，使得输出线电压为 220V，按图 5.5-2 电路接入电源，其中 $C$ = 4μF，$R$ 为两只 220V/25W 的白炽灯。测量电容器、白炽灯和中性点电压 $U_{N'N}$，观察两白炽灯的亮度差别。设接电容器的一相为 U 相，根据电压大小及灯的亮度判断 V 相和 W 相。记录电源及每相负载的电压值（包括相电压和线电压）、相应灯的亮度以及相序的判断。

## 六、课外实践

1. 阅读"实验原理"和"实验内容"。
2. 阅读 3.4.2 节内容。
3. 采用 Multisim 对图 5.5-3 所示电路进行仿真,将测量结果记入表 5.5-1。

按表 5.5-2 内容完成各项测量。表中对称负载时为每相开亮三只灯;不对称负载时为 U 相开亮一只灯,V 相开亮两只灯,W 相开亮三只灯。

4. 采用 Multisim 对图 5.5-4 所示电路进行仿真,将测量结果记入表 5.5-3。表中对称负载时为每相开亮三只灯;不对称负载时为 U 相开亮一只灯,V 相开亮两只灯,W 相开亮三只灯。
5. 完成"实验总结"1、2、3。

## 七、实验总结

1. 根据实验数据,总结对称负载星形连接时相电压和线电压之间的数值关系,以及三角形连接时相电流和线电流之间的数值关系。
2. 根据表 5.5-2 的数据,按比例画出不对称负载星形连接三相四线制的电流相量图,并说明中线的作用。
3. 根据表 5.5-3 的电压、电流数据计算对称、不对称负载三角形连接时的三相总功率,并与两瓦特表法的测量数据进行比较。
4. 根据"实验内容"3 的测量数据,以电源电压 $\dot{U}_U$ 为参考相量,画出各相电压与线电压关系的相量图(注意负载的线电压与电源的线电压是相等的)。
5. 思政融合:中性线的作用是能保证负载中性点和电源中性点电位一致,从而在三相负载不对称时,保证负载的相电压仍然是对称的。试以三相对称电源应用于大楼照明过程中中性线的作用为例,体会一切从实际出发,理论联系实际的重要性。

## 5.6 基础实验 6 电路频率特性的研究

### 一、实验目的

1. 了解 RLC 串联谐振现象,加深对串联谐振电路特性的认识。
2. 研究电路参数对串联谐振特性的影响。
3. 了解 RC 串并联电路的频率特性,熟悉选频的概念。
4. 掌握测试电路幅频特性曲线和谐振曲线的绘制方法,了解电路相频特性。

### 二、实验设备

1. 电工电子综合实验台。
2. 函数信号发生器。

3. 双踪数字示波器。
4. 电阻元件、电感元件、电容元件。
5. 课外实践套件、PC（装有片上仪器上位机软件）。（可选）
6. PC（装有 Multisim 仿真软件）。（可选）

## 三、实验原理

### 1. RLC 串联谐振电路

由电阻 R、电感 L 和电容 C 串联组成的电路如图 5.6-1 所示，电路的阻抗为

$$Z = R + j(X_L - X_C) = R + j\left(\omega L - \frac{1}{\omega C}\right)$$

改变外部信号 $u$ 的频率 $f$，当满足 $f = f_0 = 1/2\pi\sqrt{LC}$，即 $\omega L = 1/\omega C$ 时，电路的阻抗最小，等于 $R$。此时称电路发生了串联谐振。

图 5.6-1 电路中的电流为

$$\dot{I} = \frac{\dot{U}}{Z} = \frac{\dot{U}}{R + j\left(\omega L - \frac{1}{\omega C}\right)} = \frac{\dot{U}/R}{1 + j\dfrac{\omega_0 L}{R}\left(\dfrac{\omega}{\omega_0} - \dfrac{1}{\omega_0 \omega LC}\right)} = \frac{\dot{I}_0}{1 + jQ\left(\dfrac{\omega}{\omega_0} - \dfrac{\omega_0}{\omega}\right)}$$

式中 $\dot{I}_0 = \dot{U}/R$ 称为谐振电流，$Q = \omega_0 L/R$ 称为品质因数。

RLC 电路产生串联谐振时，$\dot{U}$ 和 $\dot{I}$ 相位一致，也即 $\dot{U}$ 和 $\dot{U}_R$ 相位一致，可以在示波器上同时看 $u$ 和 $u_R$ 的波形，得到两波形同相位时的频率 $f_0$。

将电流用相对值表示，得到

$$\frac{\dot{I}}{\dot{I}_0} = \frac{1}{1 + jQ\left(\dfrac{\omega}{\omega_0} - \dfrac{\omega_0}{\omega}\right)}$$

将电路参数随频率而变称为频率特性，其模随频率而变化称为幅频特性，幅角随频率而变化称为相频特性。于是，得到用相对值表示的电流幅频特性为

$$\frac{I}{I_0} = \frac{1}{\sqrt{1 + \left[Q\left(\dfrac{\omega}{\omega_0} - \dfrac{\omega_0}{\omega}\right)\right]^2}}$$

进而得到如图 5.6-2 所示的电流幅频特性曲线。通常将该曲线称为电流谐振曲线。

由图 5.6-2 可知，品质因数 $Q$ 越大，谐振曲线越尖锐，即其选择性越好，从许多不同频率信号中选出所需信号的能力越强；但亦不可将有用信号削弱掉，实用上需要有一定宽度的通频带。在图 5.6-2 中，定义在通频带中信号削弱不超过最大值的 $1/\sqrt{2} \approx 0.707$，定义 $f_L$ 和 $f_H$ 分别为通频带的下限频率和上限频率，于是，定义通频带为

$$f_{BW} = f_H - f_L$$

由图 5.6-2 可知，通频带 $f_{BW}$ 与品质因数 $Q$ 的关系是 $Q$ 越大，通频带越小，可以证明

$$f_{BW} = \frac{f_0}{Q} = \frac{\omega_0}{2\pi Q}$$

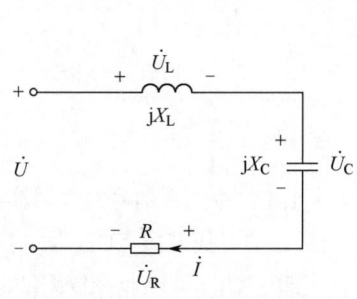
图 5.6-1 RLC 串联电路图

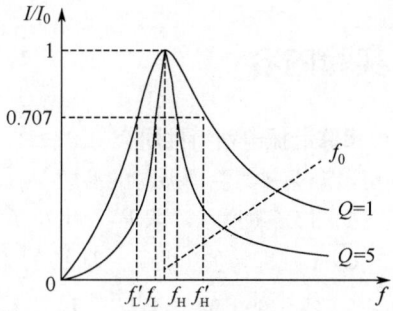
图 5.6-2 RLC 串联电路电流谐振曲线

实验测定电流谐振曲线时,应保证电路的输入电压不变,首先确定电路的谐振频率 $f_0$,然后使频率向两侧扩展,取不同的频率点,测量对应的回路电流 $I$(可以通过测定电阻两端电压 $U_R$ 来确定)。频率的变化范围应能够使电流 $I$ 从 $I_0$ 下降到 $I_0$ 的五分之一以下。

### 2. RC 选频电路

图 5.6-3 所示为由两个相同的电阻和电容组成的 RC 串并联电路,常用于将低频振荡电路作为选频环节,以获得单一频率的输出电压。

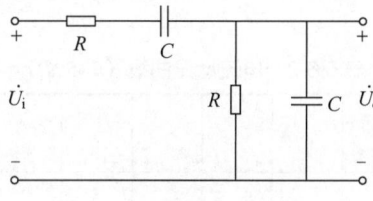
图 5.6-3 RC 串并联电路

分析图 5.6-3 所示电路,可以得到电路的频率特性为

$$H(\omega) = \frac{\dot{U}_o}{\dot{U}_i} = \frac{1}{3 + j\left(\omega CR - \dfrac{1}{\omega CR}\right)}$$

保持输入电压有效值 $U_i$ 不变,改变输入信号的频率 $f$,可知输出电压的幅值和相位会随之而改变。当输入信号 $\dot{U}_i$ 的频率为

$$f = f_0 = \frac{1}{2\pi RC}$$

时,输出电压 $\dot{U}_o$ 与输入电压 $\dot{U}_i$ 同相,这一频率就是该选频电路的工作频率。此时输出电压 $\dot{U}_o$ 的幅值达到最大值,即

$$U_{o\,max} = \frac{1}{3} U_i$$

## 四、预习要求

1. 实验中如何寻找和确定 RLC 串联谐振电路的谐振频率?
2. 如何确定 RLC 串联谐振电路的下限频率 $f_L$ 和上限频率 $f_H$?
3. 推导图 5.6-3 的 RC 串并联电路的幅频特性的数学表达式。
4. 实验时如何保证图 5.6-1 和图 5.6-3 中的输入正弦波电压不变?

## 五、实验内容

### 1. RLC 串联谐振电路特性研究

(1) 确定谐振点并测量谐振时的参数

实验电路如图 5.6-1 所示，取 $R = 50\Omega$，$L = 10\text{mH}$，$C = 1\mu\text{F}$。令函数信号发生器输出正弦信号有效值 $U = 2/\sqrt{2}$ V（即峰值（振幅）为 2V），根据预习时所拟定的寻找谐振点的方案，找出谐振点，测量谐振频率 $f_0$、各元件上的电压 $U_{R0}$、$U_{L0}$、$U_{C0}$、$U_{LC0}$，记入表 5.6-1。并由此计算出谐振点电流 $I_0$。

表 5.6-1　谐振点参数

| 测量条件 | | | | 测量值 | | | | | 计算值 | |
|---|---|---|---|---|---|---|---|---|---|---|
| $U$/V | $R$/Ω | $L$/mH | $C$/μF | $f_0$/Hz | $U_{R0}$/V | $U_{L0}$/V | $U_{C0}$/V | $U_{LC0}$/V | $I_0$/mA | $Q$ |
|  |  |  |  |  |  |  |  |  |  |  |

(2) 测定电流谐振曲线

实验电路不变，保持 $U = 2/\sqrt{2}$ V 不变，改变信号发生器输出频率，将测量和计算结果记入表 5.6-2。

表 5.6-2　电流谐振曲线（$R=50\Omega$）

| $f$/Hz |  |  |  | $f_L=$___ |  |  | $f_0=$___ |  |  | $f_H=$___ |  |
|---|---|---|---|---|---|---|---|---|---|---|---|
| $f/f_0$（计算） |  |  |  |  |  |  | 1 |  |  |  |  |
| $U_R$/V |  |  |  |  |  |  |  |  |  |  |  |
| $I$/mA（计算） |  |  |  |  |  |  | $I_0=$___ |  |  |  |  |
| $I/I_0$ |  |  |  |  |  |  | 1 |  |  |  |  |

(3) 电路参数对幅频特性的影响

将图 5.6-1 电路中的电阻 $R$ 改为 $100\Omega$，其他参数不变，重复"实验内容"1 中的（2）。数据表类同于表 5.6-2，请读者自拟。

### 2. 测量 RC 串并联电路幅频特性

实验电路如图 5.6-3 所示，取 $R = 1\text{k}\Omega$，$C = 0.1\mu\text{F}$。令信号发生器的输出电压有效值（即电路的输入电压 $U_i$）保持在 $2/\sqrt{2}$ V 不变。按示波器显示 $u_i$ 和 $u_o$ 的波形，改变信号频率，首先找到 $\dot{U}_o$ 与 $\dot{U}_i$ 同相时的频率点 $f_0$，然后再在 $f_0$ 左右设置其他频率点，测量输出电压 $U_o$。将测量和计算结果记入表 5.6-3。

表 5.6-3　RC 串并联电路频率特性（$U_i=2/\sqrt{2}$ V）

| $f$/Hz | 20 |  |  |  | $f_0=$___ |  |  |  |  | 5k |
|---|---|---|---|---|---|---|---|---|---|---|
| $U_o$/V |  |  |  |  |  |  |  |  |  |  |
| $U_o/U_i$（计算） |  |  |  |  |  |  |  |  |  |  |

## 六、课外实践

1. 阅读"实验原理"和"实验内容"。完成"预习要求"。
2. 复习 2.10.2 节中"电源""波形发生器""示波器""网络分析仪"内容。复习 2.10.3 节中"无源低通滤波器"内容。
3. 在便携式实验箱上实现如图 5.6-1 所示电路,利用片上仪器的波形发生器和示波器完成"实验内容"1。
4. 在便携式实验箱上实现如图 5.6-1 所示电路,电路参数同"实验内容"1。设置电路的输出为 $u_R$,利用片上仪器的"网络分析仪"功能,设置参数 Start = 20Hz、Stop = 10kHz、Amplitude = 2V、Scale = Linear、Units = Gain(V),记录电路的幅频特性曲线(电流谐振曲线),找到谐振频率 $f_0$、下限频率 $f_L$ 和上限频率 $f_H$。计算电路的品质因数 $Q$、通频带 $f_{BW}$。

对上述电路利用 Multisim 软件进行仿真,使用软件的"波特测试仪"(Bode Plotter)虚拟仪器或者软件的"交流分析"(AC Sweep)功能,记录电路的幅频特性曲线(电流谐振曲线),找到谐振频率 $f_0$、下限频率 $f_L$ 和上限频率 $f_H$。计算电路的品质因数 $Q$、通频带 $f_{BW}$。

5. 实现如图 5.6-3 所示电路,取 $R = 1\text{k}\Omega$,$C = 0.1\mu\text{F}$,设置电路的输入为 $u_i$,输出为 $u_o$,利用片上仪器的"网络分析仪"功能,记录电路的幅频特性和相频特性曲线,找到 $u_o$ 为最大值时的频率。

对上述电路利用 Multisim 软件进行仿真,使用软件的"波特测试仪"(Bode Plotter)虚拟仪器或者软件的"交流分析"(AC Sweep)功能,记录电路的幅频特性和相频特性曲线,找到 $u_o$ 为最大值时的频率。

6. 完成"实验总结"1、2、3、4。

## 七、实验总结

1. 根据表 5.6-1 的测量数据,计算串联谐振电路的品质因数 $Q$。
2. 根据表 5.6-2 的测量数据,画出电流幅频特性曲线,计算通频带 $f_{BW}$。
3. 根据"实验内容"1 的数据,总结串联谐振电路特性及电路参数对谐振特性的影响。
4. 根据表 5.6-3 的实验数据,画出 RC 串并联电路的归一化幅频特性曲线,总结电路的选频特性。
5. 思政融入:通过查阅文献了解谐振电路的应用,体会事物的两面性质,学习采用辩证思维方法看问题。

## 5.7 基础实验 7 一阶 RC 电路的瞬态分析

### 一、实验目的

1. 理解并掌握一阶 RC 电路零状态响应、零输入响应、全响应的原理和特点。
2. 体会时间常数 $\tau$ 对瞬态过程的影响。
3. 掌握微分电路和积分电路的作用和特点。

## 二、实验设备

1. 电工电子综合实验台。
2. 双踪数字示波器。
3. 函数信号发生器。
4. 电阻元件、电容元件、十进制电阻箱。
5. 稳压电源。
6. 数字式万用表。
7. 课外实践套件、PC（装有片上仪器上位机软件）。（可选）
8. PC（装有 Multisim 仿真软件）。（可选）

## 三、实验原理

**1. 一阶 RC 电路的响应**

图 5.7-1 为带有切换开关的一阶 RC 电路。开关 S 处于位置 1，且电路初始状态稳定。若在 $t = 0$ 时刻，开关 S 从位置 1 切换到位置 2，则电容 C 通过电阻 R 放电，$u_C(0^+) = u_C(0^-) = U_S$，且有

$$u_C(t) = U_S e^{-\frac{t}{\tau}} \quad (t \geqslant 0, \tau = RC)$$

这种仅靠储能元件释放能量而不是由外部输入产生的响应称为零输入响应。$u_C(t)$ 的波形如图 5.7-2 所示。其中 $u_C(\tau) \approx 0.368 U_S$，即 $u_C$ 从初始值 $U_S$ 下降到 $0.368 U_S$ 所需的时间为电路的时间常数 $\tau$。

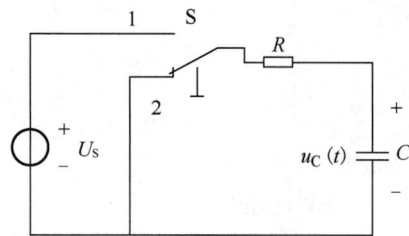

图 5.7-1 带有切换开关的一阶 RC 电路

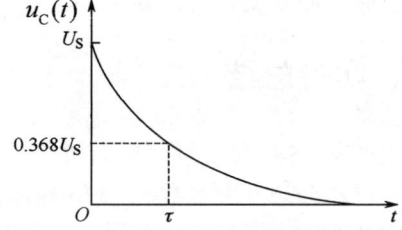

图 5.7-2 一阶 RC 电路零输入响应

图 5.7-1 电路中开关 S 处于位置 2，且初始状态稳定。若在 $t = 0$ 时刻，开关 S 从位置 2 切换到位置 1，则电源通过电阻 R 向电容 C 充电，$u_C(0^+) = u_C(0^-) = 0$，$u_C$ 随时间变化的规律为

$$u_C(t) = U_S(1 - e^{-\frac{t}{\tau}}) \quad (t \geqslant 0, \tau = RC)$$

这种储能元件无初始能量而仅由外部输入产生的响应称为零状态响应。$u_C(t)$ 的波形如图 5.7-3 所示。其中 $u_C(\tau) \approx 0.632 U_S$，即 $u_C$ 从初始值 0 上升到 $0.632 U_S$ 所需的时间为电路的时间常数 $\tau$。

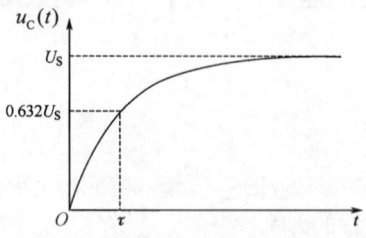

图 5.7-3 一阶 RC 电路零状态响应

若当 $t=0$ 开关 S 从位置 2 切换到位置 1 时，$u_C(0^+) \neq 0$，则 $u_C(t)$ 的变化规律采用三要素法计算

$$u_C(t) = U_S + \left[u_C(0^+) - U_S\right] e^{-\frac{t}{\tau}}$$

此时响应为全响应。

**2．一阶 RC 电路的方波响应**

图 5.7-1 电路可以按照图 5.7-4 电路来实现，其中激励电压 $u_S$ 为单极性方波信号，设方波的周期为 $T$，脉宽为 $t_w$。

（1）当 $t_w \gg \tau$ 时

在一个脉宽 $t_w$ 内，激励 $u_S(t) = U$，对电容 C 进行充电，电容的过渡过程很快结束，则有

$$u_C(t) \approx u_S(t)$$

于是

$$u_R(t) = RC\frac{du_C(t)}{dt} \approx RC\frac{du_S(t)}{dt}$$

设电路的输出为 $u_R(t)$，其与输入电压 $u_S(t)$ 的微分成比例，此时的电路称为微分电路。电阻电压 $u_R(t)$ 的波形为尖脉冲波，如图 5.7-5 所示。因此，微分电路可以将输入单极性方波变换为双极性尖脉冲波。

显然，在一个周期内（以 $0 \sim t_2$ 的一个周期为例），当 $0 \leq t < t_1$ 时，$u_C(t)$ 为零状态响应；当 $t_1 \leq t < t_2$ 时，$u_C(t)$ 为零输入响应。

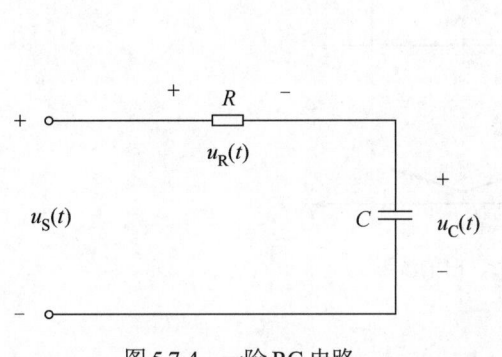

图 5.7-4　一阶 RC 电路

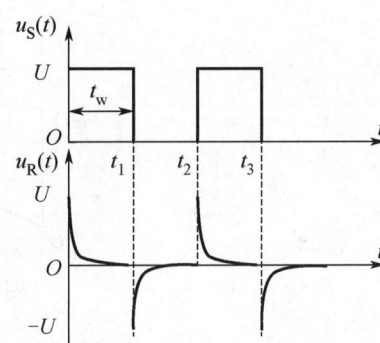

图 5.7-5　$t_w \gg \tau$ 时的波形

若在图 5.7-5 中，令 $t_1 \to \infty$，即将方波脉冲信号转化为阶跃信号，则此时 $u_C(t)$ 可定义为电路在阶跃信号 $U \cdot 1(t)$ 激励下的零状态响应，简称阶跃响应。因为线性电路中阶跃响应的微分是冲激响应，故此时的 $u_R(t)$ 可定义为电路在冲激 $U \cdot \delta(t)$ 激励下的冲激响应。

（2）当 $t_w \ll \tau$ 时

设方波在 $t=0$ 时施加在电路中，$u_C(0)=0$，在第一个脉宽 $t_w$ 内（$0 \leq t < t_1$），电容的充电过程很缓慢，在电路充电还没有达到稳态值时脉冲已经结束，如图 5.7-6 所示。因此

$$u_R(t) \approx u_S(t)$$

则

$$\frac{u_S(t)}{R} \approx \frac{u_R(t)}{R} = C\frac{du_C(t)}{dt}$$

可求得

$$u_C(t) \approx \frac{1}{RC}\int_0^t u_S(t)\mathrm{d}t$$

设电路的输出为$u_C(t)$，其与输入电压$u_S(t)$的积分成比例，此时的电路称为积分电路。积分电路常用于将输入信号（如矩形脉冲激励）转换为变化缓慢的输出信号。

在图 5.7-6 中，当$t_1 \leqslant t < t_2$时，$u_C(t)$放电，当$t = t_2$时，$u_C(t_2) \neq 0$，随后$u_C(t)$充电，这样周而复始，最终达到平衡，即$u_C(t)$是周期为$T$（$T = 2t_w$）的充放电波形。可以证明，达到平衡时，一个周期内

$$u_{C\min} = \frac{Ue^{-\frac{T}{2\tau}}}{1+e^{-\frac{T}{2\tau}}}$$

$$u_{C\max} = \frac{U}{1+e^{-\frac{T}{2\tau}}}$$

当$\tau$越大时，$u_C(t)$的线性度越好。一般令$\tau = 10T$，则$u_C(t)$近似为三角波。因此在一定条件下，一阶 RC 电路可以将方波脉冲转化为三角波。

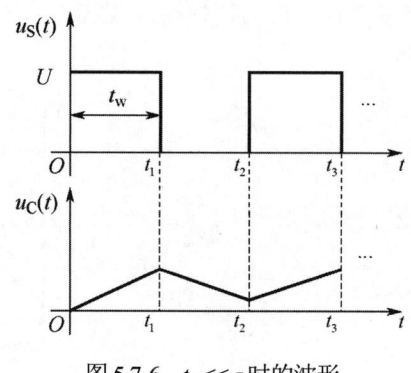

图 5.7-6　$t_w \ll \tau$ 时的波形

## 四、预习要求

1. 何谓一阶 RC 电路的零状态响应、零输入响应、全响应？图 5.7-1 电路中，如何通过开关切换得到全响应曲线。

2. 针对图 5.7-1 电路，如何在示波器上测量电路的时间常数$\tau$？

3. 何谓积分电路、微分电路？它们必须满足的电路条件是什么？

4. 如果让函数信号发生器输出一个$U_{PP} = 5\text{V}$、$f = 3\text{kHz}$的单极性方波，如何设置函数发生器参数？

5. 为在示波器中同时显示图 5.7-4 电路中$u_S(t)$和$u_R(t)$的波形，将 R 和 C 互换位置，试画出函数信号发生器以及示波器和电路的接线图，并说明原因。

6. 图 5.7-7 为可近似同时测量阶跃响应和冲激响应的电路，试分析原理。

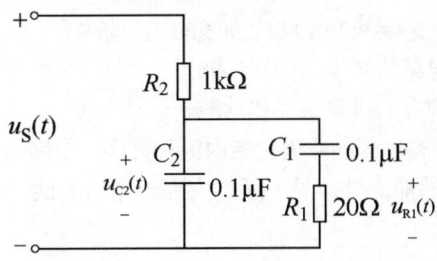

图 5.7-7　同时测量阶跃响应和冲激响应

## 五、实验内容

1. 实验电路如图 5.7-1 所示，$U_S = 5V$，取 $R = 1k\Omega$、$C = 1000\mu F$，观察并记录一阶 RC 电路 $u_C(t)$ 的零输入响应、零状态响应和全响应曲线，测出电路的时间常数 $\tau$。

2. 实验电路如图 5.7-4 所示。

（1）输入信号 $u_S(t)$ 为 $U_{PP} = 5V$、频率为 100Hz 的单极性方波，取 $R = 1k\Omega$、$C = 0.1\mu F$，示波器同时观察并记录 $u_S(t)$ 和 $u_R(t)$ 的波形。

（2）改变方波频率为 1kHz 和 10kHz，重复（1），体会微分电路的实现条件。

3. 实验电路如图 5.7-4 所示。

（1）输入信号 $u_S(t)$ 为 $U_{PP} = 5V$、频率为 3kHz 的单极性方波，取 $R = 20k\Omega$、$C = 0.1\mu F$，同时观察并记录 $u_S(t)$ 和 $u_C(t)$ 的波形。

（2）改变电阻阻值为 $R = 10k\Omega$ 和 $R = 1k\Omega$，重复（1），体会积分电路的实现条件。

4. 实验电路如图 5.7-7 所示。取 $u_S(t)$ 为频率为 200Hz，$U_{PP} = 5V$ 的单极性方波，同时观察并记录 $u_{C2}(t)$ 和 $u_{R1}(t)$ 的波形，体会阶跃响应和冲激响应的实现条件。

## 六、课外实践

1. 阅读"实验原理"和"实验内容"。完成"预习要求"。
2. 复习 2.10.2 节中"电源"、"波形发生器"、"示波器"内容。
3. 在便携式实验箱上完成"实验内容" 2。方波信号由片上仪器的波形发生器提供，信号源部分参数设置为：Type = Square、Amplitude = 2.5V、Offset = 2.5V。示波器由片上仪器提供，AI1+接 $u_S(t)$的+，AI1-接 $u_S(t)$的-；AI2+接 $u_R(t)$的+，AI2-接 $u_R(t)$的-。

用 Multisim 仿真完成"实验内容" 2。

4. 在便携式实验箱上完成"实验内容" 3。方波信号由片上仪器的波形发生器提供，信号源部分参数设置为：Type = Square、Amplitude = 2.5V、Offset = 2.5V。示波器由片上仪器提供。AI1+接 $u_S(t)$的+，AI1-接 $u_S(t)$的-；AI2+接 $u_C(t)$的+，AI2-接 $u_C(t)$的-。

用 Multisim 仿真完成"实验内容" 3。

5. 在便携式实验箱上完成"实验内容" 4，其中 $R_1$ 由便携式实验箱上 $1k\Omega$ 可调电阻得到。
6. 完成"实验总结" 1、2、3、4。

## 七、实验总结

1. 根据实验结果，绘出各个波形图。

2. 总结零输入响应、零状态响应和全响应曲线的实现条件。
3. 总结积分电路、微分电路的实现条件和功能。
4. 总结阶跃响应、冲激响应的实现条件和功能。
5. 思政融入：引起电路瞬态过程的原因包括内因和外因，电路结构的变化、电路参数的变化是外因，内因是电路中必须包含储能元件。外因通过内因起作用。试讨论如何通过改变自身的行为和方式实现个人的学习目标。

## 5.8　基础实验 8　晶体管共射放大电路

### 一、实验目的

1．掌握晶体管共射放大电路静态工作点的调整及测量方法，了解元件参数对静态工作点的影响。
2．掌握晶体管共射放大电路电压放大倍数、输入电阻、输出电阻等动态指标的测量方法。
3．熟悉双踪数字示波器和函数信号发生器的使用。

### 二、实验设备

1．模拟电子技术实验箱。
2．双踪数字示波器。
3．函数信号发生器。
4．数字式万用表。
5．课外实践套件、PC（装有片上仪器上位机软件）。（可选）
6．PC（装有 Multisim 仿真软件）。（可选）

### 三、实验原理

图 5.8-1 为晶体管共射放大实验电路。直流电源 $U_{CC}$ 为晶体管提供放大所需的能量。$u_S$ 是函数信号发生器提供的正弦交流信号，为整个电路的输入信号；$u_i$ 为晶体管共射放大电路部分的输入，$u_o$ 为电路的输出。开关 $S_2$ 合上时，电路接入负载 $R_L = 2\text{k}\Omega$；$S_2$ 断开时，电路空载。电路通过调节基极偏置电阻 $R_P$ 改变晶体管基极电流 $I_B$ 的大小，从而改变集电极电流 $I_C$ 的大小，达到调整静态工作点的目的。静态工作点的选择原则是在保证输出波形不产生非线性失真的前提下，使放大电路有比较大的增益。另外，为测出放大电路的输入电阻 $r_i$，在输入端接入了 $R_S$ 值电阻。图 5.8-1 中的 $R_{e2}$ 值电阻可以提升输入电阻，实验中不用时应使开关 $S_1$ 处于闭合状态（本实验 $S_1$ 保持闭合状态），图 5.8-2 是输入电阻和输出电阻的测量原理图。

**1. 静态工作点的测量方法**

（1）直接测量法

实验电路如图 5.8-1 所示，$U_{CC} = 12\text{V}$。在 $u_S = 0$ 时，用数字式万用表的直流电压挡测量晶体管 C、E 之间的电压 $U_{CE}$，用微安表测量基极电流 $I_B$，毫安表测量集电极电流 $I_C$。

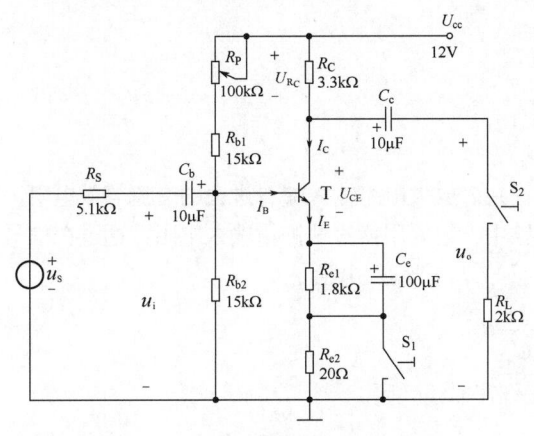
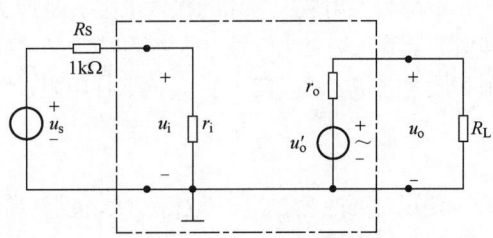

图 5.8-1　晶体管共射放大实验电路　　　　　图 5.8-2　输入、输出电阻测量原理图

（2）间接测量法

用数字式万用表的直流电压挡测量晶体管集电极电压 $U_C$ 和发射极电压 $U_E$，再利用公式 $U_C = U_{CC} - R_C I_C$ 计算出 $I_C$，利用公式 $U_{CE} = U_C - U_E$ 计算 $U_{CE}$。

在放大电路中，静态工作点的设置将直接影响电路是否能正常工作。在静态工作点电流 $I_C$ 过小时（比如图 5.8-3 所示静态工作点在 $Q''$ 点，此时 $U_{CE}$ 靠近 $U_{CC}$），随输入信号幅度的增大，将首先出现截止失真（输出波形 $u_o$ 正半周失真）；在静态工作点电流 $I_C$ 过大时（比如图 5.8-3 所示静态工作点在 $Q'$ 点，此时 $U_{CE}$ 靠近 0V），随输入信号幅度的增大，将首先出现饱和失真（输出波形 $u_o$ 负半周失真）。因此，在一定输入信号幅度下，为避免输出波形失真，设置静态工作点电流 $I_C$ 的大小要合适。当输入信号幅度过大时，即使是合适的静态工作点电流，也会使输出波形 $u_o$ 同时出现截止失真和饱和失真。

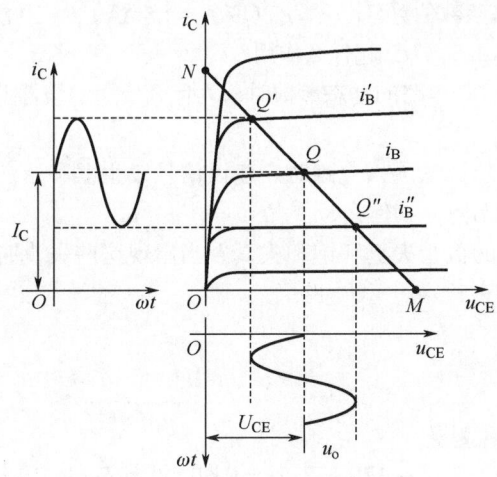

图 5.8-3　输出电路的图解

静态工作点设置合理时（比如图 5.8-3 所示静态工作点在 $Q$ 点附近时），输出信号 $u_o$ 可以获得最大不失真的输出电压。

**2．放大电路动态指标及测量**

（1）电压放大倍数 $A_u$

在静态工作点合适及输出电压 $u_o$ 不失真的情况下，测得晶体管共射放大电路输入电压 $u_i$ 的有效

值 $U_i$ 和输出电压 $u_o$ 的有效值 $U_o$，则电压放大倍数

$$A_u = \frac{U_o}{U_i}$$

（2）输入电阻 $r_i$

晶体管共射放大电路的输入电阻 $r_i$ 是指从晶体管共射放大电路输入端看进去的交流等效电阻，其值等于输入端交流信号电压 $U_i$ 和电流 $I_i$ 之比。实验中一般采用换算法测量输入电阻，通过在信号源和放大电路之间串接一个 $R_S$ 值取样电阻，测出 $U_S$ 和 $U_i$，则输入电阻

$$r_i = \frac{U_i}{U_S - U_i} R_S$$

测试时要注意 $U_S$ 不应取得太大，以免晶体管工作在非线性区。

（3）输出电阻 $r_o$

输出电阻 $r_o$ 是指将输入信号源短路，从输出端向电路看进去的交流等效电阻。输出电阻的大小反映了电路的带负载能力，$r_o$ 越小，带负载能力越强。

实验中一般也采用换算法测量 $r_o$。测量时，若信号源提供一个频率等于 1kHz、幅度保持恒定的正弦信号 $u_S$，用示波器监视放大电路输入波形 $u_i$ 和输出波形 $u_o$。在输入、输出波形不失真的前提下，测得放大电路在空载和接入负载电阻 $R_L$ 两种情况下的输出电压 $U'_o$ 和 $U_o$，则输出电阻

$$r_o = \left(\frac{U'_o}{U_o} - 1\right) R_L$$

## 四、预习要求

1. 学习晶体管共射放大电路的理论内容，理解放大电路的工作原理。
2. 根据图 5.8-1 的电路参数估算 $A_u$、$r_i$、$r_o$（取 $I_C = 1.5\text{mA}$，$\beta = 100$）。
3. 试分析电路中的 $R_{e2}$、$R_{b1}$、$C_b$ 起什么作用？
4. 在测试晶体管共射放大电路的动态参数时，为什么要用示波器监视输出波形 $u_o$，保证输出波形 $u_o$ 不失真？
5. 函数信号发生器和示波器连入电路时，建议信号发生器和示波器的探头屏蔽线直接连到电路的信号输入节点和测量节点，为什么？
6. 如何判断放大电路的截止失真和饱和失真？当出现这些失真时应如何调整静态工作点和输入信号幅度来尽可能消除它？

## 五、实验内容

### 1. 静态工作点的调整和测量

实验电路如图 5.8-1 所示，$U_{CC} = 12\text{V}$。在 $u_S = 0$ 时，调节 $R_P$，使放大电路的静态工作点满足 $I_C = 1.5\text{mA}$。测量 $I_C$ 时，采用间接测量法，用万用表监控 $U_{R_C} = I_C R_C$。万用表测量晶体管 T 的集电极电压 $U_C$、基极电压 $U_B$ 和发射极电压 $U_E$，将数据记入表 5.8-1。

表 5.8-1 静态工作点的测量

| 给定值 | 测量值 | | | 计算值 |
|---|---|---|---|---|
| $I_C$ / mA | $U_C$ / V | $U_B$ / V | $U_E$ / V | $U_{CE}$ / V |
| 1.5 | | | | |

## 2. 电压放大倍数 $A_u$、输入电阻 $r_i$、输出电阻 $r_o$ 的测量

函数信号发生器输出 $u_S$ 为频率等于 1kHz 的正弦波信号，调节 $u_S$ 的幅度，使 $U_i$ = 10mV（有效值）。在输入 $u_i$、输出 $u_o$ 波形不失真的情况下，用示波器测量记录空载时的 $U_S$、$U'_o$ 和接入负载 $R_L$ 时的 $U_S$、$U_o$。数据记录到表 5.8-2。

表 5.8-2 电压放大倍数、输入电阻、输出电阻的测量

| $R_L$/kΩ | $R_S$/kΩ | $U_S$/mV | $U_i$/mV | $U'_o$/V | $U_o$/V | $A_u$（计算） | $r_i$（计算） | $r_o$（计算） |
|---|---|---|---|---|---|---|---|---|
| ∞ | 5.1 |  | 10 |  | / |  |  |  |
| 2 |  |  |  | / |  |  |  |  |

## 3. 静态工作点对放大电路波形失真的影响

保持电路为空载状态。在 $u_S$ = 0 时，调节 $R_P$，使 $I_C$ 的值过大或过小，用万用表测量 $U_C$、$U_E$、$U_{CE}$，计算 $I_C$。分别在 $I_C$ 的值过大、过小两种状态下，函数信号发生器输出 $u_S$ 为频率等于 1kHz 的正弦波信号，逐渐增大输入信号幅度，使电路输出波形 $u_o$ 的底部或顶部出现明显失真。用示波器监视放大电路的输入波形 $u_i$ 和输出波形 $u_o$，测得 $u_i$ 的有效值 $U_i$。在表 5.8-3 中记录数据并判断波形的失真情况（饱和失真或截止失真）。

表 5.8-3 静态工作点对放大电路波形失真的影响

| $I_C$/mA（计算） | $U_C$/V | $U_E$/V | $U_{CE}$/V | $U_i$/mV | $u_o$ 波形 | 失真情况 |
|---|---|---|---|---|---|---|
|  |  |  |  |  |  |  |
|  |  |  |  |  |  |  |

## 4. 放大电路电压传输特性曲线的测量

保持电路为空载状态。调节 $R_P$，使放大电路的静态工作点满足 $I_C$ = 1.5mA。函数信号发生器输出 $u_S$ 为频率等于 1kHz 的正弦波信号。用示波器同时观察整个电路的输入 $u_S$ 和输出 $u_o$ 的波形，调节 $u_S$ 的幅度，使得 $u_o$ 同时出现饱和失真和截止失真。采用示波器 XY 显示模式观察整个电路的电压传输特性曲线，并记录。

## 六、课外实践

1. 阅读"实验原理"和"实验内容"。完成"预习要求"。
2. 复习 2.10.2 节中"电源""波形发生器""示波器"和 2.10.3 中"晶体管共射放大电路"内容。
3. 利用 Multisim 对图 5.8-1 电路进行仿真（取 $\beta$=100），求静态工作点参数以及 $A_u$、$r_i$、$r_o$，将仿真数据和理论计算数据进行比较。
4. 阅读 2.10.3 节中"晶体管共射放大电路"内容。
5.（1）静态工作点设置：图 5.8-4 为便携式实验箱晶体管共射放大电路，接入+12V 电源和地 G。用万用表直流电压挡测量 $R_C$ 两端电压 $U_{R_C}$，调节 $R_P$，使得 $U_{R_C}$ = 4V（即设置 $I_C$ = 4mA）。用万用表测量晶体管电位 $U_C$、$U_B$、$U_E$，记入表 5.8-4。

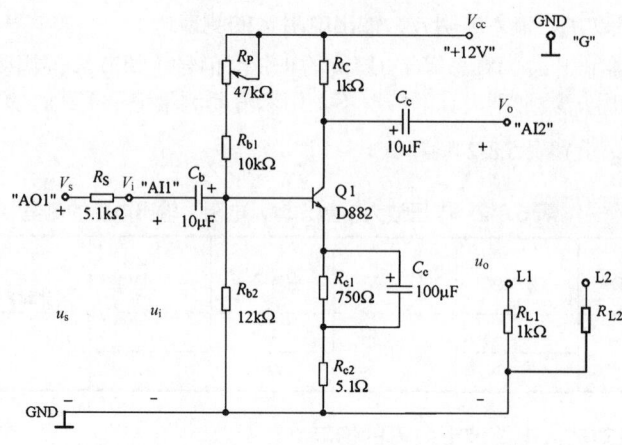

图 5.8-4 实验电路

表 5.8-4 静态工作点的测量

| 给定值 | 测量值 | | | 计算值 |
|---|---|---|---|---|
| $I_C$/mA | $U_C$/V | $U_B$/V | $U_E$/V | $U_{CE}$/V |
| 4 | | | | |

(2) 电压放大倍数 $A_u$、输入电阻 $r_i$、输出电阻 $r_o$ 的测量：按图 5.8-4 所示电路，实验板与片上仪器相应端子连接。通过片上仪器的信号源输出端子 AO1，把 1kHz、100mV 振幅的正弦波送入电路，用片上仪器的示波器功能显示 $V_i$ 和 $V_o$ 波形（适当调大示波器 Average 参数，减少显示波形的毛刺）并记录。用示波器的标尺功能测量记录空载时的电压峰-峰值 $U_{S(pp)}$、$U_{i(pp)}$、$U'_{o(pp)}$ 和接入负载 $R_{L1}=1\text{k}\Omega$ 时的 $U_{S(pp)}$、$U_{i(pp)}$、$U_{o(pp)}$。数据记入表 5.8-5。

表 5.8-5 电压放大倍数、输入电阻、输出电阻的测量

| $R_L$/k$\Omega$ | $R_S$/k$\Omega$ | $U_{S(pp)}$/mV | $U_{i(pp)}$/mV | $U'_{o(pp)}$/V | $U_{o(pp)}$/V | $A_u$（计算） | $r_i$（计算） | $r_o$（计算） |
|---|---|---|---|---|---|---|---|---|
| ∞ | 5.1 | | | | / | | | |
| 1 | | | | / | | | | |

(3) 静态工作点对放大电路波形失真的影响：通过片上仪器的信号源输出端子 AO1，把 1kHz、120mV 振幅的正弦波送入电路，在 $R_{L1}=1\text{k}\Omega$ 情况下，调节 $R_P$，用示波器监视输入波形 $u_i$ 和输出波形 $u_o$，使输出波形出现明显失真，记录输出波形，并说明是截止失真还是饱和失真。

4. 完成"实验总结"1、2。

## 七、实验总结

1. 整理实验数据，将测量值、仿真值和理论估算值进行比较，分析差异原因。
2. 总结静态工作点对放大电路性能的影响。
3. 思政融入：通过对单管电压放大电路中三极管处于放大状态的条件分析，了解电路静态工作

点设置的意义，体会"岁月静好"背后的负重前行者，理解为了社会的安宁，祖国的进步，少不了背后默默付出者的努力。

## 5.9 基础实验 9 放大电路静态工作点稳定性研究

### 一、实验目的

1. 了解静态工作点不稳定的原因。
2. 理解静态工作点不稳定对放大电路的影响。
3. 理解静态工作点稳定对放大电路的作用。
4. 掌握静态工作点稳定的各种方法。
5. 比较各种稳定静态工作点电路的性能。

### 二、实验设备

1. 函数信号发生器。
2. 双踪数字示波器。
3. 数字式万用表。
4. 直流电源。
5. 实验板、温度显示模块。
6. PC（装有 Multisim 仿真软件）。（可选）

### 三、实验原理

根据 NPN 型晶体管共射极放大电路的输入特性曲线和偏置线，输出特性曲线和负载线，可以得到图 5.9-1 所示的曲线。

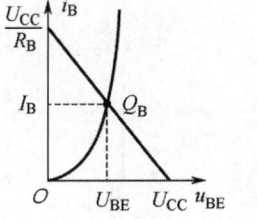 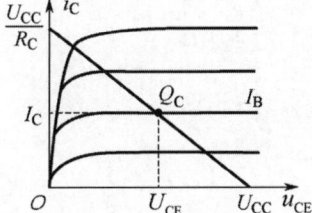

图 5.9-1 静态工作情况的图解分析

根据图 5.9-1 所示，当 $R_B$、$U_{CC}$ 或 $R_C$ 变化时，$Q_B$ 和 $Q_C$ 的位置都会发生变化，即 $I_B$、$I_C$、$U_{BE}$、$U_{CE}$ 都要变化。晶体管在工作时，电源电压、电路参数、外界温度、管子老化等因素都会使静态工作点发生变化。在影响晶体管静态工作点稳定性的因素中，温度因素最为重要。温度升高时，$U_{BE}$ 是减小的，一般温度每升高 1℃，$U_{BE}$ 下降 2mV～2.5mV（如图 5.9-2 所示）。温度每升高约 1℃，$\beta$ 要增加 0.5%～1%。当温度升高时，晶体管的反向饱和电流 $I_{CBO}$ 将急剧增加，温度每升高 10℃，$I_{CBO}$

大致增加一倍。

静态工作点随温度变化的现象称为静态工作点的漂移。$U_{BE}$ 具有负的温度特性，$\beta$ 和 $I_{CBO}$ 具有正的温度特性。当温度升高时，它们都会导致集电极静态工作点电流 $I_C$ 增大。

保持晶体管的工作温度不变是解决静态工作点稳定的方法之一，此方法仅适合特殊场合，一般不采用这种解决方法。如图 5.9-3 所示，当温度升高时，输入特性曲线的静态工作点将从 A 点左移到 B 点，假如能找到一种在温度升高时能使静态工作点从 B 点自动下降到 C 点的方法，那么输出特性曲线的静态工作点就能保持相对的稳定，达到晶体管工作状态的稳定。负反馈法和参数补偿法可以实现此功能。

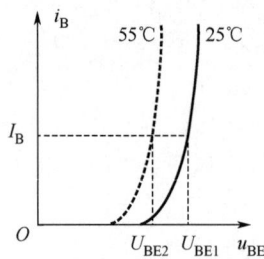

图 5.9-2　温度对输入特性曲线的影响　　　图 5.9-3　工作点不稳定的解决方法

**1. 静态工作点的固定偏置电路**

如图 5.9-4 所示，电路结构简单，在 $U_{CC}$、$R_c$、$R_b$ 确定后，该电路的静态工作点 $Q$ 位置就已确定，但该电路的静态工作点 $Q$ 易受到外部因素的影响产生变动。

**2. 稳定静态工作点的电路**

（1）分压式偏置稳定电路

如图 5.9-5 所示，分压式偏置稳定电路的基极对地的电位 $U_B$ 基本稳定，发射极回路串接一个电阻 $R_e$。当 $I_C$ 随温度升高而变大时，$I_E$ 也会变大，则 $U_E$ 将升高。由于 $U_B$ 基本不变，就会使 $U_{BE}$ 比原来减小，于是 $I_B$ 也会比原来减小，则 $I_C$ 要相应地减小一些。结果，$I_C$ 随温度升高而增加的部分将被 $I_B$ 的减小所引起的减小部分抵消，从而使 $I_C$ 近似维持恒定。

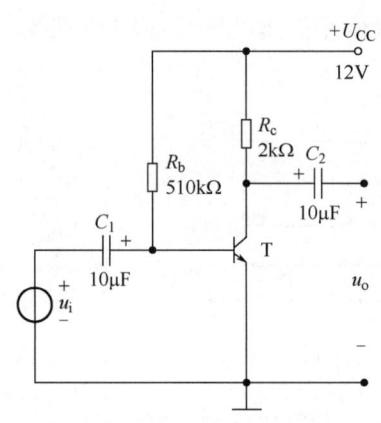 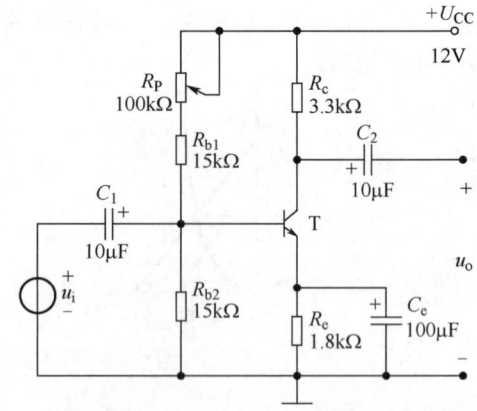

图 5.9-4　固定偏置电路　　　　　　　图 5.9-5　分压式偏置稳定电路

（2）共集电极稳定电路

如图 5.9-6 所示，共集电极稳定电路的发射极回路串接了一个电阻 $R_e$。整个电路中，只有晶体管是温度敏感的器件，当 $I_C$ 随温度升高而变大时，由于电阻 $R_e$ 的存在，使 $U_E$ 的值随之增大，从而

减小 $U_{BE}$ 的值，使 $I_C$ 相应地减小一些，从而使 $I_C$ 近似维持恒定。

（3）二极管补偿电路

如图 5.9-7 所示，在基极电路上串接了一个二极管，其极性接法正好与晶体管的 b-e 结相反。当二极管的材料、型号以及温度特性皆与晶体管的 b-e 结完全相同时，$I_C$ 基本保持不变。这种补偿电路特别适用于温度变化对 $U_{BE}$ 起主要影响作用的场合。

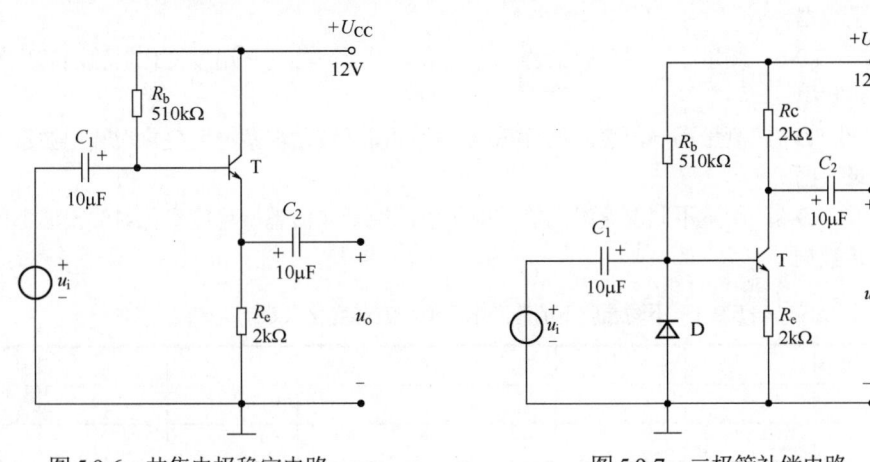

图 5.9-6　共集电极稳定电路　　　　图 5.9-7　二极管补偿电路

（4）电压负反馈稳定电路

如图 5.9-8 所示，基极电阻不直接接到电源，而是接到集电极上。当温度升高使 $I_C$ 增大时，$U_C$ 会减小，$I_B$ 也会随之减小，使 $I_C$ 的增加受到制约，从而使静态工作点得到稳定。

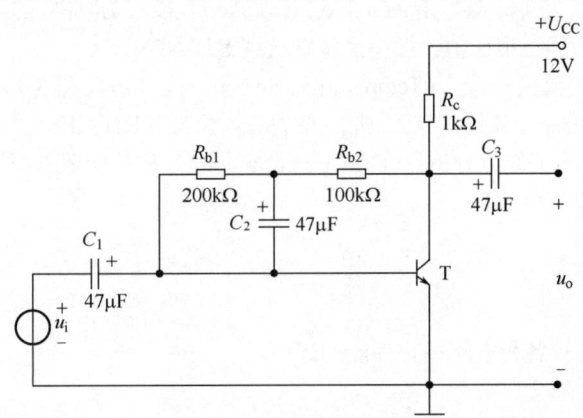

图 5.9-8　电压负反馈稳定电路

## 四、预习要求

1. 查找相关资料，了解影响静态工作点不稳定的原因。
2. 分压式偏置稳定电路和共集电极稳定电路是什么负反馈？它们的输出量是什么？反馈量是什么？
3. 电压负反馈稳定电路的输出量是什么？反馈量是什么？
4. 掌握各种使静态工作点稳定的方法。

## 五、实验内容

1. 根据图 5.9-4，测量不同温度时的静态电压值。用示波器观察温度变化对输出波形的影响。按表5.9.1 记录数据。

2. 根据图 5.9-5，测量不同温度时的静态电压值。用示波器观察温度变化对输出波形的影响。按表5.9.1 记录数据。

3. 根据图 5.9-6，测量不同温度时的静态电压值。用示波器观察温度变化对输出波形的影响。按表5.9.1 记录数据。

4. 根据图 5.9-7，测量不同温度时的静态电压值。用示波器观察温度变化对输出波形的影响。按表5.9.1 记录数据。

5. 根据图 5.9-8，测量不同温度时的静态电压值。用示波器观察温度变化对输出波形的影响。按表5.9-1 记录数据。

表5.9-1 不同温度下的静态电压值和波形变化（$U_{CC}=$　　　）

| 温度（℃） | | | | | | | |
|---|---|---|---|---|---|---|---|
| $U_C$ 或 $U_E$ 的值 | | | | | | | |
| $u_o$ 的波形 | | | | | | | |

## 六、课外实践

1. 阅读"实验原理"和"实验内容"。完成"预习要求"。

2. 用 Multisim 的"交互仿真"（Interactive Simulation）模式仿真图 5.9-4、图 5.9-5、图 5.9-6、图 5.9-7、图 5.9-8 电路的静态电压值。图中晶体管选用 BJT-NPN。

3. 用 Multisim 的"温度扫描"（Temperature Sweep）模式仿真图 5.9-4、图 5.9-5、图 5.9-6、图 5.9-7、图 5.9-8 电路的静态电压值和放大倍数。图中晶体管选用 BJT-NPN。"待扫描的分析"（Analysis to sweep）选项采用"直流工作点分析"（DC Operating Point）和"交流分析"（AC Sweep）方法。

4. 完成"实验总结"3。

## 七、实验总结

1. 整理实验数据比较各种电路稳定性能的好坏。
2. 总结实验心得与体会。
3. 思政融入：在分压式偏置电路分析中，求基极电压时，为简化运算，可忽略基极电流的影响。试以此为例，学习通过抓住主要矛盾简化电路分析的方法，体会将矛盾论的辩证法原则应用于工程实践的重要意义。

# 5.10　基础实验 10　门电路和组合逻辑电路

## 一、实验目的

1. 了解集成电路芯片的引脚排列及其使用方法。

2．掌握常用门电路的逻辑功能及其逻辑符号，并掌握测试方法。
3．分析并验证组合逻辑电路的功能。

## 二、实验设备

1．数字电子技术实验箱。
2．TTL 器件（74LS00、74LS04、74LS08、74LS20、74LS32、74LS86）。
3．双踪数字示波器。
4．课外实践套件、PC（装有片上仪器上位机软件）。（可选）
5．PC（装有 Multisim 仿真软件）。（可选）

## 三、实验原理

### 1．常用 TTL 集成门电路

门电路是数字电路的基本逻辑单元。在实际使用中，广泛使用的是集成门电路。集成门电路有双极型和 MOS 型，目前常用的是 TTL 和 CMOS 集成门电路。

TTL 集成门电路是晶体管-晶体管逻辑（Transistor-Transistor Logic）集成门电路的简称，具有工作速度快、带负载能力强、抗干扰性能好等优点，一直是数字系统普遍采用的器件之一。

TTL 集成门电路的工作电压为 $5\pm0.5\text{V}$，逻辑高电平 1 时电压 $\geqslant 2.4\text{V}$（即高电平的下限值，空载时一般为 3.6V 以上），逻辑低电平 0 时电压 $\leqslant 0.4\text{V}$（即低电平的上限值，空载时一般为 0.2V 以下）。

常用门电路按其逻辑可分为与门、或门、非门、异或门、与非门等，表 5.10-1 给出了相应的逻辑符号、表达式与对应的 TTL 集成门电路芯片型号。

表 5.10-1  常用门电路的逻辑符号与表达式

| 类  别 | | 逻辑符号 | 表 达 式 | TTL 集成门电路芯片型号 |
|---|---|---|---|---|
| 与 | | A、B — & — F | $F = A \cdot B$ | 74LS08 |
| 或 | | A、B — ≥1 — F | $F = A + B$ | 74LS32 |
| 非 | | A — 1 — F | $F = \overline{A}$ | 74LS04 |
| 异或 | | A、B — =1 — F | $F = A \oplus B$ | 74LS86 |
| 与非 | 2 输入 | A、B — & o— F | $F = \overline{A \cdot B}$ | 74LS00 |
| | 4 输入 | A、B、C、D — & o— F | $F = \overline{A \cdot B \cdot C \cdot D}$ | 74LS20 |
| 或非门 | | A、B — ≥1 o— F | $F = \overline{A + B}$ | 74LS02 |

## 2. 集成门电路芯片的封装与引脚

集成门电路芯片封装通常采用 DIP（Dual Inline-pin Package：双列直插式封装），DIP 芯片有两排引脚，图 5.10-1 给出了典型芯片的外观和引脚排列。

将芯片印有型号、商标等字样的一面对着读者，并将芯片上有缺口或凹圆标识的短边置于左侧，则下方左起第一个引脚即为编号为 1 的引脚，其余引脚按逆时针方向排序，编号值由小到大。

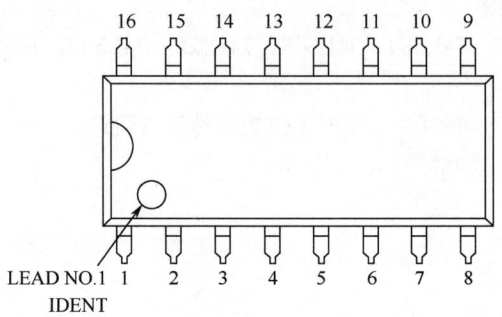

图 5.10-1　TTL 集成门电路芯片的外观与引脚排列

## 3. 常用 TTL 集成门电路的引脚图

常用 TTL 集成门电路的引脚图如图 5.10-2 所示。

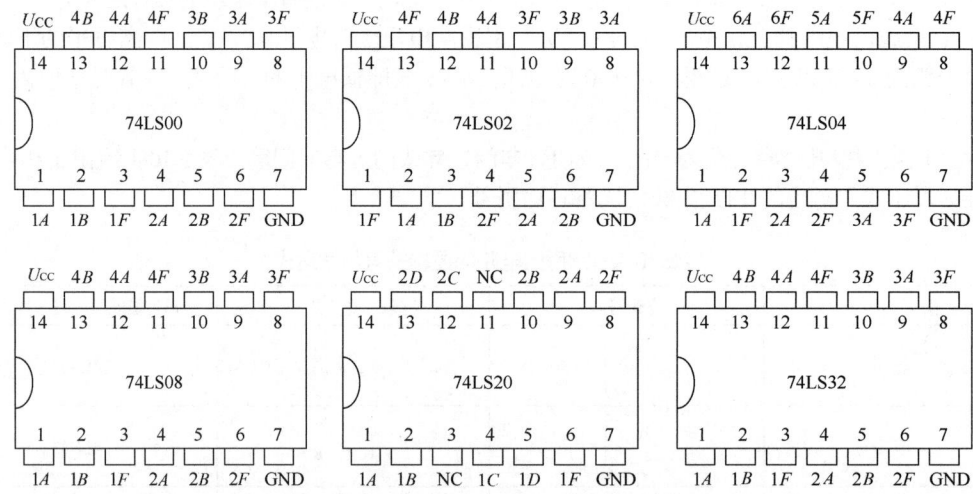

图 5.10-2　常用 TTL 集成门电路的引脚图

## 4. 组合逻辑电路

把门电路按一定规律加以组合，可以构成具有各种逻辑功能的逻辑电路，电路的输出状态只与当前的输入状态有关，与原输出状态无关。这类电路称为组合逻辑电路。

组合逻辑电路的分析是指在逻辑电路结构给定的情况下，通过分析，确定其逻辑功能。组合逻辑电路的设计是根据实际需要的逻辑功能，设计出最简单的逻辑电路。组合逻辑电路的分析和设计的基本方法和步骤，可用图 5.10-3 的流程图表示。

（1）表决器

表 5.10-2 是 3 人表决器的逻辑状态表。设 3 人各有一按钮，用变量 $A$、$B$、$C$ 表示，同意时按下按钮，变量取值为 1，不同意时不按按钮，变量取值为 0。$F$ 表示表决结果，$F=1$ 表示通过，$F=0$ 表示不通过。

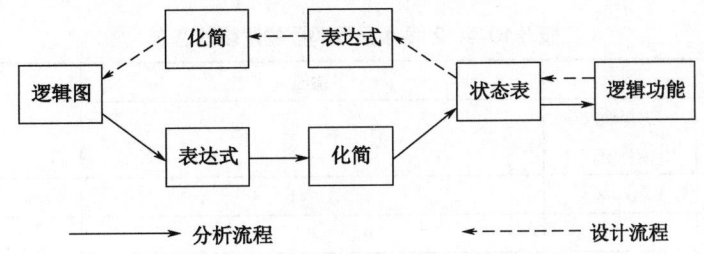

图 5.10-3　组合逻辑电路分析与设计流程图

表 5.10-2　3 人表决器的逻辑状态表

| A | B | C | F |
|---|---|---|---|
| 0 | 0 | 0 | 0 |
| 0 | 0 | 1 | 0 |
| 0 | 1 | 0 | 0 |
| 0 | 1 | 1 | 1 |
| 1 | 0 | 0 | 0 |
| 1 | 0 | 1 | 1 |
| 1 | 1 | 0 | 1 |
| 1 | 1 | 1 | 1 |

根据逻辑状态表写出逻辑表达式

$$F = \overline{A}BC + A\overline{B}C + AB\overline{C} + ABC$$

可化简为最简与非式为

$$F = \overline{\overline{AB} \cdot \overline{BC} \cdot \overline{AC}}$$

（2）半加器

表 5.10-3 是半加器的逻辑状态表。变量 $A$ 表示加数、变量 $B$ 表示被加数，$S$ 为和数，$C$ 为进位数。显然

$$S = A\overline{B} + \overline{A}B = A \oplus B$$
$$C = AB$$

表 5.10-3　半加器的逻辑状态表

| 加　数 | 被加数 | 和　数 | 进位数 |
|---|---|---|---|
| A | B | S | C |
| 0 | 0 | 0 | 0 |
| 0 | 1 | 1 | 0 |
| 1 | 0 | 1 | 0 |
| 1 | 1 | 0 | 1 |

（3）译码器

2 线-4 线译码器的逻辑状态表和逻辑图分别如表 5.10-4 和图 5.10-4 所示，其中 $\overline{ST}$ 为使能端，$A_0$ 和 $A_1$ 为选择输入端，$\overline{Y}_0$、$\overline{Y}_1$、$\overline{Y}_2$、$\overline{Y}_3$ 为输出端。当 $\overline{ST}=1$ 时，译码功能被禁止，当 $\overline{ST}=0$ 时，由输入端子 $A_0$ 和 $A_1$ 的电平组合来决定被选中的输出端子（输出低电平）。

表 5.10-4  2 线-4 线译码器的逻辑状态表

| 输入 | | 输出 | | | | 功能 |
|---|---|---|---|---|---|---|
| 使能 $\overline{ST}$ | 选择输入 $A_1\ A_0$ | $\overline{Y_0}$ | $\overline{Y_1}$ | $\overline{Y_2}$ | $\overline{Y_3}$ | |
| 1 | × × | 1 | 1 | 1 | 1 | 禁止译码 |
| 0 | 0  0 | 0 | 1 | 1 | 1 | 进行译码（输出低电平有效） |
| 0 | 0  1 | 1 | 0 | 1 | 1 | |
| 0 | 1  0 | 1 | 1 | 0 | 1 | |
| 0 | 1  1 | 1 | 1 | 1 | 0 | |

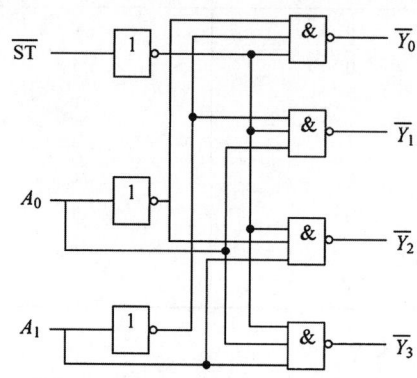

图 5.10-4  2 线-4 线译码器的逻辑图

（4）数据选择器

数据选择器是一种能在选择控制信号作用下，将多个输入端的数据选择其中 1 个送至输出端的组合逻辑电路。图 5.10-5 是 4 选 1 数据选择器的逻辑图，其中 $A_0$ 和 $A_1$ 是选择控制端，$D_0 \sim D_3$ 是 4 个数据输入端，$W$ 为输出端，该数据选择器的逻辑表达式为

$$W = D_0\overline{A_1}\,\overline{A_0} + D_1\overline{A_1}A_0 + D_2A_1\overline{A_0} + D_3A_1A_0$$

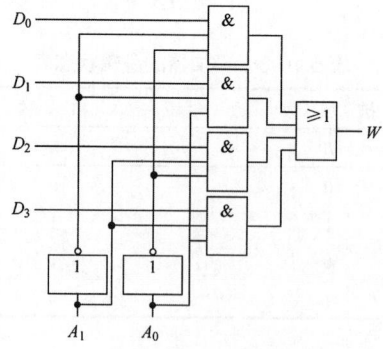

图 5.10-5  4 选 1 数据选择器的逻辑图

## 四、预习要求

1. 熟悉 74LS00、74LS20、74LS08、74LS32、74LS86 集成门电路的外引线排列和内部结构。
2. 查阅资料，画出 74LS86 异或门电路的外引线排列和内部结构。

3. 集成门电路中多余的输入引脚应如何处理？

4. 根据表决器的逻辑状态表和逻辑函数表达式，画出逻辑图。设计用 1 片 74LS00 和 1 片 74LS20 实现表决器的功能，在逻辑图上标出芯片引脚号。

5. 根据半加器的逻辑状态表和逻辑函数表达式，画出逻辑图。设计用 1 片 74LS86 和 1 片 74LS08 实现半加器的功能，在逻辑图上标出芯片引脚号。

6. 根据 2 线-4 线译码器的逻辑状态表和逻辑图，设计用 1 片 74LS04 和 2 片 74LS20 实现该功能，在逻辑图上标出芯片引脚号。

7. 根据 4 选 1 数据选择器的逻辑函数表达式和逻辑图，设计用 1 片 74LS04、3 片 74LS08 和 1 片 74LS32 实现该功能，在逻辑图上标出芯片引脚号。

## 五、实验内容

### 1. 测试与非门的逻辑功能

将 74LS00 二输入与非门的输出端接数字电子技术实验箱的状态显示发光二极管，与非门的输入端接逻辑电平开关，实验箱提供芯片所需的+5V 电源。观察与非门在不同输入电平组合下的逻辑功能，自拟表格记录。

### 2. 组合逻辑电路功能验证

（1）利用 1 片 74LS00 和 1 片 74LS20 实现表决器功能。数字电子技术实验箱提供芯片所需的+5V 电源，表决器的输入由实验箱的逻辑电平开关提供，表决器的输出接实验箱的电平指示。根据"预习要求"4 连接线路，模拟表决器在不同输入电平组合下的输出情况，自拟表格记录。

（2）利用 1 片 74LS86 和 1 片 74LS08 实现半加器功能。数字电子技术实验箱提供芯片所需的+5V 电源，半加器的输入由实验箱的逻辑电平开关提供，半加器的输出接实验箱的电平指示。根据"预习要求"5 连接线路，模拟半加器在不同输入电平组合下的输出情况，自拟表格记录。

（3）设计 1 片 74LS04 和 2 片 74LS20 实现 2 线-4 线译码器的功能。数字电子技术实验箱提供芯片所需的+5V 电源，译码器的输入和使能端信号由实验箱的逻辑电平开关提供，译码器的输出接实验箱的电平指示。根据"预习要求"6 连接线路，模拟译码器在不同使能电平控制和不同输入电平组合下的输出情况，自拟表格记录。

（4）设计由 1 片 74LS04、3 片 74LS08 和 1 片 74LS32 实现 4 选 1 数据选择器功能。数字电子技术实验箱提供芯片所需的+5V 电源，输入端信号由实验箱的逻辑电平开关提供，输出接实验箱的电平指示。根据"预习要求"7 连接线路，自拟表格记录结果。

## 六、课外实践

1. 阅读"实验原理"和"实验内容"。
2. 复习 2.10.2 节中"电源""数字量输入输出"和 2.10.3 节中"与非逻辑门电路"内容。
3. 完成"预习要求"。
4. 用 Multisim 软件仿真表决器、半加器、译码器和数据选择器电路。
5. 在便携式实验箱上放置芯片，实验箱提供芯片所需的+5V 电源，利用片上仪器数字输入输出端子提供电平的输出与读取。设计电平转换电路 [图 2.10-13（b）]，取 $R_1=1\text{k}\Omega$、$R_2=2\text{k}\Omega$。根据"预习要求"接线实现并验证表决器、半加器、译码器和数据选择器电路功能，自拟表格记录。
6. 完成"实验总结"1。

## 七、实验总结

1. 整理并分析实验结果，验证门电路和组合逻辑电路功能。
2. 思政融入：在组合逻辑电路中每个门电路都可以实现一个功能，只有所有功能加在一起，才能构成一套完整的逻辑。试通过该现象，思考如何正确看待个体与整体的辩证关系，如何充分发挥个人在创新团队中的作用，在提高团队凝聚力和综合性创新能力的同时实现个人能力的升华。

# 5.11 基础实验 11 触发器和时序逻辑电路

## 一、实验目的

1. 掌握触发器的基本逻辑功能。
2. 分析并验证时序逻辑电路功能。

## 二、实验设备

1. 数字电子技术实验箱。
2. TTL 器件（74LS00、74LS20、74LS74、74LS107、74LS175）。
3. 双踪数字示波器。
4. 课外实践套件、PC（装有片上仪器上位机软件）。（可选）
5. PC（装有 Multisim 仿真软件）。（可选）。

## 三、实验原理

### 1. 触发器

触发器是一种具有记忆功能的基本逻辑单元。触发器具有 0 和 1 两个稳定状态，在触发信号作用下，可以从原来一种稳定状态转换到另一种稳定状态。按逻辑功能的不同，触发器可分为 R-S 触发器、D 触发器、J-K 触发器和 T（T′）触发器等；按电路结构上的不同，可分为基本触发器、同步触发器、边沿触发器等。

### 2. 集成触发器芯片

图 5.11-1 所示是双 D 触发器 74LS74 的外引线排列图，在 CP 脉冲上升沿时触发翻转。触发器次态 $Q^{n+1}$ 取决于 CP 脉冲的上升沿到来之前 D 端的状态，即 $Q^{n+1} = D$。在 CP = 1 期间，D 端的状态变化不会影响触发器的输出状态。$\bar{R}_D$ 和 $\bar{S}_D$ 分别是直接置 0 端和直接置 1 端，可用来设置触发器的初始状态。当不需要直接置 0 和置 1 时，$\bar{R}_D$ 和 $\bar{S}_D$ 都应接高电平。

四 D 触发器 74LS175 外引线如图 5.11-2 所示，它具有上升沿触发的公共时钟端 CP 和低电平有效的公共置 0 端 $\bar{R}_D$。

图 5.11-3 所示为双 J-K 触发器 74LS107 的外引线排列图，CP 脉冲接至触发器的 CLK$_1$ 和 CLK$_2$，触发器在 CP 脉冲的下降沿触发翻转，触发器的次态取决于它的特性方程 $Q^{n+1} = J\bar{Q}^n + \bar{K}Q^n$，可见

它具有置 0、置 1、保持和翻转四种功能。$CLR_1$ 和 $CLR_2$ 分别为两个直接置 0 端，低电平有效。

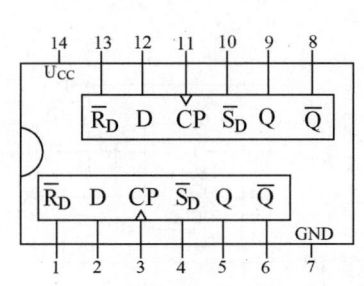 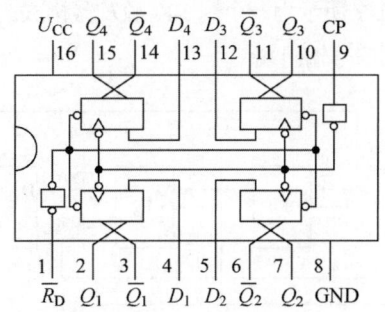

图 5.11-1　74LS74 的外引线排列图　　　　　图 5.11-2　74LS175 外引线图

可将 D 触发器和 J-K 触发器连接成 T′ 触发器，T′ 触发器的特性方程为 $Q^{n+1} = \bar{Q}^n$。74LS175 可实现如图 5.11-4 所示的 T′ 触发器；若使用 74LS74 芯片，则其 $\bar{S}_D$ 还需接高电平。74LS107 可实现图 5.11-5 所示的 T′ 触发器。

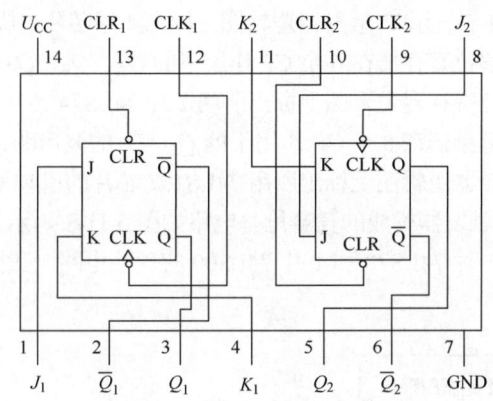

图 5.11-3　74LS107 的外引线排列图

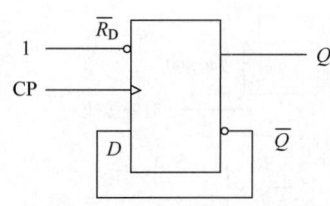 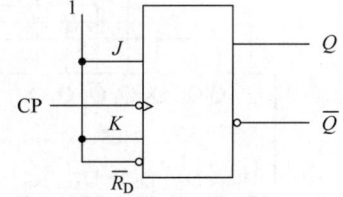

图 5.11-4　D 触发器组成的 T′ 触发器　　　　图 5.11-5　J-K 触发器组成的 T′ 触发器

### 3. 时序逻辑电路

（1）移位寄存器

一个由 D 触发器组成的能进行循环移位的 3 位移位寄存器如图 5.11-6 所示，工作时先在预置端加一个负脉冲，然后输入移位脉冲 CP。该移位寄存器的驱动方程为 $D_A = Q_C^n$、$D_B = Q_A^n$、$D_C = Q_B^n$，状态方程为 $Q_A^{n+1} = D_A = Q_C^n$、$Q_B^{n+1} = D_B = Q_A^n$、$Q_C^{n+1} = D_C = Q_B^n$。预置端的负脉冲使触发器的初始状态为 $Q_A = 1$、$Q_B = Q_C = 0$。

(2) 分频器

图 5.11-7 所示为一个用 J-K 触发器构成的分频电路，图中 CLR 为清零端，$Q_1$ 和 $Q_2$ 分别为二分频和四分频信号输出端。

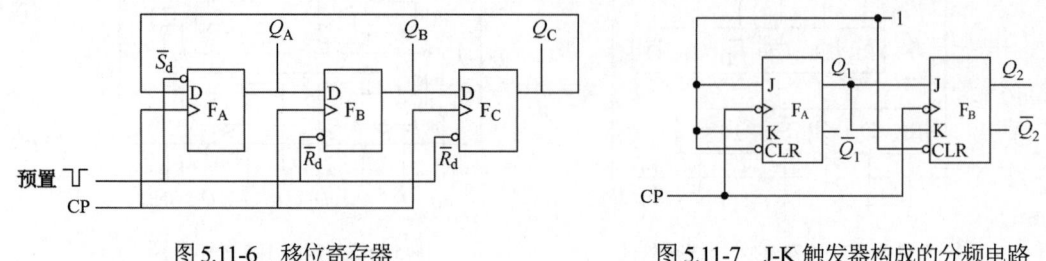

图 5.11-6　移位寄存器　　　　　　　图 5.11-7　J-K 触发器构成的分频电路

## 四、预习要求

1. 熟悉 74LS74、74LS175 集成电路的外引线排列和内部结构。
2. 在图 5.11-4、图 5.11-5 所示 T′触发器逻辑图上标出所用芯片引脚号。
3. 画出图 5.11-6 所示移位寄存器在 6 个 CP 作用下的 $Q_A$、$Q_B$、$Q_C$ 的波形图。
4. 在图 5.11-6 所示移位寄存器逻辑图上标出所用 2 片 74LS74 芯片的引脚号。
5. 画出图 5.11-7 所示分频器在 8 个 CP 作用下的 $Q_1$、$Q_2$ 的波形图。
6. 在图 5.11-7 所示分频器逻辑图上标出所用 74LS107 芯片的引脚号。
7. 一个由与非门和 D 触发器构成的竞赛抢答电路如图 5.11-8 所示，试阐述竞赛抢答电路的工作原理。用 1 片 74LS175，1 片 74LS20 和 1 片 74LS00 实现该电路，在图 5.11-8 上标出所用芯片的引脚号。

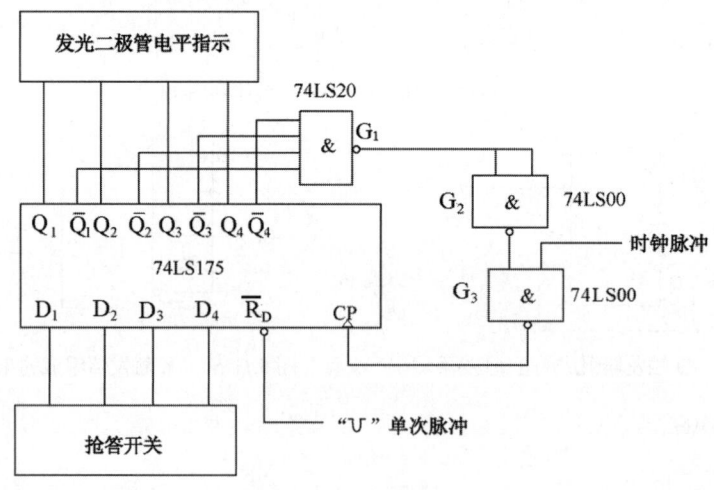

图 5.11-8　竞赛抢答电路

## 五、实验内容

### 1. 测试触发器的逻辑功能

将 D 触发器、J-K 触发器分别按图 5.11-4、图 5.11-5 连接成 T′触发器，数字电子技术实验箱提供芯片所需的+5V 电源，CP 脉冲由实验箱中的 1024Hz 脉冲提供。用示波器观察并记录 CP、$Q$ 的波形，测试 T′触发器功能，判断集成块 74LS74、74LS175 各 D 触发器和 74LS107 各 J-K 触发器的好坏（74LS74 的 $\overline{S}_D$ 接高电平）。

### 2．移位寄存器

采用两片 74LS74 芯片实现如图 5.11-6 所示的移位寄存器电路，数字电子技术实验箱提供芯片所需的+5V 电源，时钟脉冲 CP 由实验箱中的单次脉冲提供，观察并自拟表格记录 $Q_A$、$Q_B$、$Q_C$ 的波形（注意不用的 $\overline{S}_D$ 和 $\overline{R}_D$ 接高电平）。

### 3．分频器

采用 74LS107 芯片，用 J-K 触发器实现如图 5.11-7 所示的二分频、四分频电路，数字电子技术实验箱提供芯片所需的+5V 电源，CP 脉冲由实验箱中的 1024Hz 脉冲提供。用示波器观察并记录 CP、$Q_1$ 和 $Q_2$ 的波形，体会二分频和四分频的作用。

### 4．竞赛抢答电路

实现如图 5.11-8 所示竞赛抢答电路，模拟实现抢答器的功能，数字电子技术实验箱提供芯片所需的+5V 电源，时钟脉冲由实验箱中的 1024Hz 脉冲提供。观察并记录抢答器工作情况。

## 六、课外实践

1．阅读"实验原理"和"实验内容"，完成"预习要求"。
2．复习 2.10.2 节中"电源""示波器""数字量输入输出""波形发生器"内容。
3．用 Multisim 仿真图 5.11-4 和图 5.11-5 所示的 T′触发器、图 5.11-6 所示的移位寄存器、图 5.11-7 所示的分频器。
4．在便携式实验箱上放置 74LS74 芯片和 74LS175 芯片，任选芯片中的 1 个 D 触发器和 1 个 J-K 触发器，验证图 5.11-4 和图 5.11-5 所示的 T′触发器功能。实验箱提供芯片所需的+5V 电源，CP 脉冲由片上仪器信号源 1 通道 AO1 提供（信号源设置为 Frequency = 1kHz、Amplitude = 2.5V、Offset = 2.5V 的单极性方波），由 AI1 和 AI2 示波器通道分别接入电路的 CP 脉冲和输出信号 $Q$ 并显示。截图记录波形。
5．在便携式实验箱上放置 2 片 74LS74 芯片，验证图 5.11-6 所示的移位寄存器功能。实验箱提供芯片所需的+5V 电源，CP 脉冲由片上仪器数字输入输出端子 D0 提供，预置电平由 D4 给定。电路的 $Q_A$、$Q_B$、$Q_C$ 通过电平转换电路［见图 2.10-13（b），取 $R_1$ = 1kΩ、$R_2$ = 2kΩ］后分别接至 D1、D2、D3。截图记录波形（注意不用的 $\overline{S}_D$ 和 $\overline{R}_D$ 接高电平）。
6．在便携式实验箱上放置 1 片 74LS107 芯片，验证图 5.11-7 所示的分频器功能。实验箱提供芯片所需的+5V 电源，CP 脉冲由片上仪器信号源 1 通道 AO1 提供（信号源设置为 Frequency = 1kHz、Amplitude = 2.5V、Offset = 2.5V 的单极性方波）。AI1 和 AI2 示波器通道分别接入电路的 CP 脉冲信号和输出信号 $Q_1$ 并显示，然后将 AI1 和 AI2 示波器通道分别接入电路的 CP 脉冲信号和输出信号 $Q_2$ 并显示。截图记录波形。
7．完成"实验总结"1。

## 七、实验总结

1．整理并分析实验结果，验证 T′触发器和移位寄存器、分频器等时序逻辑电路功能。
2．思政融入：分析时序逻辑电路需要写出特性方程、驱动方程和状态方程、输出方程，画出状态转换图或波形图，最后总结电路初态到次态转换的逻辑含义，分析电路能否自起动进入有效循环。试通过时序逻辑电路的自起动分析总结，找到其偶然性与必然性规律对立统一的描述，提升自身的辩证思辨能力。

## 5.12 基础实验 12 计数、译码和显示

### 一、实验目的

1. 理解与掌握计数器的工作原理与设计方法。
2. 掌握译码器的基本功能和 7 段数码管显示器的工作原理。
3. 用复位法实现计数器不同进制的计数，加深理解计数器的工作原理。

### 二、实验设备

1. 数字电子技术实验箱。
2. 双踪数字示波器。
3. TTL 器件（74LS161、74LS00）（译码器 74LS48 和数码管已装在数字电子技术实验箱中并已连接好）。
4. 课外实践套件、PC（装有片上仪器上位机软件）。（可选）
5. PC（装有 Multisim 仿真软件）。（可选）

### 三、实验原理

**1. 计数器**

本实验围绕一个简单数字钟电路进行，其电路原理框图如图 5.12-1 所示。在数字钟电路中，秒计时和分计时用六十进制计数器完成。计数器个位和十位分别进行计数。当个位计数器计到 9 时，再来一个脉冲，个位计数器清零，同时向十位计数器发出进位脉冲。对于分计时和秒计时，当十位和个位计数器分别计数到 5、9 时，再来一个脉冲应同时清零，并向高位计数器发出进位脉冲。

由于常用的集成计数器是采用 4 位二进制码或 8421BCD 码进行工作，故必须加接外部电路使计数器按照要求的进制工作。计数器的进制转换可采取复位法或置数法来实现，将计数器的输出端通过门电路连接到清零端或置数端，当清零端或置数端起作用时，使输出端复位为 0 或置数为 0。当清零端或置数端起作用，不需要等待脉冲触发，则称之为异步清零或置数方式；当清零端或置数端起作用，同时需要等待脉冲触发之后，方能复位为 0 或置数为 0，则称之为同步清零或置数方式。

本实验采用的 74LS161 芯片是一个同步置数、异步清零的 4 位二进制加法计数器，引脚排列图见图 5.12-2，功能表见表 5.12-1。从 74LS161 功能表中可以知道，当清零端 $\overline{CR} = 0$，计数器输出 $Q_3$、$Q_2$、$Q_1$、$Q_0$ 立即为全 0，这个时候为异步复位（清零）功能。当 $\overline{CR} = 1$ 且 $\overline{LD} = 0$ 时，在 CP 信号上升沿作用后，74LS161 输出端 $Q_3$、$Q_2$、$Q_1$、$Q_0$ 的状态分别与并行数据输入端 $D_3$、$D_2$、$D_1$、$D_0$ 的状态一样，为同步置数功能。而只有当 $\overline{CR} = \overline{LD} = EP = ET = 1$、CP 脉冲上升沿作用后，计数器加 1。74LS161 还有 1 个进位输出端 CO，其逻辑关系是 $CO = Q_0 \cdot Q_1 \cdot Q_2 \cdot Q_3 \cdot ET$。

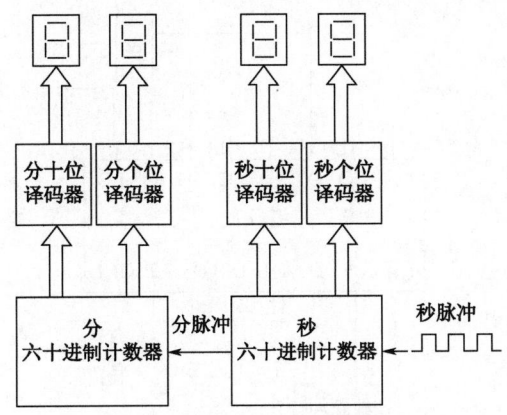

图 5.12-1　数字钟电路原理框图

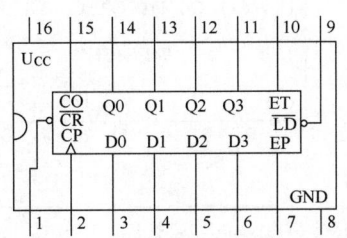

图 5.12-2　74LS161 的引脚排列图

表 5.12-1　74LS161 功能表

| 工作方式 | 输入 | | | | | | 输出 |
|---|---|---|---|---|---|---|---|
| | $\overline{CR}$ | CP | EP | ET | $\overline{LD}$ | $D_n$ | $Q_n$ |
| 复位 | 0 | × | × | × | × | × | 0 |
| 置数 | 1 | ↑ | × | × | 0 | 1/0 | 1/0 |
| 保持 | 1 | × | 0 | 0 | 1 | × | 保持 |
| 保持 | 1 | × | 0 | 1 | 1 | × | 保持 |
| 保持 | 1 | × | 1 | 0 | 1 | × | 保持 |
| 计数 | 1 | ↑ | 1 | 1 | 1 | × | 计数 |

74LS161 经过适当连接后，可构造不大于 16 的任意进制的加法计数器。图 5.12-3 是用 74LS161 连接成的六进制加法计数器接线图。图 5.12-4 是用 74LS161 连接成的十进制加法计数器。图 5.12-3（a）与图 5.12-4（a）为异步清零法原理图；图 5.12-3（b）与图 5.12-4（b）为同步置数法原理图。与非门可采用 4 个二输入与非门 74LS00。

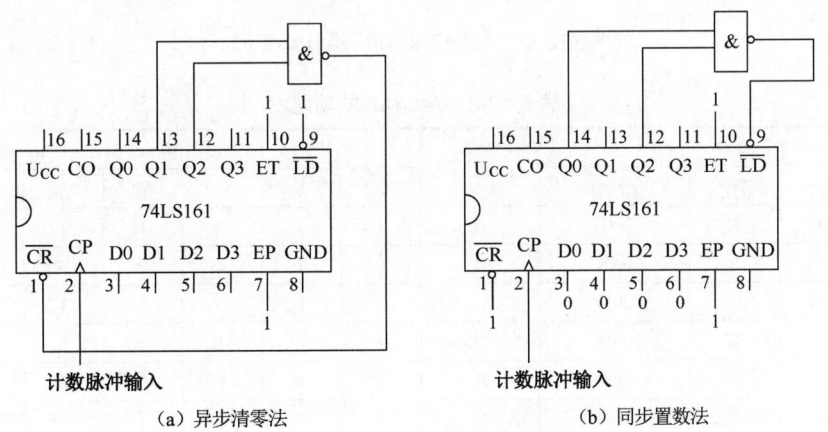

（a）异步清零法　　　　　　　　（b）同步置数法

图 5.12-3　74LS161 构造的六进制加法计数器

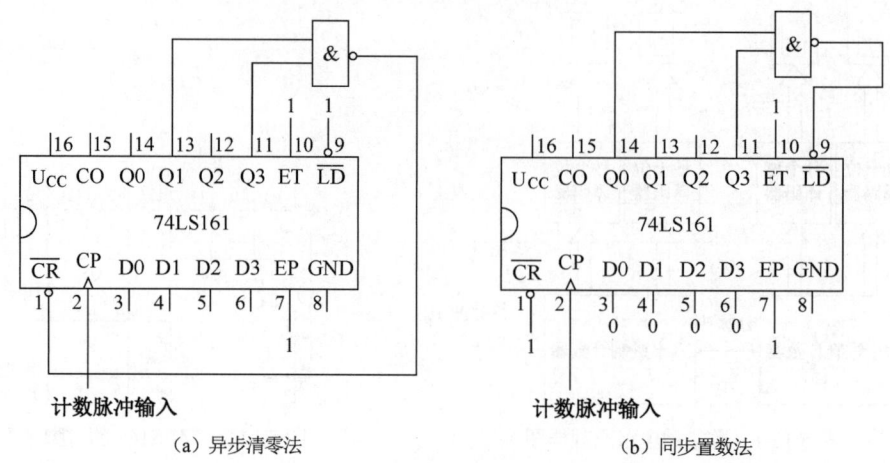

(a) 异步清零法　　　　　　　　　　　(b) 同步置数法

图 5.12-4　74LS161 构造的十进制加法计数器

### 2. 译码、显示

计数器将脉冲个数按 4 位二进制输出，如果用 7 段数码管显示相应的数码字，则需采用 BCD-7 段译码器进行译码。如果数码管是共阴极，则 $\overline{LT}$ 可采用 BCD-7 段数码管译码器 74LS48；如果数码管是共阳极，则可采用 74LS47 译码器。74LS47 和 74LS48 译码器引脚排列图如图 5.12-5 所示，74LS48 的功能表如表 5.12-2 所示。

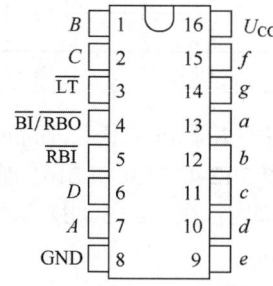

图 5.12-5　74LS47/48 译码器引脚排列图

表 5.12-2　74LS48 的功能表

| 十进制数或功能 | 输入 | | | $\overline{BI/RBO}$ | 输出 | | | | | | |
|---|---|---|---|---|---|---|---|---|---|---|---|
| | $\overline{LT}$ | $\overline{RBI}$ | DCBA | | a | b | c | d | e | f | g |
| 0 | H | H | 0000 | H | 1 | 1 | 1 | 1 | 1 | 1 | 0 |
| 1 | H | × | 0001 | H | 0 | 1 | 1 | 0 | 0 | 0 | 0 |
| 2 | H | × | 0010 | H | 1 | 1 | 0 | 1 | 1 | 0 | 1 |
| 3 | H | × | 0011 | H | 1 | 1 | 1 | 1 | 0 | 0 | 1 |
| 4 | H | × | 0100 | H | 0 | 1 | 1 | 0 | 0 | 1 | 1 |
| 5 | H | × | 0101 | H | 1 | 0 | 1 | 1 | 0 | 1 | 1 |
| 6 | H | × | 0110 | H | 0 | 0 | 1 | 1 | 1 | 1 | 1 |
| 7 | H | × | 0111 | H | 1 | 1 | 1 | 0 | 0 | 0 | 0 |
| 8 | H | × | 1000 | H | 1 | 1 | 1 | 1 | 1 | 1 | 1 |
| 9 | H | × | 1001 | H | 1 | 1 | 1 | 0 | 0 | 1 | 1 |
| 10 | H | × | 1010 | H | 0 | 0 | 0 | 1 | 1 | 0 | 1 |

续表

| 十进制数或功能 | 输入 | | | $\overline{BI/RBO}$ | 输出 | | | | | | |
|---|---|---|---|---|---|---|---|---|---|---|---|
| | $\overline{LT}$ | $\overline{RBI}$ | DCBA | | a | b | c | d | e | f | g |
| 11 | H | × | 1011 | H | 0 | 0 | 1 | 1 | 0 | 0 | 1 |
| 12 | H | × | 1100 | H | 0 | 1 | 0 | 0 | 0 | 1 | 1 |
| 13 | H | × | 1101 | H | 0 | 0 | 0 | 1 | 1 | 0 | 1 |
| 14 | H | × | 1110 | H | 0 | 0 | 0 | 0 | 0 | 0 | 0 |
| 15 | H | × | 1111 | H | 0 | 0 | 0 | 0 | 0 | 0 | 0 |
| BI | × | × | ×××× | L | 0 | 0 | 0 | 0 | 0 | 0 | 0 |
| RBI | H | L | 0000 | L | 0 | 0 | 0 | 0 | 0 | 0 | 0 |
| LT | L | × | ×××× | H | 1 | 1 | 1 | 1 | 1 | 1 | 1 |

译码器和显示用的数码管在数字电子技术实验箱中已经连接好,因此只要在译码器的 A、B、C、D 输入端输入相应的 4 位二进制数,7 段数码管就会显示相应的数码。

## 四、预习要求

1. 熟悉 74LS161、74LS00、74LS48、74LS47 集成电路芯片的外引线排列和逻辑功能。
2. 使用 74LS161 和 74LS00 设计二十四进制加法计数器,画出接线图,在图上标出所用芯片引脚号。
3. 使用 74LS161 和 74LS00 设计六十进制加法计数器,画出接线图,在图上标出所用芯片引脚号。
4. 使用 74LS161 和 74LS00 设计一个数字钟的分、秒电路,画出接线图,在图上标出所用芯片引脚号。

## 五、实验内容

### 1. 检查译码显示功能

接通数字电子技术实验箱电源,将触摸按键开关的 4 位输出作为逻辑电平送入到数码管显示模块的译码器输入端,使输入 DCBA 的逻辑电平按 4 位二进制变化(从 0000 到 1111 变化),观察数码管显示的字符与输入逻辑电平的对应关系,自拟表格记录。

### 2. 测试 74LS161 加法计数器的逻辑功能

将 4 位二进制加法计数器 74LS161 的输出 $Q_3$、$Q_2$、$Q_1$、$Q_0$ 接译码器输入端,$\overline{LD}$、EP、ET 接高电平,CP 接逻辑电平开关,$\overline{CR}$ 端接低电平后再接高电平。然后通过按逻辑电平开关观察数码管显示是否符合 16 进制的功能,判断 74LS161 是否完好,自拟表格记录。

### 3. 二十四进制计数器

利用 2 片 4 位二进制加法计数器 74LS161 构成一个二十四进制计数器,其中 CP 脉冲用数字电子技术实验箱的基准频率模块提供。根据预习时画出的线路图,连好线路,并将输出引至 2 个数码管的输入端,观察并记录电路工作情况。

### 4. 六十进制计数器

利用 2 片 4 位二进制加法计数器 74LS161 构成一个六十进制计数器,其中 CP 脉冲用数字电子技术实验箱的基准频率模块提供。根据预习时画出的线路图,连好线路,并将输出引至 2 个数码管的输入端,观察并记录电路工作情况。

**5. 数字钟**

利用 4 片 4 位二进制加法计数器 74LS161 构成一个数字钟的分、秒电路,其中 CP 脉冲用数字电子技术实验箱的基准频率模块提供。根据预习时自行设计画出的线路图,连好线路,并将输出引至四个数码管的输入端,观察并记录电路工作情况。

## 六、课外实践

1. 阅读"实验原理"和"实验内容"。按照"预习要求"画出六十进制加法计数器逻辑图和所用芯片引脚号。
2. 复习 2.10.2 节中"电源""波形发生器""数字量输入输出"内容。
3. 用 Multisim 仿真实现采用 74LS161 和 74LS00 设计的六十进制加法计数器。
4. 在便携式实验箱上实现 74LS161 和 74LS00 组成的十进制逻辑电路。连接如图 5.12-4 所示电路。CP 计数脉冲由片上仪器接线端子 AO1 提供(信号源设置为 Frequency = 1Hz、Amplitude = 2.5V、Offset = 2.5V 的单极性方波),电路的 $Q_3$、$Q_2$、$Q_1$、$Q_0$ 通过电平转换电路[见图 2.10-13(b)],取 $R_1=1\mathrm{k}\Omega$、$R_2=2\mathrm{k}\Omega$]后分别接至 D3、D2、D1 和 D0 端子。观察并记录电路工作情况。
5. 完成"实验总结"1、2。

## 七、实验总结

1. 整理并分析实验结果。
2. 总结实现计数器不同进制转换的方法及体会,找出规律。
3. 思政融入:通过数字钟的实现,体会珍惜时间,诚信守时的道理。

## 5.13 基础实验 13 门电路和组合逻辑电路——基于 Basys3

### 一、实验目的

1. 掌握常用门电路的逻辑功能及其逻辑符号,并掌握测试方法。
2. 掌握组合逻辑电路功能的分析与验证。
3. 采用 Basys3 数字电路教学开发板套件编程实现各类门电路和组合逻辑电路的功能。

### 二、实验设备

1. 直流电源。
2. Basys3 数字电路教学开发板套件、PC。

## 三、实验原理

### 1. 逻辑门电路

逻辑门电路是实现逻辑运算的电路，是数字电路的基本逻辑单元。常用逻辑门电路的逻辑符号与表达式如表 5.13-1 所示。

表 5.13-1　常用逻辑门电路的逻辑符号与表达式

| 类　　别 | | 逻辑符号 | 表　达　式 | 常用 TTL 芯片 |
| --- | --- | --- | --- | --- |
| 与 | | A—&—F, B | $F = A \cdot B$ | 74LS08 |
| 或 | | A—≥1—F, B | $F = A + B$ | 74LS32 |
| 非 | | A—1—○—F | $F = \overline{A}$ | 74LS04 |
| 异或 | | A—=1—F, B | $F = A \oplus B$ | 74LS86 |
| 与非 | 2 输入 | A—&—○—F, B | $F = \overline{A \cdot B}$ | 74LS00 |
| | 4 输入 | A, B, C, D—&—○—F | $F = \overline{A \cdot B \cdot C \cdot D}$ | 74LS20 |
| 或非门 | | A—≥1—○—F, B | $F = \overline{A + B}$ | 74LS02 |

### 2. 组合逻辑电路

把门电路按一定规律加以组合，可以构成具有各种逻辑功能的逻辑电路，电路的输出状态只与当前的输入状态有关，与原输出状态无关。这类电路称为组合逻辑电路。

组合逻辑电路的分析是指在逻辑电路结构给定的情况下，通过分析，确定其逻辑功能。组合逻辑电路的设计是根据实际需要的逻辑功能，设计出最简单的逻辑电路。组合逻辑电路的分析与设计的基本方法和步骤，可用图 5.13-2 的流程图表示。

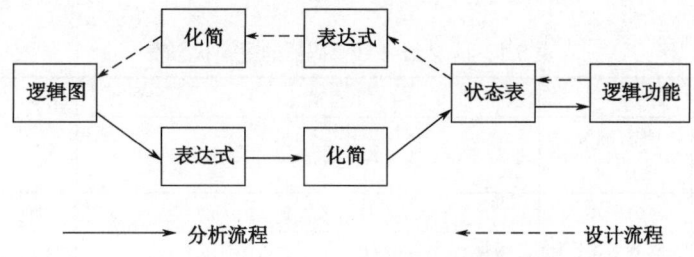

图 5.13-2　组合逻辑电路分析与设计流程图

（1）表决器

表 5.13-2 是 3 人表决器的逻辑状态表。设 3 人各有一按钮，用变量 $A$、$B$、$C$ 表示，同意时按下按钮，变量取值为 1，不同意时不按按钮，变量取值为 0。$F$ 表示表决结果，$F=1$ 表示通过，$F=0$ 表示不通过。

表 5.13-2　3 人表决器的逻辑状态表

| $A$ | $B$ | $C$ | $F$ |
|---|---|---|---|
| 0 | 0 | 0 | 0 |
| 0 | 0 | 1 | 0 |
| 0 | 1 | 0 | 0 |
| 0 | 1 | 1 | 1 |
| 1 | 0 | 0 | 0 |
| 1 | 0 | 1 | 1 |
| 1 | 1 | 0 | 1 |
| 1 | 1 | 1 | 1 |

根据逻辑状态表写出逻辑表达式 $F = \overline{A}BC + A\overline{B}C + AB\overline{C} + ABC$，可化简为最简与非式为 $F = \overline{\overline{AB} \cdot \overline{BC} \cdot \overline{AC}}$。

（2）半加器

表 5.13-3 是半加器的逻辑状态表。变量 $A$ 表示加数、变量 $B$ 表示被加数、$S$ 为和数，$C$ 为进位数。显然

$$S = A\overline{B} + \overline{A}B = A \oplus B$$
$$C = AB$$

表 5.13-3　半加器的逻辑状态表

| 加数 | 被加数 | 和数 | 进位数 |
|---|---|---|---|
| $A$ | $B$ | $S$ | $C$ |
| 0 | 0 | 0 | 0 |
| 0 | 1 | 1 | 0 |
| 1 | 0 | 1 | 0 |
| 1 | 1 | 0 | 1 |

（3）译码器

2 线-4 线译码器的逻辑状态表和逻辑图分别如表 5.13-4 和图 5.13-3 所示，其中 $\overline{ST}$ 为使能端，$A_0$ 和 $A_1$ 为选择输入端，$\overline{Y_0}$、$\overline{Y_1}$、$\overline{Y_2}$、$\overline{Y_3}$ 为输出端。当 $\overline{ST} = 1$ 时，译码功能被禁止，当 $\overline{ST} = 0$ 时，由输入端子 $A_0$ 和 $A_1$ 的电平组合来决定被选中的输出端子（输出低电平）。

表 5.13-4　2 线-4 线译码器的逻辑状态表

| 输入 | | 输出 | | | | 功能 |
|---|---|---|---|---|---|---|
| 使能 $\overline{ST}$ | 选择输入 $A_1\ A_0$ | $\overline{Y_0}$ | $\overline{Y_1}$ | $\overline{Y_2}$ | $\overline{Y_3}$ | |
| 1 | ×　× | 1 | 1 | 1 | 1 | 禁止译码 |
| 0 | 0　0 | 0 | 1 | 1 | 1 | 进行译码（输出低电平有效） |
| 0 | 0　1 | 1 | 0 | 1 | 1 | |
| 0 | 1　0 | 1 | 1 | 0 | 1 | |
| 0 | 1　1 | 1 | 1 | 1 | 0 | |

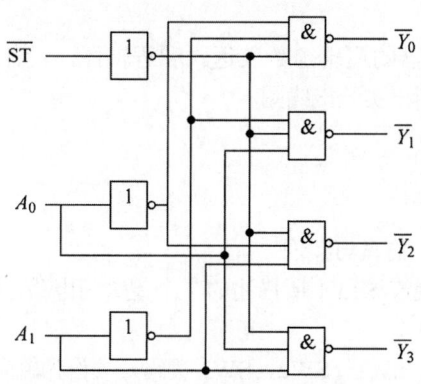

图 5.13-3　2 线-4 线译码器的逻辑图

（4）数据选择器

数据选择器是一种能在选择控制信号作用下，将多个输入端的数据选择 1 个送至输出端的组合逻辑电路。图 5.13-4 是 4 选 1 数据选择器的逻辑图，其中 $A_0$ 和 $A_1$ 是选择控制端，$D_0 \sim D_3$ 是 4 个数据输入端，$W$ 为输出端，该数据选择器的逻辑表达式为

$$W = D_0\overline{A_1}\,\overline{A_0} + D_1\overline{A_1}\,A_0 + D_2A_1\overline{A_0} + D_3A_1A_0$$

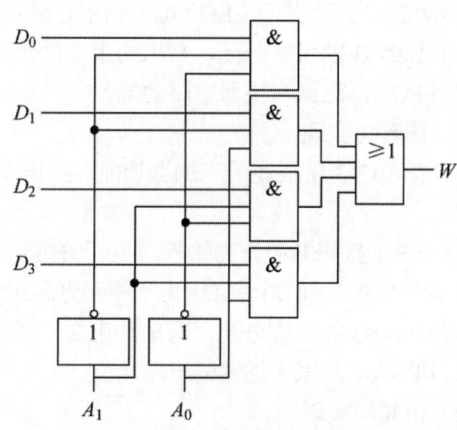

图 5.13-4　4 选 1 数据选择器的逻辑图

3. 基于 Basys3 的数字电路实现方法

本实验采用 Basys3 数字电路教学开发板实施门电路和组合逻辑电路的实现和应用。首先通过配套的 Vivado 软件，利用 Verilog 硬件描述语言实现各种门电路和组合逻辑电路并仿真验证；然后通过添加引脚约束文件、设计综合、设计实现、生成比特流文件，最终下载比特流文件到 Basys3，实现硬件验证。

Basys3 的硬件介绍见 2.11 节，Verilog HDL 基础及 Vivado 设计工具使用见第 4 章。

## 四、预习要求

1. 根据表决器的逻辑状态表和逻辑函数表达式，画出逻辑图。
2. 根据半加器的逻辑状态表和逻辑函数表达式，画出逻辑图。
3. 根据 2 线-4 线译码器的逻辑状态表和逻辑图，设计用 1 片 74LS04 和 2 片 74LS20 实现该功能，画出实验接线图。

4．根据 4 选 1 数据选择器的逻辑函数表达式和逻辑图，设计用 1 片 74LS04、3 片 74LS08 和 1 片 74LS32 实现该功能，画出实验接线图。

## 五、实验内容

### 1．基本门电路功能设计、仿真与实现

（1）采用 Verilog 语句实现表 5.13-1 所描述的 7 个逻辑门电路，给出 Verilog 程序代码、仿真测试代码，给出仿真波形图。

（2）选择 Basys3 的 SW0、SW1、SW2、SW3 拨码开关作为输入（当开关拨到上挡时，表示输入为高电平；当开关拨到下挡时，表示输入为低电平），LD0～LD6 电平指示灯显示输出结果（输出为高电平时，LED 灯点亮，否则熄灭），给出 Basys3 的引脚分配，写出约束文件代码。

（3）将比特流文件下载到 FPGA，测试门电路功能。

### 2．表决器电路功能设计、仿真与实现

（1）采用 Verilog 语句实现表 5.13-2 所描述的 3 人表决器功能，给出 Verilog 程序代码、仿真测试代码，给出仿真波形图。

（2）选择 Basys3 的 SW0、SW1、SW2 拨码开关作为输入（当开关拨到上挡时，表示输入为高电平；当开关拨到下挡时，表示输入为低电平），LD0 电平指示灯显示输出结果（输出为高电平时，LED 灯点亮，否则熄灭），给出 Basys3 的引脚分配，写出约束文件代码。

（3）将比特流文件下载到 FPGA，测试表决器电路功能。

### 3．半加器电路功能设计、仿真与实现

（1）采用 Verilog 语句实现表 5.13-3 所描述的半加器功能，给出 Verilog 程序代码、仿真测试代码，给出仿真波形图。

（2）选择 Basys3 的 SW0、SW1 拨码开关作为输入（当开关拨到上挡时，表示输入为高电平；当开关拨到下挡时，表示输入为低电平），LD0～LD1 电平指示灯显示输出结果（输出为高电平时，LED 灯点亮，否则熄灭），给出 Basys3 的引脚分配，写出约束文件代码。

（3）将比特流文件下载到 FPGA，测试半加器的电路功能。

### 4．译码器电路功能设计、仿真与实现

（1）采用 Verilog 语句实现图 5.13-3 所示的 2 线-4 线译码器的功能，给出 Verilog 程序代码、仿真测试代码，给出仿真波形图。

（2）选择 Basys3 的 SW0、SW1、SW2 拨码开关作为输入（当开关拨到上挡时，表示输入为高电平；当开关拨到下挡时，表示输入为低电平），LD0～LD3 电平指示灯显示输出结果（输出为高电平时，LED 灯点亮，否则熄灭），给出 Basys3 的引脚分配，写出约束文件代码。

（3）将比特流文件下载到 FPGA，测试译码器的电路功能。

### 5．数据选择器电路功能设计、仿真与实现

（1）采用 Verilog 语句实现图 5.13-4 所示的 4 选 1 数据选择器的功能，给出 Verilog 程序代码。

（2）选择 Basys3 的 SW0～SW5 拨码开关作为输入（当开关拨到上挡时，表示输入为高电平；当开关拨到下挡时，表示输入为低电平），LD0 电平指示灯显示输出结果（输出为高电平时，LED 灯点亮，否则熄灭），给出 Basys3 的引脚分配，写出约束文件代码。

（3）将比特流文件下载到 FPGA，测试 4 选 1 数据选择器的电路功能。

## 六、课外实践

1．阅读"实验原理"。
2．完成"实验内容"要求。

## 七、实验总结

1．整理并分析实验结果。
2．思政融入：同一逻辑函数可表示成不同逻辑表达式，这些逻辑表达式的繁简程度相差甚远，因此逻辑函数的化简是非常必要的。试通过该现象，思考条条大路通罗马，做成一件事的方法不只一种，通往成功的道路也不止一条的道理。

## 5.14  基础实验 14  触发器和时序逻辑电路——基于 Basys3

### 一、实验目的

1．掌握触发器的基本逻辑功能。
2．分析并验证时序逻辑电路功能。
3．采用 Basys3 数字电路教学开发板套件编程实现触发器和时序逻辑电路的功能。

### 二、实验设备

1．直流电源。
2．Basys3 数字电路教学开发板套件、PC。

### 三、实验原理

**1．触发器**

触发器是一种具有记忆功能的基本逻辑单元。触发器具有 0 和 1 两个稳定状态，在触发信号作用下，可以从原来一种稳定状态转换到另一种稳定状态。按逻辑功能的不同，触发器可分为 R-S 触发器、D 触发器、J-K 触发器和 T（T'）触发器；按电路结构的不同，可分为基本触发器、同步触发器、边沿触发器等。

D 触发器的特性方程为 $Q^{n+1} = D$。采用边沿触发的 D 触发器，其次态仅仅由 CP 上升沿或下降沿到达时输入端的信号决定，而在此之前或以后输入的信号的变化不会影响触发器的状态。边沿触发器分为正边沿（上升沿）触发器和负边沿（下降沿）触发器两类。图 5.14-1 给出了正边沿 D 触发器的图形符号。

J-K 触发器的特性方程为 $Q^{n+1} = J\bar{Q}^n + \bar{K}Q^n$，可见它具有置 0、置 1、保持和翻转四种功能。一个负边沿触发的 J-K 触发器的图形符号如图 5.14-2 所示。

可将 D 触发器和 J-K 触发器连接成 T' 触发器，如图 5.14-3 和图 5.14-4 所示，T' 触发器的特性

方程为 $Q^{n+1} = \bar{Q}^n$。

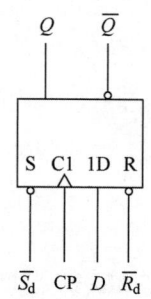

图 5.14-1  正边沿 D 触发器的图形符号

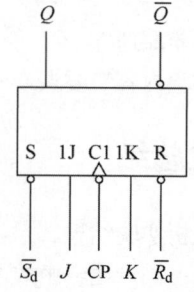

图 5.14-2  负边沿 J-K 触发器的图形符号

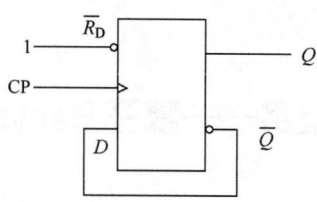

图 5.14-3  D 触发器组成的 T′ 触发器

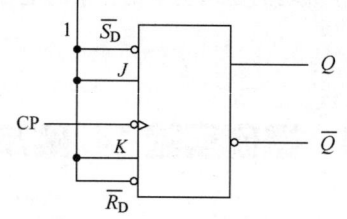

图 5.14-4  J-K 触发器组成的 T′ 触发器

## 2. 时序逻辑电路

（1）移位寄存器

一个由 D 触发器组成的能进行循环移位的 3 位移位寄存器如图 5.14-5 所示，工作时先在预置端加一个负脉冲，然后输入移位脉冲（CP）。该移位寄存器的驱动方程为 $D_A = Q_C^n$、$D_B = Q_A^n$、$D_C = Q_B^n$，状态方程为：$Q_A^{n+1} = D_A = Q_C^n$、$Q_B^{n+1} = D_B = Q_A^n$、$Q_C^{n+1} = D_C = Q_B^n$。预置端的负脉冲使触发器的初始状态为 $Q_A = 1$、$Q_B = 0$、$Q_C = 0$。

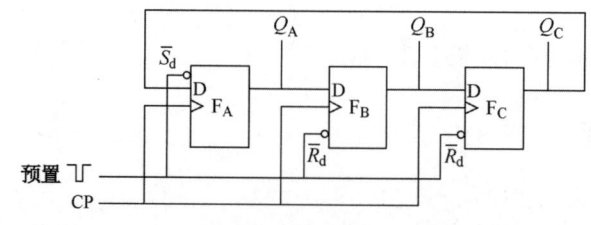

图 5.14-5  移位寄存器

（2）分频器

图 5.14-6 所示为一个用 J-K 触发器构成的分频电路，图中 CLR 为清零端，$Q_1$ 和 $Q_2$ 分别为二分频和四分频信号输出端。

## 3. 基于 Basys3 的数字电路实现方法

本实验采用 Basys3 数字电路教学开发板实施触发器和时序逻辑电路的实现和应用。首先通过配套的 Vivado 软件，利用 Verilog 硬件描述语言实现触发器和时序逻辑电路并仿真验证；然后通过添加引脚约束文件、设计综合、设计实现、生成比特流文件、最终下载比特流文件到 Basys3，实现硬件验证。

Basys3 的硬件介绍见 2.11 节，Verilog HDL 基础及 Vivado 设计工具使用见第 4 章。

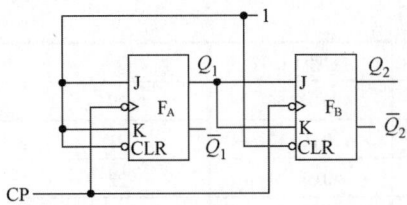

图 5.14-6　J-K 触发器构成的分频电路

## 四、预习要求

1. 分析图 5.14-5 所示移位寄存器逻辑图的工作原理，画出其在 6 个 CP 作用下的 $Q_A$、$Q_B$、$Q_C$ 的波形图。

2. 分析图 5.14-6 所示分频器逻辑图的工作原理，画出其在 6 个 CP 作用下的 $Q_1$、$Q_2$ 的波形图。

3. 一个由与非门和 D 触发器构成的竞赛抢答电路如图 5.14-7 所示，试阐述竞赛抢答电路的工作原理。

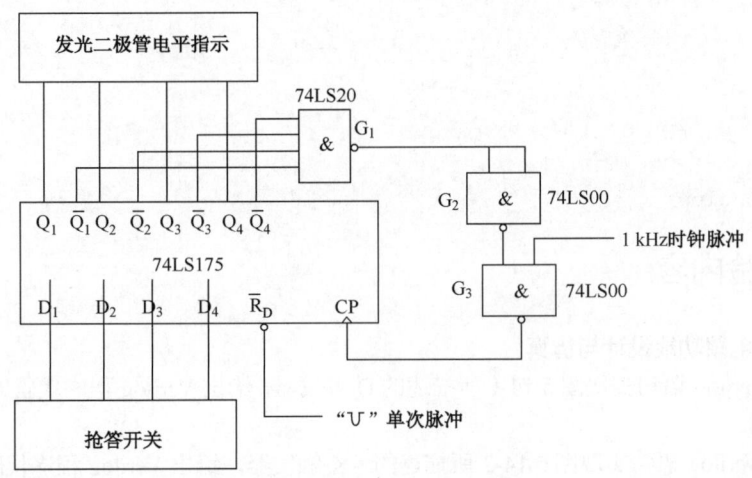

图 5.14-7　竞赛抢答电路

4. Basys3 板卡引脚 W5 的时钟频率为 100MHz，可参照表 5.14-1 得到不同频率的时钟分频器。下面给出了利用时钟分频产生 963Hz 时钟的 Verilog 程序，试对程序代码进行分析。

表 5.14-1　时钟分频器

| $Q(i)$ | 频率（Hz） | 周期（ms） | $Q(i)$ | 频率（Hz） | 周期（ms） |
| --- | --- | --- | --- | --- | --- |
| $I$ | 100 000 000.00 | 0.000 01 | 12 | 12 207.03 | 0.081 92 |
| 0 | 50 000 000.00 | 0.000 02 | 13 | 6 103.52 | 0.163 84 |
| 1 | 25 000 000.00 | 0.000 04 | 14 | 3 051.76 | 0.327 68 |
| 2 | 12 500 000.00 | 0.000 08 | 15 | 1 525.88 | 0.655 36 |
| 3 | 6 250 000.00 | 0.000 16 | 16 | 962.94 | 1.310 72 |
| 4 | 3 125 000.00 | 0.000 32 | 17 | 381.47 | 2.621 44 |
| 5 | 1 562 500.00 | 0.000 64 | 18 | 190.73 | 5.242 88 |
| 6 | 718 250.00 | 0.001 28 | 19 | 95.37 | 10.485 76 |

续表

| $Q(i)$ | 频率（Hz） | 周期（ms） | $Q(i)$ | 频率（Hz） | 周期（ms） |
|---|---|---|---|---|---|
| 7 | 390 625.00 | 0.002 56 | 20 | 47.68 | 20.971 52 |
| 8 | 195 312.50 | 0.005 12 | 21 | 23.84 | 41.943 04 |
| 9 | 97 656.25 | 0.010 24 | 22 | 11.92 | 83.886 08 |
| 10 | 48 828.13 | 0.020 48 | 23 | 5.96 | 167.772 16 |
| 11 | 24 414.06 | 0.040 96 | 24 | 2.98 | 355.544 32 |

```verilog
module clkdiv963(
  input wire clk_100M,
  input wire clr,
  output wire clk_963
);
  reg [24:0] Q;
  always @(posedge clk_100M or posedge clr)
      begin
          if(clr==1)
              Q<=0;
          else
              Q<=Q+1;
      end
  assign clk_963=Q[16];
endmodule
```

## 五、实验内容

### 1. 触发器电路功能设计与仿真

（1）采用 Verilog 语句实现图 5.14-1 所描述的 D 触发器，给出 Verilog 程序代码、仿真测试代码，给出仿真波形图。

（2）采用 Verilog 语句实现图 5.14-2 所描述的 J-K 触发器，给出 Verilog 程序代码、仿真测试代码，给出仿真波形图。

（3）采用 Verilog 语句实现图 5.14-3 所描述的 T′触发器，给出 Verilog 程序代码、仿真测试代码，给出仿真波形图。

（4）采用 Verilog 语句实现图 5.14-4 所描述的 T′触发器，给出 Verilog 程序代码、仿真测试代码，给出仿真波形图。

### 2. 移位寄存器电路功能设计与仿真

采用 Verilog 语句实现图 5.14-5 所描述的移位寄存器的功能，给出 Verilog 程序代码、仿真测试代码，给出仿真波形图。

### 3. 分频器电路功能设计与仿真

采用 Verilog 语句实现图 5.14-6 所描述的二分频、四分频电路的功能，给出 Verilog 程序代码、仿真测试代码，给出仿真波形图。

### 4. 竞赛抢答电路

（1）采用 Verilog 语句实现表 5.14-7 所描述的竞赛抢答器的功能，给出 Verilog 程序代码、仿真测试代码，给出仿真波形图。

（2）选择 Basys3 的 SW0～SW3 拨码开关作为竞赛抢答器的输入（抢答开关）（当开关拨到上挡

时，输入为高电平，表示实施抢答操作；当开关在下挡时，输入为低电平，表示没有抢答。复位时 SW0~SW3 为低电平），LD0~LD3 电平指示灯显示输出结果（当某位输出为高电平时，相应 LED 灯点亮，表示抢答成功，否则熄灭），单次脉冲由 SW4 提供，1kHz 时钟脉冲由 Basys3 板卡引脚 W5 的时钟频率分频产生 963Hz。给出 Basys3 的引脚分配，写出约束文件代码。

（3）将比特流文件下载到 FPGA，测试竞赛抢答电路的功能。

### 六、课外实践

1. 阅读"实验原理"。
2. 完成"实验内容"要求。

### 七、实验总结

1. 整理并分析实验结果，画出相关的实验电路图。
2. 简述竞赛抢答器工作原理和实验方法。
3. 分析实验中遇到的问题。
4. 思政融入：采用 FPGA 实现复杂数字逻辑功能具有简化系统、提升性价比的优势。通过该案例，体会在学习、工作的过程中，不钻牛角尖，以豁达的心态对待困难，尝试从另一个角度考虑问题的重要性。

## 5.15　基础实验 15　计数、译码和显示——基于 Basys3

### 一、实验目的

1. 理解掌握计数器的工作原理与设计方法。
2. 掌握译码器的基本功能和 7 段数码管显示器的工作原理。
3. 掌握灵活运用 Verilog HDL 语言进行建模的技巧和方法。
4. 掌握 Vivado 工程设计流程，学会 IP 封装并调用 IP 设计。

### 二、实验设备

1. 数字电子技术实验箱。
2. Basys3 数字电路教学开发板套件、PC。
3. 双踪数字示波器。

### 三、实验原理

1. 计数器

本实验围绕一个简单数字钟电路进行，其电路原理框图如图 5.15-1 所示。在数字钟电路中，秒计时和分计时用六十进制计数器完成，时计时采用二十四进制或十二进制计数器完成。计数器个位和十位数分别进行计数。当个位计数器计到 9 时，再来一个脉冲，个位计数器清零，同时向十位计数器发出进位脉冲。对于分计时和秒计时，当十位和个位计数器分别计数到 5、9 时，再来一个脉冲应同时清零，并向高位计数器发出进位脉冲。

由于常用的集成计数器是采用 4 位二进制码或 8421BCD 码进行工作，故必须加接外部电路使计数器按照要求的进制工作。计数器进制的转换可采取复位法或置数法来实现，将计数器的输出端通过一些门电路连接到清零端或置数端，当清零端或置数端起作用时，使输出端复位为 0 或置数为 0。当清零端或置数端起作用，不需要等待脉冲触发，则称之为异步清零或置数方式；当清零端或置数端起作用，同时需要等待脉冲触发之后，方能复位为 0 或置数为 0，则称之为同步清零或置数方式。

74LS161 芯片是一个同步置数、异步清零的 4 位二进制加法计数器，引脚排列图见图 5.15-2，功能表见表 5.15-1。从 74LS161 功能表中可以知道，当清零端 $\overline{CR}=0$ 时，计数器输出 $Q_3$、$Q_2$、$Q_1$、$Q_0$ 立即为全 0，这个时候为异步复位功能。当 $\overline{CR}=1$ 且 $\overline{LD}=0$ 时，在 CP 信号上升沿作用后，74LS161 输出端 $Q_3$、$Q_2$、$Q_1$、$Q_0$ 的状态分别与并行数据输入端 $D_3$、$D_2$、$D_1$、$D_0$ 的状态一样，为同步置数功能。而只有当 $\overline{CR}=\overline{LD}=EP=ET=1$、CP 脉冲上升沿作用后，计数器加 1。74LS161 还有一个进位输出端 CO，其逻辑关系为 $CO=Q_0 \cdot Q_1 \cdot Q_2 \cdot Q_3 \cdot ET$。

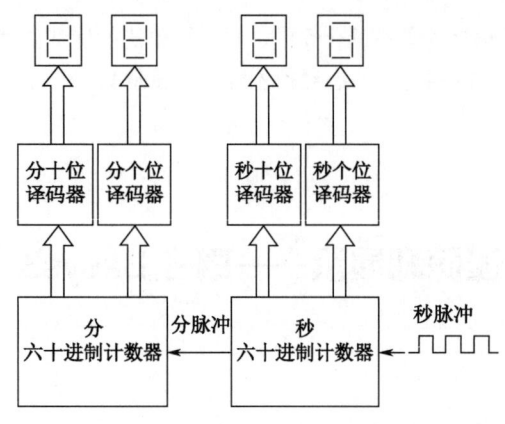

图 5.15-1  数字钟电路原理框图

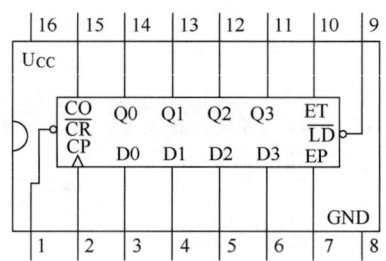

图 5.15-2  74LS161 的引脚排列图

74LS161 经过适当连接后，可构造不大于 16 的任意进制的加法计数器。图 5.15-3 是用 74LS161 连接成的六进制加法计数器。图 5.15-4 是用 74LS161 连接成的十进制加法计数器。图 5.15-3（a）与图 5.15-4（a）为异步清零法构造；图 5.15-3（b）与图 5.15-4（b）为同步置数法构造。

表 5.15-1  74LS161 的功能表

| 工作方式 | 输入 | | | | | | 输出 |
|---|---|---|---|---|---|---|---|
| | $\overline{CR}$ | CP | EP | ET | $\overline{LD}$ | $D_n$ | $Q_n$ |
| 复位 | 0 | × | × | × | × | × | 0 |
| 置数 | 1 | ↑ | × | × | 0 | 1/0 | 1/0 |
| 保持 | 1 | × | 0 | 0 | 1 | × | 保持 |
| | 1 | × | 0 | 1 | 1 | × | 保持 |
| | 1 | × | 1 | 0 | 1 | × | 保持 |
| 计数 | 1 | ↑ | 1 | 1 | 1 | × | 计数 |

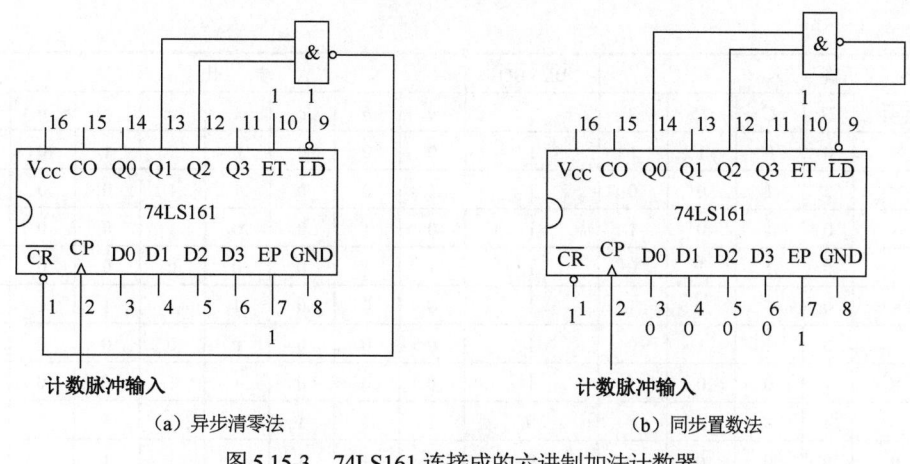

(a) 异步清零法　　　　　　　　　　　　　(b) 同步置数法

图 5.15-3　74LS161 连接成的六进制加法计数器

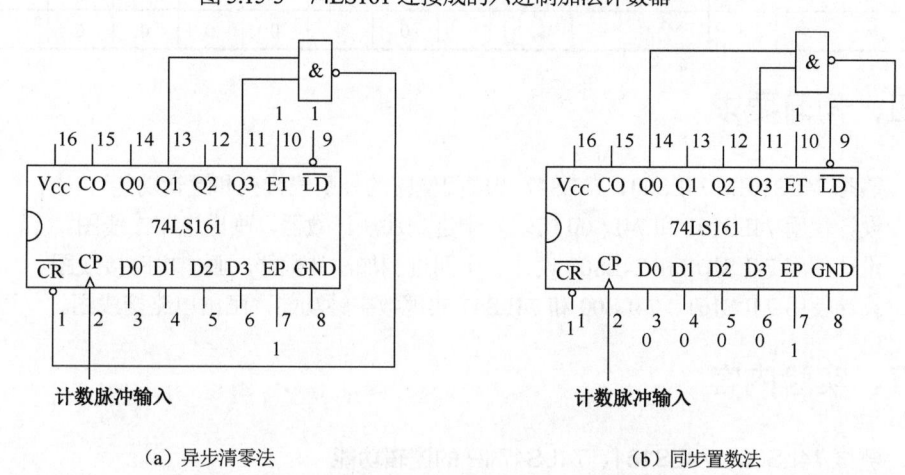

(a) 异步清零法　　　　　　　　　　　　　(b) 同步置数法

图 5.15-4　74LS161 连接成的十进制加法计数器

**2．译码、显示**

74LS47 为 BCD-7 段译码器，引脚排列图如图 5.12-5 所示，功能表如表 5.15-2 所示。

**3．74 系列 IP 封装及应用**

基于计数器原理，在 Vivado 设计平台中，可通过对 74LS00 和 74LS161 进行 IP 封装，然后调用 74LS00 与 74LS161 IP，通过 IP 核的设计方式来完成不同进制计数器的功能。

可实现对 74LS47 的 IP 封装，实现基于 74LS00、74LS161 和 74LS47 组成的 IP 核设计方式的数字钟。

可将基于 IP 核的电路下载至 Basys3 进行板级验证。实验中所使用的 CP 脉冲，是利用 Basys3 板卡引脚 W5 提供的 100MHz 时钟频率分频得到。Basys3 开发板上数码管为 4 位带小数点的 7 段共阳极数码管，并有 4 个位选位，位选位为低电平时，相应位的数码管将显示。

表 5.15-2　74LS47 功能表

| 输入 | | | | | $\overline{BI/RBO}$ | 输出 | | | | | | | 显示数字 |
|---|---|---|---|---|---|---|---|---|---|---|---|---|---|
| $\overline{LT}$ | $\overline{RBI}$ | $D$ | $C$ | $B$ | $A$ | | $a$ | $b$ | $c$ | $d$ | $e$ | $f$ | $g$ | |
| 1 | 1 | 0 | 0 | 0 | 0 | 1 | 0 | 0 | 0 | 0 | 0 | 0 | 1 | 0 |
| 1 | × | 0 | 0 | 0 | 1 | 1 | 1 | 0 | 0 | 1 | 1 | 1 | 1 | 1 |
| 1 | × | 0 | 0 | 1 | 0 | 1 | 0 | 0 | 1 | 0 | 0 | 1 | 0 | 2 |

续表

| 输入 | | | | | | $\overline{BI/RBO}$ | 输出 | | | | | | | 显示数字 |
|---|---|---|---|---|---|---|---|---|---|---|---|---|---|---|
| $\overline{LT}$ | $\overline{RBI}$ | D | C | B | A | | a | b | c | d | e | f | g | |
| 1 | × | 0 | 0 | 1 | 1 | 1 | 0 | 0 | 0 | 0 | 1 | 1 | 0 | 3 |
| 1 | × | 0 | 1 | 0 | 0 | 1 | 1 | 0 | 0 | 1 | 1 | 0 | 0 | 4 |
| 1 | × | 0 | 1 | 0 | 1 | 1 | 0 | 1 | 0 | 0 | 1 | 0 | 0 | 5 |
| 1 | × | 0 | 1 | 1 | 0 | 1 | 1 | 1 | 0 | 0 | 0 | 0 | 0 | 6 |
| 1 | × | 0 | 1 | 1 | 1 | 1 | 0 | 0 | 0 | 1 | 1 | 1 | 1 | 7 |
| 1 | × | 0 | 1 | 1 | 0 | 1 | 0 | 0 | 0 | 0 | 0 | 0 | 0 | 8 |
| 1 | × | 1 | 0 | 0 | 1 | 1 | 0 | 0 | 0 | 1 | 1 | 0 | 0 | 9 |
| × | × | × | × | × | × | 0 | 1 | 1 | 1 | 1 | 1 | 1 | 1 | 全灭 |
| 1 | 0 | 0 | 0 | 0 | 0 | 0 | 1 | 1 | 1 | 1 | 1 | 1 | 1 | 全灭 |
| 0 | × | × | × | × | × | 1 | 0 | 0 | 0 | 0 | 0 | 0 | 0 | 全灭 |

## 四、预习要求

1. 熟悉 74LS161、74LS00、74LS47 集成门电路的外引线排列和逻辑功能。
2. 设计使用 74LS161 和 74LS00 实现六十进制加法计数器,画出电路接线图。
3. 设计使用 74LS161 和 74LS00 设计二十四进制加法计数器,画出电路接线图。
4. 设计使用 74LS161、74LS00 和 74LS47 实现数字钟功能,画出电路接线图。

## 五、实验内容

**1. 测试 74LS00、74LS161、74LS47 IP 的逻辑功能**

(1) 将 74LS00 进行 IP 封装,分配合适的引脚,在 Basys3 开发板上检测 74LS00 的逻辑功能,自拟表格记录。

(2) 将 74LS161 进行 IP 封装,分配合适的引脚,在 Basys3 开发板上验证 74LS161 的逻辑功能,自拟表格记录。

(3) 将 74LS47 进行 IP 封装,分配合适的引脚,在 Basys3 开发板上验证 74LS47 的逻辑功能,自拟表格记录。

**2. 计数器电路**

(1) 利用 74LS161 IP 和 74LS00 IP 设计六进制计数器,在 Basys3 开发板上实现。
(2) 利用 74LS161 IP 和 74LS00 IP 设计十二进制计数器,在 Basys3 开发板上实现。
(3) 利用 74LS161 IP 和 74LS00 IP 设计二十四进制计数器,在 Basys3 开发板上实现。
(4) 利用 74LS161 IP 和 74LS00 IP 设计六十进制计数器,在 Basys3 开发板上实现。

**3. 数字钟电路**

利用"实验内容"2 的结果,设计数字钟的时分电路,在 Basys3 开发板上实现。

## 六、课外实践

1. 阅读"实验原理"。
2. 完成"实验内容"要求。

## 七、实验总结

1. 整理并分析实验结果。
2. 整理程序源代码和实验原理图。
3. 分析实验中遇到的问题。
4. 思政融入：试通过阐述我国的 EDA 技术发展现状，深刻体会我国和其他发达国家的差距，激发爱国热情和为实现社会主义现代化建设奋斗的终身信念。

## 5.16 基础实验 16 模拟信号运算电路

### 一、实验目的

1. 掌握集成运算放大器的基本使用方法和三种输入方式。
2. 掌握集成运算放大器构成的比例、加法、减法、积分等运算电路。

### 二、实验设备

1. 模拟电子技术实验箱（包含 μA741 或 LM324 集成运放芯片）。
2. 函数信号发生器。
3. 双踪数字示波器。
4. 数字式万用表。
5. 课外实践套件、PC（装有片上仪器上位机软件）。（可选）
6. PC（装有 Multisim 仿真软件）。（可选）

### 三、实验原理

集成运算放大器（简称集成运放）有 2 个输入端（同相输入端和反相输入端）和 1 个输出端，根据输入方式的不同，有同相输入、反相输入和差分输入三种信号输入方式。集成运放有线性放大和饱和两种输出状态。由集成运放构成的运算电路中，电路必须引入负反馈，才能确保集成运放工作在线性放大区。

**1. 同相输入比例运算电路**

图 5.16-1 为集成运放组成的同相输入比例运算电路，当输入端加入信号 $u_i$ 时，在理想条件下，其输入输出的关系为

$$u_o = \left(1 + \frac{R_f}{R_1}\right)u_i$$

输出信号大小受集成运放最大输出幅度限制，因此输入输出在一定范围内保持线性关系。

**2. 反相加法运算电路**

图 5.16-2 为反相加法运算电路，当输入端加入 $u_{i1}$、$u_{i2}$ 信号时，在理想条件下，其输出电压为

$$u_o = -\left(\frac{R_f}{R_1}u_{i1} + \frac{R_f}{R_2}u_{i2}\right)$$

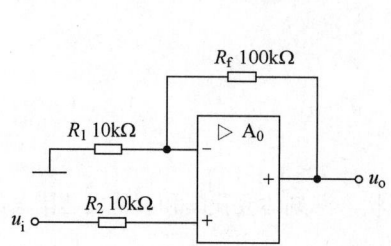
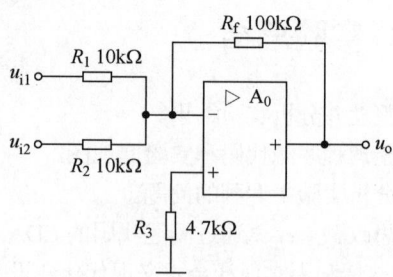

图 5.16-1  同相输入比例运算电路　　　　图 5.16-2  反相加法运算电路

将表达式做适当变化后，可使某一范围变化的输入电压变换为另一范围变化的输出电压，这种方法在工程中叫定标。典型电路如图 5.16-3 所示，图中 $u_i$ 为变换前的输入电压（负极性电压），$u_o$ 为变换后的输出电压，$U_{CC}$ 为直流电压。设 $u_i$ 取值范围为 $U_{il}$～$U_{ih}$，要求 $u_o$ 范围为 $U_{ol}$～$U_{oh}$，即当 $u_i = U_{il}$ 时，$u_o = U_{ol}$；当 $u_i = U_{ih}$ 时，$u_o = U_{oh}$。

若当 $u_i = U_{il}$ 时，要求 $u_o = U_{ol} = 0$；当 $u_i = U_{ih}$ 时，要求 $u_o = U_{oh}$。由

$$\frac{U_{il}}{R} + \frac{U_{CC}}{R_1 + R_{P1}} = 0$$

可得

$$R_1 + R_{P1} = -\frac{U_{CC}}{U_{il}} R$$

由

$$-\left(\frac{U_{ih}}{R} + \frac{U_{CC}}{R_1 + R_{P1}}\right)(R_2 + R_{P2}) = U_{oh}$$

可得

$$R_2 + R_{P2} = \frac{U_{oh}}{U_{il} - U_{ih}} R$$

因此，当 $R$ 值电阻选定后，就可根据 $u_i$ 的变化范围和要求的 $u_o$ 变化范围确定 $(R_1 + R_{p1})$ 和 $(R_2 + R_{p2})$。

**3．减法运算电路**

图 5.16-4 为减法运算电路，当输入端加入 $u_{i1}$、$u_{i2}$ 信号时，在理想条件下，且 $R_1 = R_2$、$R_f = R_3$ 时，其输出电压为

$$u_o = \frac{R_f}{R_1}(u_{i2} - u_{i1})$$

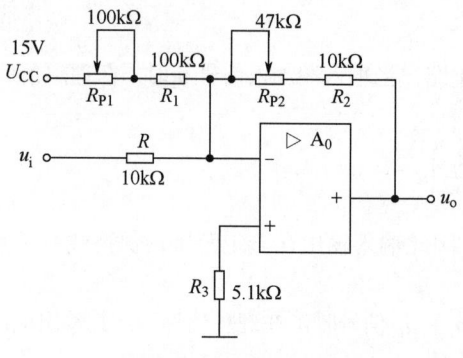

图 5.16-3  加法定标电路　　　　　　　　图 5.16-4  减法运算电路

### 4. 积分运算电路

图 5.16-5 为积分运算电路，当开关 S 断开时，输入在 $t = 0$ 时加入一大小为 $U_i$ 的直流信号，若电容两端的初始电压为零，则输出为

$$u_o = -\frac{1}{R_1C}\int u_i dt = -\frac{U_i}{R_1C}t$$

当开关 S 闭合时，若输入信号 $u_i$ 的频率满足 $\omega \gg 1/R_2C$，则输出可近似为

$$u_o = -\frac{1}{R_1C}\int u_i dt$$

若此输入信号为满足频率要求的双极性方波时，则输出为三角波，且方波的周期愈小，三角波的线性度愈好，但三角波的幅度将随之减小。

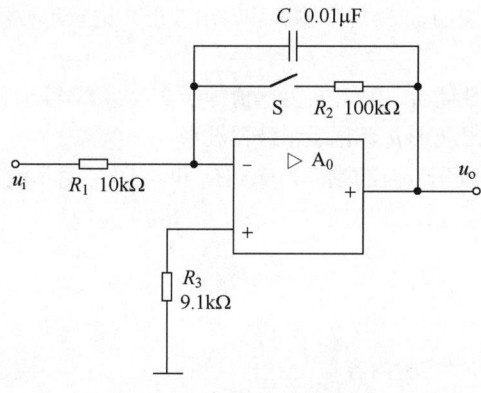

图 5.16-5　积分运算电路

## 四、预习要求

1. 推导图 5.16-1、图 5.16-2、图 5.16-4、图 5.16-5 所示集成运放基本运算电路输入输出关系表达式，在图中标注 μA741 芯片的引脚号。

2. 由集成运放构成的比例、加法、积分等运算电路，随着输入电压或时间的增大，电路的输出电压会无限增大吗？为什么？

3. 图 5.16-3 所示电路，要求当 $u_i$ 在 $-1\sim-5V$ 范围内变化时，$u_o$ 在 $0\sim10V$ 范围内变化。试计算 $(R_1+R_{p1})$ 和 $(R_1+R_{p2})$ 的阻值。

## 五、实验内容

### 1. 同相输入比例运算

按图 5.16-1 接线，$u_i$ 为峰值等于 2V、频率等于 100Hz 的正弦波。用示波器同时观察输入波形 $u_i$ 和输出波形 $u_o$，记录示波器波形。用示波器观察电压传输特性曲线，记录示波器波形，根据波形计算线性放大时的比例系数。

### 2. 反相加法运算

按图 5.16-2 接线，$u_{i1}$ 为峰值等于 0.5V、频率等于 1kHz 的双极性方波，$u_{i2}$ 为峰值等于 0.2V、频率等于 1kHz 的双极性三角波，方波超前三角波 90°。用示波器观察输入和输出波形，记录示波器波形。

### 3. 加法定标电路

按图 5.16-3 接线，$u_i$ 为直流信号，要求当 $u_i$ 在 -1～-5V 范围内变化时，$u_o$ 在 0～10V 范围内变化。即要求当 $u_i$ = -1V 时，$u_o$ = 0V；当 $u_i$ = -5V 时，$u_o$ =10V。计算 $R_{p1}$ 和 $R_{p2}$ 的大小，完成表 5.16-1 的测量。

表 5.16-1  $R_{p1}$=_____  $R_{p2}$=_____

| $U_i$ / V | -1 | -1.5 | -2 | -2.5 | -3 | -3.5 | -4 | -4.5 | -5 |
|---|---|---|---|---|---|---|---|---|---|
| $U_o$ / V | | | | | | | | | |

### 4. 减法运算

按图 5.16-4 所示接线，$u_{i1}$ 为峰值等于 3V、频率等于 1kHz 的正弦波，$u_{i2}$ 为峰值等于 2V、频率等于 1kHz 的同相位正弦波。用示波器观察输入和输出波形，记录示波器波形。

### 5. 积分运算

按图 5.16-5 接线，开关 S 闭合，输入 $u_i$ 为峰值等于 2V，频率等于 2kHz 的双极性方波，用示波器同时观察输入波形 $u_i$ 和输出波形 $u_o$，记录示波器波形。

保持输入 $u_i$ 峰值不变，改变方波的频率为 200Hz 和 5kHz，用示波器同时观察输入波形 $u_i$ 和输出波形 $u_o$，记录示波器波形。

## 六、课外实践

1. 阅读"实验原理"和"实验内容"。
2. 复习 2.10.2 中"电源""示波器""波形发生器"内容，复习 2.10.3 中"减法运算电路"。
3. 用 Multisim 仿真"实验内容"1、2、4、5。
4. 在便携式实验箱上放置 μA741 芯片，实现"实验内容"1、2、4、5。
5. 完成"实验总结"1、2。

## 七、实验总结

1. 整理实验数据和波形，分析实验结果，总结各电路的特点。
2. 总结输入电压大小对运放电路工作状态（线性工作状态和饱和工作状态）的影响。
3. 思政融入：负反馈应用非常广泛，可用于提高放大倍数的稳定性、减小非线性失真、扩展通频带、影响输入电阻和输出电阻等。通过认识负反馈的作用，体会凡事都有度的道理，超过了"度"就需要反馈进行调节，应懂得有所为、有所不为。

## 5.17 基础实验 17 比较器、波形发生及脉宽调制电路

### 一、实验目的

1. 掌握幅值比较器的电路组成及工作原理。
2. 掌握由集成运放构成的方波、三角波发生器的工作原理和性能。

3. 了解压控脉宽调制电路的组成和工作原理。

## 二、实验设备

1. 模拟电子技术实验箱。
2. 函数信号发生器。
3. 双踪数字示波器。
4. 数字式万用表。
5. 课外实践套件、PC（装有片上仪器上位机软件）。（可选）
6. PC（装有 Multisim 仿真软件）。（可选）

## 三、实验原理

图 5.17-1（a）为集成运放构成的幅值比较器。运放工作在开环状态，输出为正、负饱和电平。反相端接参考电压 $U_R$，输入信号 $u_i$ 从同相端输入。当 $u_i > U_R$ 时，$u_o = U_{OH}$；当 $u_i < U_R$ 时，$u_o = U_{OL}$。电压传输特性曲线如图 5.17-1（b）所示。当输入为一定幅度的正弦波时，比较器将输入正弦波变换为矩形波输出。

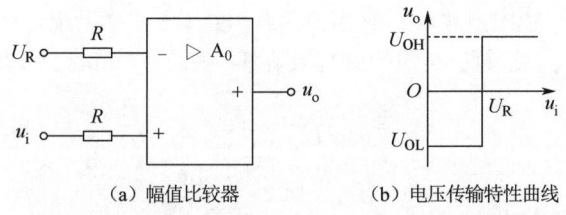

（a）幅值比较器　　　　（b）电压传输特性曲线

图 5.17-1　同相输入幅值比较器和电压传输特性曲线

图 5.17-2 是一个由集成运放构成的方波、三角波发生电路和压控脉宽调制电路。

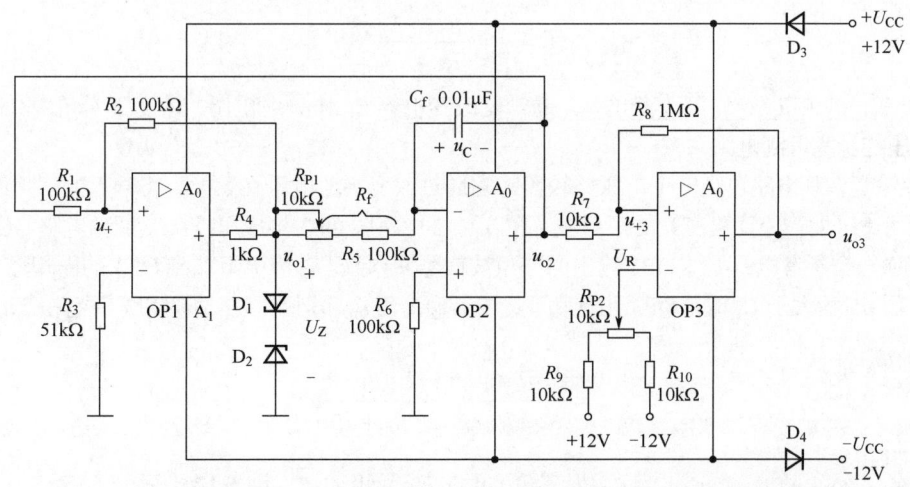

图 5.17-2　由集成运放构成的方波、三角波发生电路和压控脉宽调制电路

### 1. 方波、三角波发生电路

电路如图 5.17-2 中的前两级所示。OP1 为同相输入过零滞回比较器，$u_{o2}$ 为其输入信号，$R_4$ 值限

流电阻与稳压管 $D_1$、$D_2$ 组成限幅电路。OP2 构成积分器，$u_{o1}$ 为其输入。比较器、积分器连接成闭合环路。$U_Z$ 为稳压二极管 $D_1$ 的正向导通电压和 $D_2$ 的反向击穿电压之和。

设电路在 $t=0$ 接通电源时，运放 OP1 输出负饱和电平，$u_{o1}=-U_Z$，此时积分器输入为一负向阶跃电压，积分器输出为

$$u_{o2} = -\frac{1}{R_f C_f}\int_0^t u_{o1}\mathrm{d}t = \frac{U_Z}{R_f C_f}t \quad (0\leqslant t<t_1)$$

$u_{o2}$ 随时间线性上升，在此期间，比较器 OP1 同相输入端电压为

$$u_{+L} = \frac{R_2}{R_1+R_2}u_{o2} - \frac{R_1}{R_1+R_2}U_Z$$

当 $u_{o2}$ 上升到 $u_{o2}(t_1)=R_1 U_Z/R_2$ 时，$u_{+L}=0$，运放 OP1 翻转输出正饱和电平，$u_{o1}=U_Z$，此时积分器输入为一正向阶跃电压，积分器输出变为

$$u_{o2} = u_{o2}(t_1) - \frac{1}{R_f C_f}\int_{t_1}^t U_Z \mathrm{d}t = \frac{R_1}{R_2}U_Z - \frac{U_Z}{R_f C_f}(t-t_1) \quad (t_1<t<t_2)$$

$u_{o2}$ 随时间线性下降，在此期间，比较器 OP1 同相输入端电压为

$$u_{+H} = \frac{R_2}{R_1+R_2}u_{o2} + \frac{R_1}{R_1+R_2}U_Z$$

当 $u_{o2}$ 下降到 $u_{o2}(t_2)=-R_1 U_Z/R_2$ 时，$u_{+H}=0$，运放 OP1 翻转输出负饱和电平，然后进入下一个循环，如此反复循环，使 $u_{o1}$ 输出方波，$u_{o2}$ 输出三角波，如图 5.17-3 所示。

利用图 5.17-3 波形可以计算三角波的周期和频率。因波形对称，只要取 $t=0\sim t_1$ 期间这 1/4 周期计算

$$u_{o2}(t_1) = \frac{U_Z}{R_f C_f}\left(\frac{T}{4}\right) = \frac{R_1}{R_2}U_Z$$

由此可解得三角波和方波的周期为

$$T = 4R_f C_f \frac{R_1}{R_2}$$

频率
$$f = \frac{1}{T} = \frac{R_2}{R_1}\frac{1}{4R_f C_f}$$

改变 $R_f$、$C_f$ 或 $R_2/R_1$ 均可改变频率，通常是改变电容 $C_f$ 作频率粗调，改变 $R_f$ 作频率细调。

**2. 压控脉宽调制电路**

压控脉宽调制电路也是一个电压比较器，它通过改变参考电压 $U_R$ 大小将输入的三角波变换成输出脉宽可变（即占空比可变）的矩形波。图 5.17-2 电路中 OP3 构成压控脉宽调制电路。OP3 的反相输入端加一个参考电压 $U_R$，OP2 输出的三角波信号 $u_{o2}$ 经过 $R_7$ 值电阻加到 OP3 的同相输入端。当同相端电压 $u_{+3}$ 稍大于 $U_R$ 时，OP3 正饱和，$u_{o3}=U_{OH}$；当 $u_{o3}$ 稍小于 $U_R$ 时，OP3 负饱和，$u_{o3}=U_{OL}$。$u_{+3}$ 为

$$u_{+3} = \frac{R_8}{R_7+R_8}u_{o2} + \frac{R_7}{R_7+R_8}u_{o3}$$

因 $R_7 \ll R_8$，故 $u_{+3}\approx u_{o2}$。当 $u_{o2}$ 为三角波时，$u_{o3}$ 为矩形波。图 5.17-4 画出了 $U_R>0$ 时 $u_{o2}$ 和 $u_{o3}$ 的波形。可通过改变参考电压 $U_R$ 来调节矩形波的脉宽，即调节矩形波的占空比。

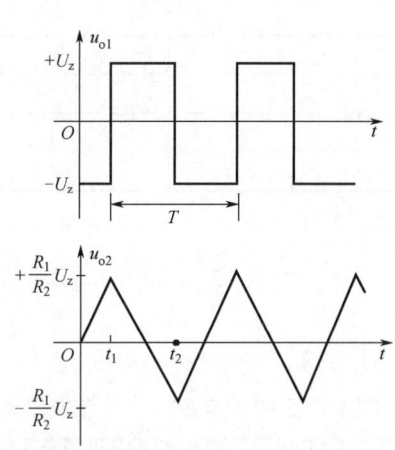

图 5.17-3 方波和三角波发生电路波形

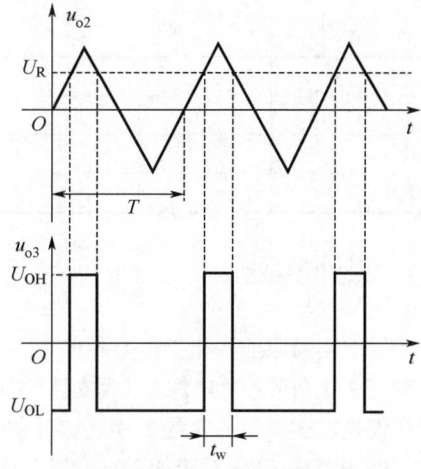

图 5.17-4 压控脉宽调制电路波形

## 四、预习要求

1. 学习幅值比较器，滞回比较器，积分电路的工作原理。
2. 图 5.17-1（a）电路中若 $U_R$ 接地，分析输入为正弦波时输出为何种波形。
3. 按图 5.17-2 电路提供的元件参数，估算输出三角波和方波的频率。若要改变输出波形频率和幅值，应调整哪些元件的参数？
4. 思考以下问题
（1）图 5.17-2 电路中，$D_3$ 和 $D_4$ 起什么作用？去掉 $D_3$、$D_4$ 会影响电路正常工作吗？
（2）图 5.17-2 电路中，若 $D_1$、$D_2$ 有一个击穿短路，输出 $u_{o1}$、$u_{o2}$ 变成怎样的波形？
（3）图 5.17-2 电路中，若将 $U_R$ 接地，$u_{o3}$ 输出矩形波的占空比为多少？

## 五、实验内容

1. 按图 5.17-1（a）电路接线，运放芯片选用 LM324。
（1）$U_R$ 接直流电压 1V。输入 $u_i$ 分别加直流电压 0.5V 和 1.5V，用万用表测量输出电压 $u_o$，记录 $u_i$、$u_o$ 值。
（2）保持 $U_R$ 不变，输入 $u_i$ 为正弦信号（$U_p=5V$，$f=100Hz$），用示波器同时观察 $u_i$ 和 $u_o$ 波形，记录波形曲线和参数（幅值，周期，特别标注 $u_o$ 高低电平转换时 $u_i$ 的大小位置）。
（3）保持（2）的输入条件不变，将示波器显示设置成 XY 方式，显示电压传输特性曲线，记录曲线和输入转折门限电压，输出高、低电平值。
2. 按图 5.17-2 电路接线，运放芯片选用 LM324，调试测量波形发生电路。
（1）先连接 OP1、OP2 两级电路，OP3 级电路暂时不连。调节电位器使 $R_{p1}=0$。用示波器观察 $u_{o1}$ 和 $u_{o2}$ 波形，记录两波形，测量记录 $u_{o1}$ 和 $u_{o2}$ 的频率和幅值。
（2）保持 $R_{p1}=0$，$R_2=100k\Omega$ 不变，将 $R_1$ 改为 $51k\Omega$，重复（1）的实验内容。
（3）保持 $R_1=R_2=100k\Omega$，调节 $R_{p1}$，观察并记录 $u_{o1}$ 和 $u_{o2}$ 的频率和幅值变化情况。
3. 仍为图 5.17-2 电路，调试测量脉宽调制电路。
保持 $R_1=R_2=100k\Omega$，$R_{p1}=0$。连接好 OP3 级电路。把 $u_{o2}$ 作为脉宽调制电路的输入电压，根据表 5.17-1 改变参考电压 $U_R$ 完成各项内容的测试。（注意：$U_{Rmax}$ 和 $U_{Rmin}$ 是指保证有 $u_{o3}$ 波形的情况下 $U_R$ 的最大调节范围）

表 5.17-1

| 参考电压 $U_R$ / V | $U_{Rmax}$ | 2 | 1 | 0 | -1 | -2 | $U_{Rmin}$ |
|---|---|---|---|---|---|---|---|
| $u_{o3}$ 波形 | | | | | | | |
| $u_{o3}$ 占空比（$t_W / T$） | | | | | | | |
| $u_{o3}$ 平均值 $U_{o3}$ / V | | | | | | | |

## 六、课外实践

1．阅读"实验原理"和"实验内容"。

2．复习 2.10.2 节中"电源""示波器"内容。

3．在便携式实验箱上放置 2 片 μA741 芯片，实现如图 5.17-5 所示方波、三角波发生器电路。图 5.17-6 中给出了 μA741 对应的管脚号以及连接的片上仪器接线端子。用示波器同时观察 $u_{o1}$ 和 $u_{o2}$ 波形，记录两波形，测量记录 $u_{o1}$ 和 $u_{o2}$ 的频率和幅值。

用 Multisim 仿真图 5.17-5。

3．完成"实验总结"1、2。

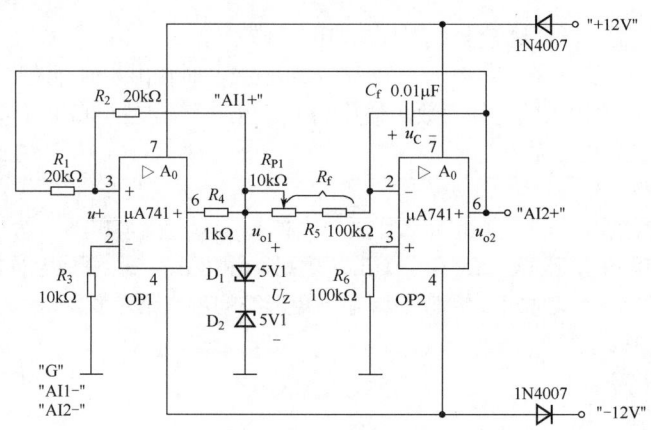

图 5.17-5 方波和三角波发生电路

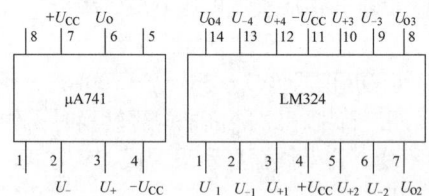

图 5.17-6 μA741 和 LM324 的引线排列

## 七、实验总结

1．整理实验数据，分析实验结果，总结电路的特点。

2．将波形发生电路中的实测值与理论估算值相比较并讨论结果。

3．思政融入：通过查阅资料，了解集成电路产业国内外的巨大差距，以及一些"卡脖子"案例，深刻领会落后就要挨打的道理，激发自身的"核心技术求不来、买不来，要靠自己奋斗出来"的忧患意识和自强意识。

## 5.18 基础实验 18 低频功率放大电路

### 一、实验目的

1. 理解掌握 OCL、OTL 互补对称功率放大电路的工作原理和特点。
2. 掌握 OCL 和 OTL 互补对称功率放大电路的调试及主要性能测试方法。
3. 了解自举电路的原理及其对改善 OTL 功率放大器性能所起的作用。

### 二、实验设备

1. 模拟电子技术实验箱。
2. 函数信号发生器。
3. 双踪数字示波器。
4. 数字式万用表。
5. 课外实践套件、PC（装有片上仪器上位机软件）。（可选）
6. PC（装有 Multisim 仿真软件）。（可选）

### 三、实验原理

图 5.18-1 为基本互补对称 OCL 功率放大电路。静态时互补对称管 $T_1$ 和 $T_2$ 处于截止状态；当输入为一定幅度的正弦波时，输出 $u_o$ 为交越失真的近似正弦波。

图 5.18-2 为解决交越失真的 OCL 电路。静态时，$R_1$、$D_1$、$D_2$、$R_2$ 提供 $T_1$、$T_2$ 很小的偏置电流，使两管处于微导通从而工作在甲乙类状态。当输入为一定幅度的正弦波时，输出 $u_o$ 为不失真的正弦波。

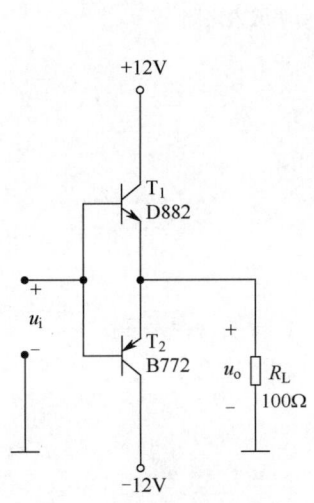
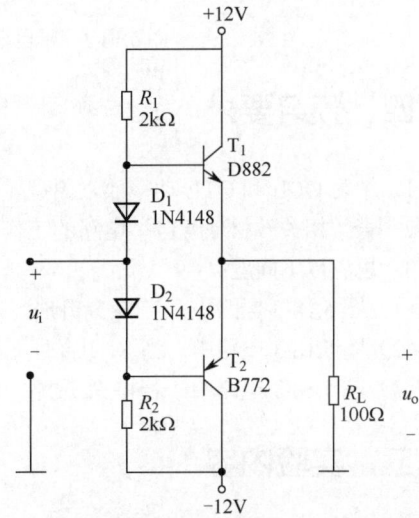

图 5.18-1　基本互补对称 OCL 功率放大电路　　　　图 5.18-2　解决交越失真的 OCL 电路

图 5.18-3 为带自举电路的 OTL 低频功率放大电路。其中 $T_3$ 管组成推动级（即前置放大级），$T_1$、$T_2$ 管组成互补对称推挽 OTL 功率放大电路。调节 $R_{p2}$ 得到合适的 $I_{c3}$，使 $T_3$ 管工作在甲类放大状态。$I_{c3}$ 在 $R_{p2}$ 和二极管 D 上的电压降提供了 $T_1$、$T_2$ 管的偏置电压，$R_C$、$R_{p2}$、D 让 $T_1$、$T_2$ 管获得合适静态电流，从而使 $T_1$、$T_2$ 管工作在甲乙类状态，以避免输出出现交越失真。静态时要求输出端 A 点的电位 $U_A = 0.5U_{CC}$，可以通过调节电位器 $R_{p1}$ 来实现。又由于 $R_{p1}$ 的一端连接到 A 点，引入交、直流负反馈，从而稳定了放大电路的静态工作点，又改善了输出的非线性失真。

电路中，电阻 $R_4$ 和电容 $C_4$ 构成自举电路，其作用是提高放大电路输出电压的幅度，以增大输出功率。自举电路工作原理可参阅相关教材。

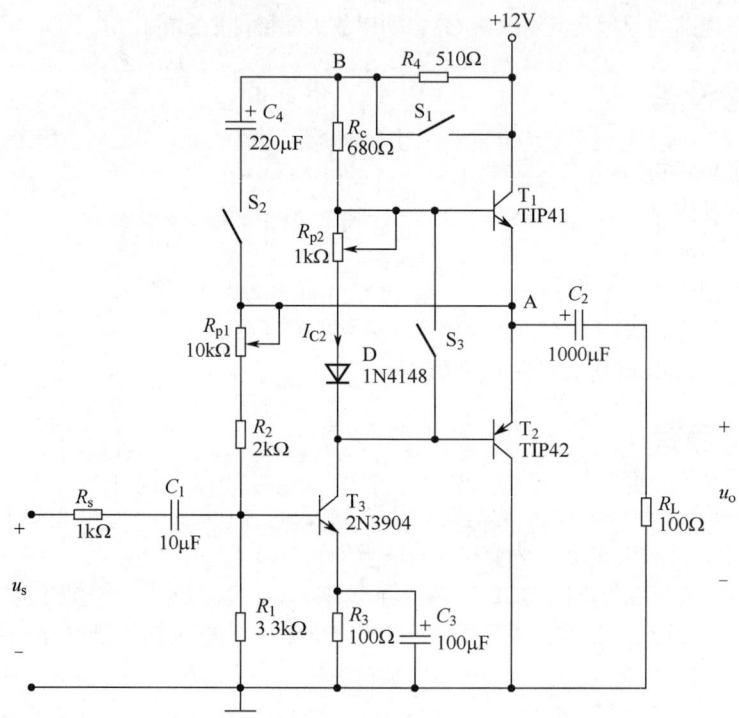

图 5.18-3　带自举电路的 OTL 低频功率放大电路

## 四、预习要求

1. 学习 OCL 和 OTL 功率放大原理。
2. 查阅相关教材理解自举电路的工作原理和作用。
3. 思考以下问题：
（1）图 5.18-3 电路中，当 $S_3$ 断开时，$T_1$、$T_2$ 管工作在什么状态？
（2）图 5.18-3 电路中，当 $S_3$ 闭合且无输入信号时，$T_1$、$T_2$ 管的管耗是多少？
（3）图 5.18-3 电路中，若将 $R_4$ 短路，自举作用将发生什么变化？

## 五、实验内容

1. 按图 5.18-1 电路接线，无输入时，测量和记录 $U_o$ 直流电压。输入加一频率为 1kHz，振幅为 5V 的正弦波，观察输出波形的失真情况，记录 $u_i$ 和 $u_o$ 波形。

2. 按图 5.18-2 电路接线,无输入时,测量和记录 $U_o$ 直流电压。加入频率为 1kHz 的正弦波信号,逐渐加大幅度使输出达到最大不失真波形。测量 $U_{im}$、$U_{om}$,记录 $u_i$ 和 $u_o$ 波形,计算 $P_{om}$。

3. 仍为图 5.18-2 电路,输入分别加入+3V、-3V 直流信号,测量和记录相应的 $U_o$,计算相对应的 $P_o$。

4. 按图 5.18-3 电路接线。

(1) 静态测试

闭合 $S_1$,断开 $S_2$、$S_3$,调节 $R_{p1}$ 使 A 点直流电位约为 6V。调节 $R_{p2}$ 使 $I_{c3}$ 约为 5~10mA,记录相应值。

(2) 动态测试

$S_3$ 断开,闭合 $S_1$、断开 $S_2$ 使电路无自举作用,在输入端接 1kHz 正弦信号时,输出端接用示波器观察输出波形,逐渐增大输入电压幅度,直至出现失真为止。记录此时输入电压、输出电压幅值,并记录波形。计算 $P_{om}$。

$S_3$ 断开,断开 $S_1$、闭合 $S_2$ 使电路有自举作用,在输入端接 1kHz 正弦信号时,输出端接用示波器观察输出波形,逐渐增大输入电压幅度,直至出现失真为止。记录此时输入电压、输出电压幅值,并记录波形。计算 $P_{om}$。

(3) 闭合 $S_3$,在输入端接 1kHz、5V 正弦信号,输出端接用示波器观察输出波形的交越失真现象,记录输入、输出波形。

## 六、课外实践

1. 阅读"实验原理"和"实验内容"。

2. 利用 Multisim 对图 5.18-1 电路进行直流分析仿真,得到 $T_1$、$T_2$ 管三极的直流工作电位。设置"瞬态分析"(Transient)模式,仿真输入为一正弦波时输出波形情况,观察交越失真现象。

3. 利用 Multisim 对图 5.18-2 电路进行交流分析仿真。仿真输入为一正弦波时输出波形情况。设置"瞬态分析"(Transient)模式,利用 $P_o = U_{om}^2 / 2R_L$ 仿真输出功率特性曲线。

4. 利用 Multisim 对图 5.18-3 电路进行"直流工作点分析"(DC Operating Point)仿真,得到 $T_1$、$T_2$、$T_3$ 管的集电极电流 $I_{C1}$、$I_{C2}$、$I_{C3}$。要求分两种情况:不带自举电路(即断开 $S_2$,合上 $S_1$),带自举电路(即合上 $S_2$,断开 $S_1$)。设置"瞬态分析"(Transient)进行交流仿真,观察两种情况下产生最大不失真输出时的输入、输出正弦波幅度。

5. 在便携式实验箱的 DIP8 管座上插入 D882 和 B772 晶体管各 1 只,实现电路 5.18-1,完成"实验内容" 1。

6. 在便携式实验箱的 DIP8 管座上插入 D882 和 B772 晶体管各 1 只,实现电路 5.18-2,完成"实验内容" 2。

7. 完成"实验总结" 1、2。

## 七、实验总结

1. 整理实验数据,分析实验结果,总结电路的特点。
2. 比较实测数据与理论计算数据的差异,寻找分析原因。
3. 思政融入:结合我国无线功率发射设备的发展,谈谈功率放大电路演变的形式及意义。

## 5.19 基础实验 19 波形振荡电路

### 一、实验目的

1. 理解掌握由集成运放构成的方波发生器的工作原理和特点。
2. 熟悉方波发生器的一些主要性能指标及测量方法。
3. 掌握 RC 桥式正弦波振荡电路的工作原理和组成结构。
4. 研究 RC 桥式正弦波振荡电路的起振条件和稳幅特性。
5. 掌握 RC 桥式正弦波振荡电路的调试及测量方法。
6. 了解 LC 正弦波振荡电路的工作原理和组成结构。
7. 观察和分析 LC 正弦波振荡电路起振和稳定的条件。
8. 学习 LC 正弦波振荡电路的调试和测量方法。

### 二、实验设备

1. 模拟电子技术实验箱。
2. 函数信号发生器。
3. 双踪数字示波器。
4. 数字式万用表。
5. 课外实践套件、PC（装有片上仪器上位机软件）。（可选）
6. PC（装有 Multisim 仿真软件）。（可选）

### 三、实验原理

图 5.19-1 是由普通 RC 积分电路和滞回比较器组成的方波发生器，稳压二极管的正、负向稳定电压均为 $U_Z$，$u_o$ 输出矩形波，频率为

$$f_0 = \frac{1}{2(R_3 + R_p)C \ln\left(1 + \dfrac{2R_1}{R_2}\right)}$$

图 5.19-2 为集成运放组成的 RC 桥式正弦波振荡电路，$R_1$、$R_2$、$R_p$、$R_3$ 和集成运放构成同相比例放大器，$D_1$、$D_2$ 用于稳幅。RC 串并联网络和集成运放构成正反馈电路，起正反馈和选频作用。要使电路正常振荡，应满足

$$A_f = 1 + \frac{R_2 + R_p + R_3 // R_D}{R_1} \geqslant 3$$

即 $R_2 + R_p + R_3 // R_D \geqslant 2R_1$。$R_D$ 为二极管正向导通时的等效电阻。若定义 $C_1 = C_2 = C$，$R_4 = R_5 = R$，输出正弦波频率 $f_0 = 1/2\pi RC$。调节 $R_p$ 可使电路起振与停振。

图 5.19-3 为改进型电容三点式 LC 正弦波振荡电路（西勒振荡器），其工作原理与电路结构与克拉泼（Clapp）振荡器相似。二者的区别仅仅在于西勒振荡器除了在电感支路中串入小电容外，还在电感旁并接一小电容，进一步改善了电容三点式振荡器的性能。克拉泼振荡器调频方便但可调范围

小，西勒振荡器频率稳定性非常高，振幅稳定，频率调节方便，适合做波段振荡器。本电路输出正弦波振荡频率为

$$f_0 \approx \frac{1}{2\pi\sqrt{L(C_4+C_5)}}$$

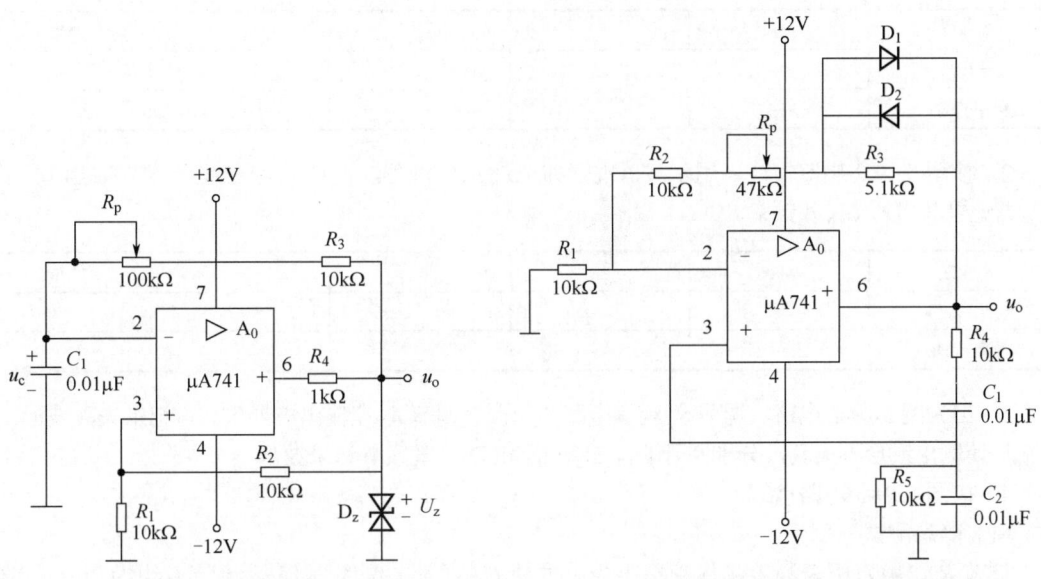

图 5.19-1  方波发生器　　　　　　图 5.19-2  RC 桥式正弦波振荡电路

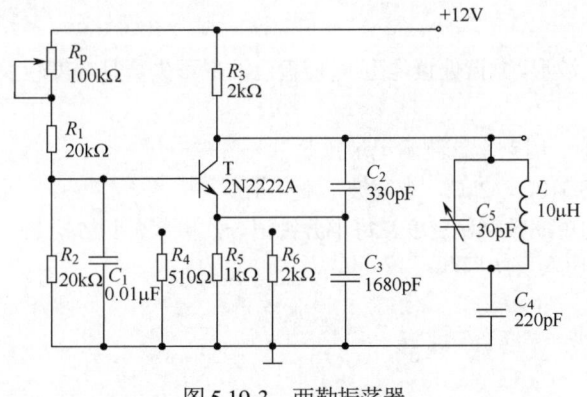

图 5.19-3  西勒振荡器

## 四、预习要求

1. 学习由运放构成的多谐振荡器、RC 正弦波振荡器、LC 正弦波振荡器的电路结构和工作原理。

2. 思考以下问题：

（1）图 5.19-2 电路中，调节 $R_p$ 能否输出低幅值（小于二极管死区电压）的正弦波？若 $R_3$ 换成 12kΩ，调节 $R_p$ 能否输出低幅值（小于二极管死区电压）的正弦波？

（2）图 5.19-2 电路中，若二极管 $D_1$、$D_2$ 有一个开路，输出波形有何变化？

（3）图 5.19-2 电路中，若将 $R_3$ 开路，输出波形有何变化？

（4）图 5.19-3 电路中，若振荡器不起振，应从哪几方面检查？

## 五、实验内容

1. 按图 5.19-1 电路接线，用示波器观察并记录 $u_o$ 的波形，调节 $R_p$，测量并记录其电压 $U_{pp}$（峰-峰值）和频率 $f$。

| $R_p$/kΩ | Max | | | | Min |
|---|---|---|---|---|---|
| 电压 $U_{pp}$/V | | | | | |
| 频率 $f$/Hz | | | | | |

2. 按图 5.19-2 电路接线，用示波器观察并记录 $u_o$ 的波形，调节 $R_p$，在波形不失真的情况下，测量并记录其电压 $U_{pp}$ 和频率 $f$。

| $R_p$/kΩ | Max | | | | Min |
|---|---|---|---|---|---|
| 电压 $U_{pp}$/V | | | | | |
| 频率 $f$/Hz | | | | | |

3. 仍为图 5.19-2 电路，调节 $R_p$ 观察电路的起振。调节 $R_p$ 让输出波形失真，记录失真波形。调节 $R_p$，使输出波形不失真，分别断开 $D_1$、$D_2$、$D_1$ 和 $D_2$，观察并记录波形。

4. 按图 5.19-3 电路接线。

（1）静态测试

调节 $R_p$，用万用表测量晶体管集电极电位使 $U_C$ 直流电位约为 8V，调节 $I_c$ 约为 2mA，记录相应值。

（2）动态测试

用示波器观察输出波形，微调偏置电阻 $R_p$ 使输出波形不失真且幅度较大，记录输出电压峰峰值、频率、波形。

微调 $C_5$，观察波形。用频率计测量记录频率。

晶体管发射极改接 510Ω、2kΩ，观察波形变化情况。

（3）测量振荡器的短期频率稳定度。每半分钟记一次频率，记 5 分钟，以最后一次测量的频率为 $f_0$，计算 $\Delta f/f_0$，并作 $\Delta f \sim t$ 曲线。

## 六、课外实践

1. 阅读"实验原理"和"实验内容"。
2. 复习 2.10.2 节中"电源""示波器"内容。
3. 利用 Multisim 对图 5.19-1 电路进行仿真，观测频率计数据，观测示波器显示的输出端波形的形状、幅值、频率。
4. 利用 Multisim 对图 5.19-2 电路进行仿真。观测频率计数据，观测示波器显示的输出端波形的形状、幅值、频率。改变 $R_p$ 值，特别注意仿真临界起振、正弦波输出产生失真时的情况。
5. 利用 Multisim 对图 5.19-3 电路进行仿真，观测频率计数据，观测示波器显示的输出端波形的形状、幅值、频率。仿真分析中注意两点：（1）观察迭代步长对振荡器起振过程有何影响。（2）观察工作点、负载、回路参数对振荡频率、波形失真的影响。
6. 在便携式实验箱上实现图 5.19-1 所示电路，其中 $R_p$ 改为 10kΩ 可调电阻，$U_Z$ = 5.1V。完成"实验内容"1。

7. 在便携式实验箱上实现图 5.19-2 所示电路，其中 $R_p$ 改为 10kΩ 可调电阻，$R_4$ 和 $R_5$ 改为 20kΩ。
完成"实验内容"2。
完成"实验内容"3。
8. 完成"实验总结"1、2、3。

## 七、实验总结

1. 整理仿真数据，画出要求的各项仿真曲线。
2. 整理实验数据，分析实验结果，总结电路的特点。
3. 比较实测数据与理论计算数据的差异，寻找分析原因。
4. 探讨西勒振荡器中，能引起输出波形频率变化的因素。（可通过仿真改变负载大小、电源电压、影响反馈系数的电容进行研究）
5. 思政融入：试从低频到高频正弦波的产生，联系到华为通信技术的先进性，体会掌握好基础实验的重要性，畅想坚韧不拔，团队合作的必要性。

# 5.20 基础实验 20 集成定时器及其应用

## 一、实验目的

1. 熟悉 555 集成定时器的组成结构和工作原理。
2. 掌握 555 集成定时器的典型应用和测试方法。
3. 学习 555 集成定时器构成 V/F 变换器的设计和调试方法。

## 二、实验设备

1. 模拟电子技术实验箱。
2. 函数信号发生器。
3. 双踪数字示波器。
4. 数字式万用表。
5. 课外实践套件、PC（装有片上仪器上位机软件）。（可选）
6. PC（装有 Multisim 仿真软件）。（可选）

## 三、实验原理

**1. 数字触发器**

图 5.20-1 为一个用 555 集成定时器构成的基本 R-S 触发器。输入 $R$、$S$ 加入数字电平（可以加+5V 表示高电平，接地表示低电平），根据 555 原理可得输出 $Q$ 功能如表 5.20-1 所示。

表 5.20-1 基本 R-S 触发器功能表

| $R$ | $S$ | $Q^{n+1}$ |
|---|---|---|
| 0 | 0 | 1 |
| 0 | 1 | $Q^n$ |
| 1 | 0 | 不定 |
| 1 | 1 | 0 |

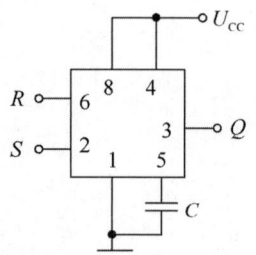

图 5.20-1 用 555 构成的 R-S 触发器

### 2. 多谐振荡器

图 5.20-2 是一个用 555 构成的多谐振荡器,输出为一定占空比的矩形波,矩形波的正、负脉宽为

$$T_1 = (R_1 + R_2)C_1 \ln 2 \approx 0.693(R_1 + R_2)C_1$$
$$T_2 = R_2 C_1 \ln 2 \approx 0.693 R_2 C_1$$

周期为

$$T = T_1 + T_2 \approx 0.693(R_1 + 2R_2)C_1$$

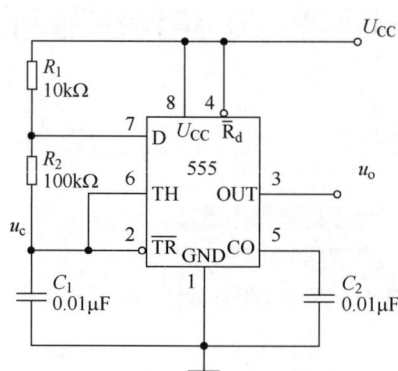

图 5.20-2 用 555 构成的多谐振荡器

### 3. 单稳态触发器

图 5.20-3 是一个用 555 构成的单稳态触发器。电源接通后,$u_i$ 为高电平,$u_o$ 为低电平。若按一下 $S_1$ 按钮再放开,此时 $u_i$ 为一个负向触发脉冲,输出 $u_o$ 为幅度和宽度一定的正脉冲,脉冲宽度 $t_w \approx 1.1 R_T C_T$。注意 $u_i$ 的负脉冲宽度必须小于 $1.1 R_T C_T$,否则电路不能正常工作。

若输入 $u_i$ 为矩形波信号,应调节好信号源使矩形波一周内的负脉宽小于 $1.1 R_T C_T$,同时要使幅度满足要求(比如设置矩形波最大值为 5V,最小值为 0V)。

### 4. 施密特触发器

图 5.20-4 是一个用 555 构成的施密特触发器,该电路的一个主要应用是波形变换。当输入 $u_i$ 为三角波时,输出为同周期的方波。实验中信号源产生三角波时应加入一合理大小的直流偏置,使三角波整个周期内为正值。另外三角波幅度最大值应高于施密特触发器的正向阈值电压 $U_{T+} = \dfrac{2}{3} U_{CC}$,最小值应低于施密特触发器的负向阈值电压 $U_{T-} = \dfrac{1}{3} U_{CC}$。定义滞后电压或回差 $\Delta U_T = U_{T+} - U_{T-}$。

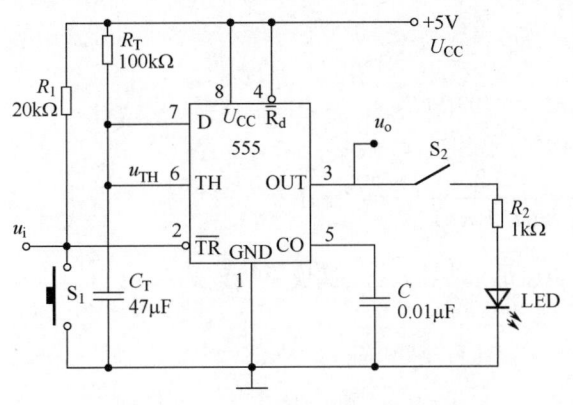
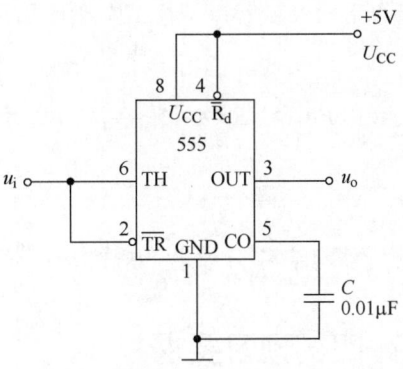

图 5.20-3　用 555 构成的单稳态触发器　　　　图 5.20-4　用 555 构成的施密特触发器

### 5．V/F 变换器

利用积分电路和 555 集成定时器可构成线性 V/F 变换器，电路如图 5.20-5 所示。

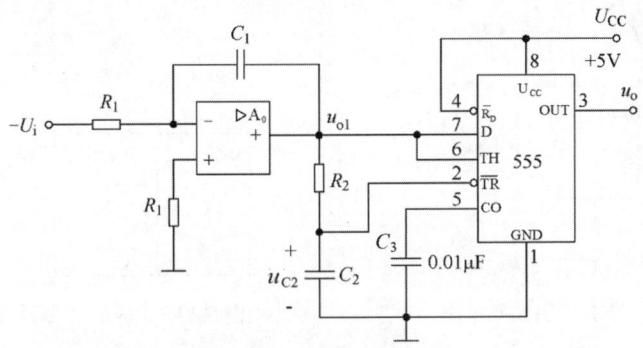

图 5.20-5　线性 V/F 变换器

运放构成积分器电路，对输入直流电压 $-U_i$ 进行积分

$$u_{o1} = -\frac{1}{R_1C_1}\int_0^t -U_i\,\mathrm{d}t = \frac{U_i}{R_1C_1}t$$

$u_{o1}$ 线性上升，在 $u_{o1} < \frac{2}{3}U_{CC}$ 前，$u_o$ 输出高电平，$C_2$ 充电，取 $R_1C_1 \gg R_2C_2$，则 $u_{C2} \approx u_{o1}$；当 $u_{o1} \geq \frac{2}{3}U_{CC}$ 时，$u_o$ 由高电平跳变为低电平，$u_{o1}$ 变为 0，$C_2$ 通过 $R_2$ 放电。当 $u_{C2} < \frac{1}{3}U_{CC}$ 时，$u_o$ 由低电平跳变为高电平，积分电路重新工作，以后过程反复如此，如图 5.20-6 所示。

当 $t = t_H$ 时，$u_{o1} = \frac{2}{3}U_{CC}$，可得

$$\frac{2}{3}U_{CC} = \frac{U_i}{R_1C_1}t_H$$

于是

$$t_H = \frac{2U_{CC}R_1C_1}{3U_i}$$

由电容 $C$ 放电方程

$$u_C(t) = \frac{2}{3}U_{CC}e^{-\frac{t}{R_2C_2}}$$

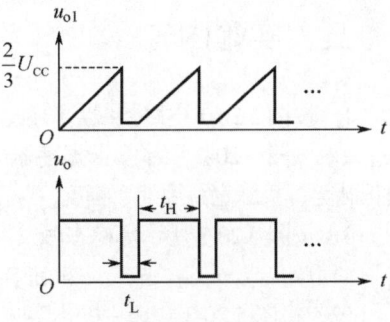

图 5.20-6　输出波形图

当 $t = t_L$ 时，$u_C(t) = \frac{1}{3}U_{CC}$ 代入上式，可得

$$t_L = R_2C_2\ln2 \approx 0.693R_2C_2$$

由 $R_1C_1 \gg R_2C_2$ 可知，$t_H \gg t_L$。于是输出矩形波的频率为

$$f_0 = \frac{1}{t_H + t_L} \approx \frac{1}{t_H} = \frac{3}{2U_{CC}R_1C_1}U_i = kU_i$$

其中 $k = \frac{3}{2U_{CC}R_1C_1}$。可见输出波形频率与输入电压是一线性关系，实现了 V/F 变换。

## 四、预习要求

1．学习 555 集成定时器的内容，掌握集成定时器的组成结构和工作原理。

2．分析用 555 集成定时器实现基本 $\overline{D}$ 触发器（或作非门）的原理。图 5.20-7 为电路，图 5.20-8 是其功能表。

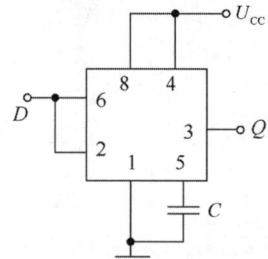

图 5.20-7　基本 $\overline{D}$ 触发器电路　　　　图 5.20-8　基本 $\overline{D}$ 触发器功能表

3．思考以下问题：

（1）分析图 5.20-9 电路，问该电路能输出方波吗？输出波形的正脉宽 $T_1=$_____，负脉宽 $T_2=$_____，周期 $T=$_____。

（2）图 5.20-3 电路中，闭合开关 $S_2$，当按一下按钮 $S_1$ 时，发光二极管发光时间为多长？

（3）图 5.20-3 电路中，若电容 $C_T$ 改为 0.01μF，输入端 $u_i$ 加一周期为 2ms，占空比为 90%的矩形波，输出端 $u_o$ 的波形周期为多少？

（4）图 5.20-3 电路中，若电阻 $R_T$ 改为 250kΩ，$C_T$ 改为 0.01μF，输入端 $u_i$ 加一周期为 2ms，占空比为 80%的矩形波，输出端 $u_o$ 的波形周期为多少？

4．预习"实验原理"中 F/V 变换器内容，预先合理选择好 $R_1$、$C_1$、$R_2$、$C_2$ 参数。

## 五、实验内容

1．按图 5.20-1 电路接线，验证基本 R-S 触发器功能。

2．按图 5.20-2 所示多谐振荡器电路接线，用示波器双踪观察并记录 $u_c$、$u_o$ 波形，记录 $u_o$ 波形的正脉宽、负脉宽、周期、幅度。

3．按图 5.20-3 所示单稳态触发器电路接线。

（1）闭合开关 $S_2$，按一下按钮 $S_1$，观察发光二极管发光情况，记录发光时长。

（2）将图 5.20-3 电路中的电容 $C_T$ 改为 0.01μF，输入端 $u_i$ 加一周期为 2ms，占空比为 80%的矩形波（幅度要求最大值为+5V，最小值为 0V），观察并记录 $u_i$、$u_{TH}$、$u_o$ 的波形。标出 $u_i$ 的幅度、负

脉冲宽度和周期；标出 $u_o$ 的幅度、正脉冲宽度和周期。

4．按图 5.20-4 所示施密特触发器电路接线。

（1）输入端 $u_i$ 加一频率为 500Hz，直流偏置为 2.5V，峰-峰值为 5V 的三角波，用示波器观察并记录 $u_i$ 和 $u_o$ 波形，标出输出电压 $u_o$ 的幅度。

（2）将示波器显示设置为 XY 方式，观察并记录电压传输特性 $u_o = f(u_i)$ 曲线。测量并记录正向阈值电压 $U_{T+}$，负向阈值电压 $U_{T-}$ 和回差 $\Delta U_T$（可以在示波器 YT 显示模式下测量）。

5．按图 5.20-5 电路接线，改变输入 $-U_i$，观察输出波形变化，测量输出电压频率记入下表。

| $-U_i$/V | | | | | |
|---|---|---|---|---|---|
| $f_0$/Hz | | | | | |

## 六、课外实践

1．阅读"实验原理"和"实验内容"。

2．复习 2.10.2 节中"电源""波形发生器""示波器"内容。

3．利用 Multisim 对 555 构成的多谐振荡器（图 5.20-2）、单稳态触发器（图 5.20-3）、施密特触发器（图 5.20-4）进行仿真，完成"实验内容" 2、3、4。

4．验证多谐振荡器。在便携式实验箱 DIP8 管座上插入 555 集成定时器芯片，实现图 5.20-2 所示多谐振荡器电路。取 $U_{CC}$ 为+5V，将 $u_c$ 和 $u_o$ 引入片上仪器接线端子 AI1+、AI1-以及 AI2+、AI2-，用示波器双踪观察并记录 $u_c$、$u_o$ 波形，记录 $u_o$ 的正脉宽、负脉宽、周期、幅度。

5．验证单稳态触发器。按图 5.20-10 电路接线，输入端 $u_i$ 加方波信号（Type = Square, Frequency = 300Hz, Amplitude = 2.5V, Offset = 2.5V），观察并记录 $u_{\overline{TR}}$、$u_o$ 的波形，标出 $u_o$ 的幅度、正脉冲宽度和周期。

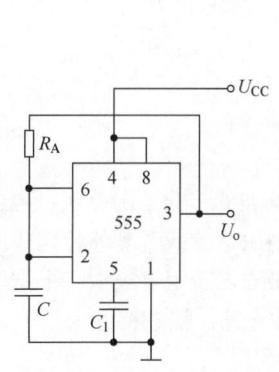

图 5.20-9  555 应用电路

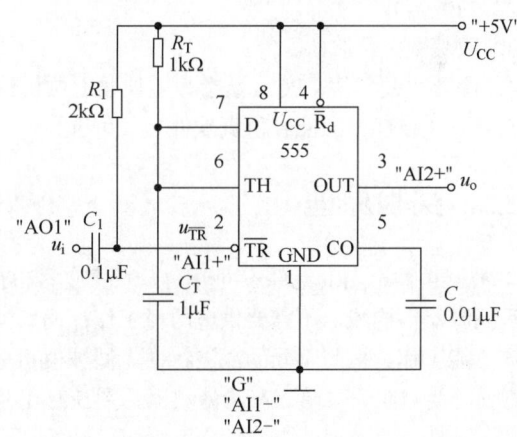

图 5.20-10  用 555 构成的单稳态触发器

6．验证施密特触发器。按图 5.20-4 电路接线，取 $U_{CC}$ 为+5V，将 $u_i$ 和 $u_o$ 引入 AI1 和 AI2 端子，$u_i$ 同时接入 AO1 端子。

（1）输入端 $u_i$ 加三角波（Type = Triangle, Frequency = 500Hz, Amplitude = 2V, Offset = 2V），用示波器观察并记录 $u_i$ 和 $u_o$ 波形，标出输出电压的幅度。

（2）将示波器显示设置为 XY 方式，观察并记录电压传输特性 $u_o = f(u_i)$ 曲线。测量并记录正向阈值电压 $U_{T+}$，负向阈值电压 $U_{T-}$ 和回差 $\Delta U_T$（可以在示波器 YT 显示模式下测量）。

7. 完成"实验总结"1、2、3。

## 七、实验总结

1. 整理实验数据，分析实验结果，总结电路的特点。
2. 比较实测数据与理论计算数据的差异，寻找分析原因。
3. 思政融入：查询当今先进仪器电路中应用到 555 集成定时器的例子，增强建立洞察一切，自立创新的意识。

# 5.21　基础实验 21　有源滤波器

## 一、实验目的

1. 掌握由运算放大器组成的 RC 有源滤波器的工作原理。
2. 学习有源滤波器的调试及幅频特性的测试方法。
3. 了解不同滤波电路对滤波信号的影响，熟悉滤波电路的作用。

## 二、实验设备

1. 模拟电子技术实验箱。
2. 函数信号发生器。
3. 双踪数字示波器。
4. 课外实践套件、PC（装有片上仪器上位机软件）。（可选）
5. PC（装有 Multisim 仿真软件）。（可选）

## 三、实验原理

滤波器根据选用的元件不同分为无源滤波器和有源滤波器。无源滤波器一般是由电阻、电容、电感等无源器件构成，不需要供电即可工作；而有源滤波器最常见的是由运放或者晶体管构成，需要供电才能工作。按照不同的滤波特性，滤波器可分为低通、高通、带通、带阻等类型。根据滤波器阶数又分为一阶、二阶、高阶滤波器。图 5.21-1 是一阶低通有源滤波电路，幅频特性为

$$|H(\omega)| = \frac{A_\text{f}}{\sqrt{1+\left(\dfrac{\omega}{\omega_\text{c}}\right)^2}}$$

式中最大幅度 $A_\text{f} = 1 + \dfrac{R_2}{R_3}$，截止频率 $\omega_\text{c} = \dfrac{1}{R_1 C_1}$。$0 \sim \omega_\text{c}$ 为通带，大于 $\omega_\text{c}$ 为阻带。幅频特性曲线如图 5.21-2 所示。

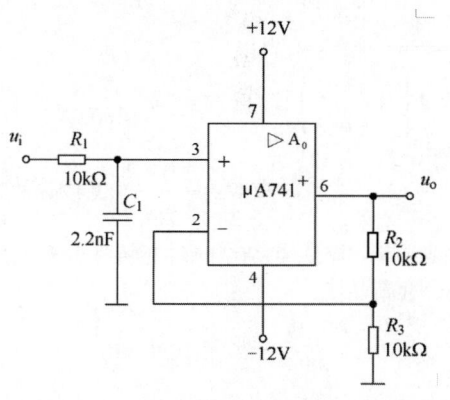
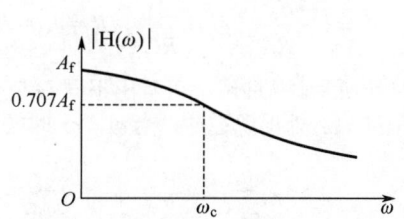

图 5.21-1　一阶低通有源滤波电路　　　　图 5.21-2　一阶低通有源滤波电路的幅频特性曲线

图 5.21-3 为一阶高通有源滤波电路。幅频特性为

$$|H(\omega)| = \frac{A_f}{\sqrt{1+\left(\dfrac{\omega_c}{\omega}\right)^2}}$$

式中，$A_f = 1 + \dfrac{R_2}{R_3}$，$\omega_c = \dfrac{1}{R_1 C_1}$。$0 \sim \omega_c$ 为阻带，大于 $\omega_c$ 为通带。幅频特性曲线如图 5.21-4 所示。

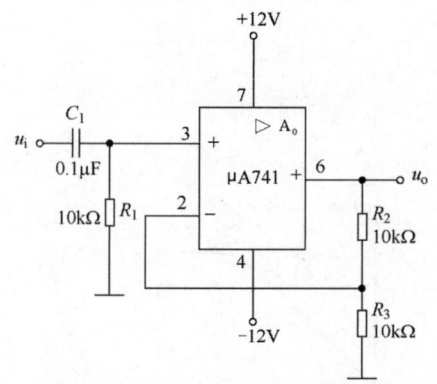
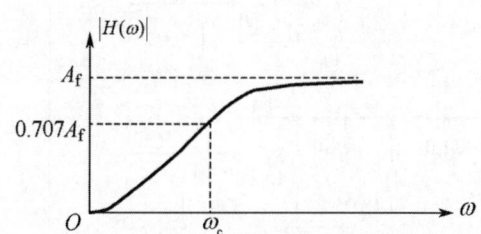

图 5.21-3　一阶高通有源滤波电路　　　　图 5.21-4　一阶高通有源滤波电路的幅频特性曲线

一阶低通、高通滤波器通带和阻带的过渡区内过于平缓，在实际应用中往往要求具有比较陡峭的特性，可采用二阶或更高阶滤波器。图 5.21-5 为二阶压控有源低通滤波电路，其工作原理可参考相关教材。幅频特性为

$$|H(\omega)| = \frac{A_f}{\sqrt{\left[1-\left(\dfrac{\omega}{\omega_c}\right)^2\right]^2 + \left(\dfrac{\omega}{\omega_c Q}\right)^2}}$$

式中 $A_f = 1 + \dfrac{R_4}{R_3}$，$\omega_c = \dfrac{1}{RC}$，$R = R_1 = R_2$，$C = C_1 = C_2$，品质因数 $Q = \dfrac{1}{3-A_f}$，幅频特性曲线如图 5.21-6 所示。从曲线上可看出不同 $Q$ 值会影响幅频响应，当 $Q = 0.707$ 时幅频特性最平坦，增大 $Q$ 值会在 $\omega = \omega_c$ 处出现过冲。当 $\omega > \omega_c$ 时幅值衰减比一阶低通快。

图 5.21-7 为二阶压控有源高通滤波电路，其工作原理可参考相关教材。幅频特性为

$$|H(\omega)| = \frac{A_f}{\sqrt{\left[\left(\frac{\omega_c}{\omega}\right)^2 - 1\right]^2 + \left(\frac{\omega_c}{\omega Q}\right)^2}}$$

式中，$A_f = 1 + \frac{R_4}{R_3}$，$\omega_c = \frac{1}{RC}$，$R = R_1 = R_2$，$C = C_1 = C_2$，品质因数 $Q = \frac{1}{3 - A_f}$，幅频特性曲线如图 5.21-8 所示。从曲线上可看出不同 $Q$ 值会影响幅频响应，当 $Q = 0.707$ 时幅频特性最平坦，增大 $Q$ 值会在 $\omega = \omega_c$ 处出现过冲。当 $\omega < \omega_c$ 时幅值上升比一阶高通快。

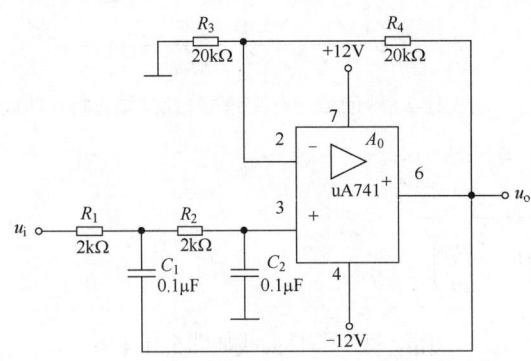

图 5.21-5　二阶压控有源低通滤波电路　　图 5.21-6　二阶压控有源低通滤波电路的幅频特性曲线

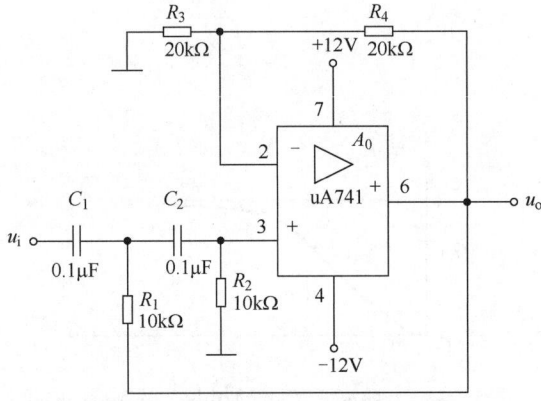

图 5.21-7　二阶压控有源高通滤波电路　　图 5.21-8　二阶压控有源高通滤波电路的幅频特性曲线

## 四、预习要求

1. 学习有源低通、高通、带通、带阻滤波器的原理。预先计算好实验各滤波器的参数 $A_f$、$Q$ 和 $f_c$。

2. 集成运放的输入方式对滤波器性能是否有影响？

3. 图 5.21-1、图 5.21-3 电路选择适当的器件参数，使低通滤波器的通带截止频率高于高通滤波器的通带截止频率时，将图 5.21-1 电路与图 5.21-3 电路相串联，构成了什么滤波器？若低通滤波器的通带截止频率低于高通滤波器的通带截止频率时，将图 5.21-1 电路与图 5.21-3 电路相并联，又构成什么滤波器？

4. 传感器加到放大电路的信号频率范围是 400Hz±10Hz，经过放大后发现输出波形含有一定程度的噪声和 50Hz 的工频干扰。试问应引入什么形式的滤波电路以改善信噪比？

## 五、实验内容

1. 按图 5.21-1 电路接线，输入加有效值为 1V 的正弦波，同时观察输入、输出波形。在保持输入信号幅度不变的前提下，改变信号频率分别测出相应的输出电压有效值，$u_o$ 与 $u_i$ 的相位差，填入表 5.21-1。

表 5.21-1　一阶低通有源滤波电路幅频特性

| $f$/Hz | 300 | 500 | 700 | 1000 | 3000 | 5000 | 7000 | 10000 |
|---|---|---|---|---|---|---|---|---|
| $\omega$/rad | | | | | | | | |
| $U_o$ 理论值/V | | | | | | | 1.414 | |
| $U_o$ 测量值/V | | | | | | | | |
| 相位差 $\varphi$ | | | | | | | | |

注意：（1）当 $U_o = 0.707 A_f U_i$ 时的输入信号频率是截止频率 $f_c$；（2）$\omega = 2\pi f$。

2. 按图 5.21-3 电路接线，输入加有效值为 1V 的正弦波，同时观察输入、输出波形。在保持输入信号幅度不变的前提下，改变信号频率分别测出相应的输出电压有效值，填入表 5.21-2，注意截止频率 $f_c$ 的测量。

表 5.21-2　一阶高通有源滤波电路幅频特性

| $f$/Hz | 50 | 100 | 150 | 200 | 300 | 500 | 1000 | 1500 |
|---|---|---|---|---|---|---|---|---|
| $\omega$/rad | | | | | | | | |
| $U_o$ 理论值/V | | | 1.414 | | | | | |
| $U_o$ 测量值/V | | | | | | | | |

3. 按图 5.21-5 电路接线，输入加有效值为 1V 的正弦波，同时观察输入、输出波形。在保持输入信号幅度不变的前提下，改变信号频率分别测出相应的输出电压有效值，改变 $R_4$ 阻值为 10kΩ、5.1kΩ 重新测量，填入表 5.21-3。

表 5.21-3　二阶压控有源低通滤波电路幅频特性

| $R_4$ | $f$/Hz | 100 | 300 | 500 | 700 | 900 | 1000 | 2000 | 5000 |
|---|---|---|---|---|---|---|---|---|---|
| | $\omega$/rad | | | | | | | | |
| 20kΩ | $U_o$/V | | | | | | | | |
| 10kΩ | $U_o$/V | | | | | | | | |
| 5.1kΩ | $U_o$/V | | | | | | | | |

4. 按图 5.21-7 电路接线，输入加有效值为 1V 的正弦波，同时观察输入、输出波形。在保持输入信号幅度不变的前提下，改变信号频率分别测出相应的输出电压有效值，改变 $R_4$ 阻值为 10kΩ 重新测量，填入表 5.21-4。

表 5.21-4　二阶压控有源高通滤波电路幅频特性

| $R_4$ | $f$/Hz | 100 | 300 | 500 | 700 | 900 | 1000 | 2000 | 5000 |
|---|---|---|---|---|---|---|---|---|---|
| | $\omega$/rad | | | | | | | | |
| 20kΩ | $U_o$/V | | | | | | | | |
| 10kΩ | $U_o$/V | | | | | | | | |

## 六、课外实践

1. 阅读"实验原理"和"实验内容"。

2. 复习 2.10.2 节中"电源""波形发生器""示波器""网络分析仪"内容。复习 2.10.3 中"无源低通滤波器"内容。

3. 在便携式实验箱 DIP8 管座上插入 μA741 芯片，实现图 5.21-1、图 5.21-3 电路。采用片上仪器的"网络分析仪"功能，记录截止频率和幅频特性曲线。

利用 Multisim 对图 5.21-1、图 5.21-3 电路进行仿真，采用"交流分析"（AC Sweep）方式。记录截止频率和幅频特性曲线。

4. 实现图 5.21-5 电路。采用片上仪器的"网络分析仪"功能，记录截止频率和幅频特性曲线。改变 $R_4$ 阻值为 10kΩ、5.1kΩ 重新测量并记录。

利用 Multisim 对图 5.21-5 电路进行仿真，采用"交流分析"（AC Sweep）方式。记录截止频率和仿真幅频特性曲线。改变 $R_4$ 阻值为 10kΩ、5.1kΩ 重新测量并记录。

5. 实现图 5.21-7 电路。采用片上仪器的"网络分析仪"功能，记录截止频率和幅频特性曲线。改变 $R_4$ 阻值为 10kΩ 重新测量并记录。

利用 Multisim 对图 5.21-7 电路进行仿真，采用"交流分析"（AC Sweep）方式。记录截止频率和仿真幅频特性曲线。改变 $R_4$ 阻值为 10kΩ 重新测量并记录。

6. 完成"实验总结"1、2、3、4。

## 七、实验总结

1. 根据实验参数，画出一阶低通有源滤波器和一阶高通有源滤波器的幅频特性曲线。

2. 根据实验参数，计算不同 $R_4$ 时的 $A_f$ 和 $Q$，画出 3 条二阶低通有源滤波器的幅频特性曲线。画出 2 条二阶高通有源滤波器的幅频特性曲线。

3. 比较实测数据与理论计算数据的差异，寻找分析原因。

4. 归纳电路参数对滤波器的截止频率和增益的影响。

5. 思政融入：查阅资料，总结滤波器在电力系统领域中应用到的案例，并通过国家政治经济社会的发展也必须有去伪存真的措施类比，提升科学认知能力。

# 5.22 基础实验 22 直流稳压电源

## 一、实验目的

1. 掌握单相桥式整流电路的工作原理。
2. 观察几种常用滤波电路的效果。
3. 理解集成稳压器的工作原理和使用方法。
4. 掌握直流稳压电源主要技术指标的测试方法。

## 二、实验设备

1. 模拟电子技术实验箱。
2. 双踪数字示波器。
3. 数字式万用表。
4. 直流电流表
5. PC（装有 Multisim 仿真软件）。（可选）

## 三、实验原理

电子设备的直流电源通常是利用交流电经电源变压器变压、整流电路、滤波电路和稳压电路后得到，如图 5.22-1 所示。交流电 $u_1$ 经电源变压器降压后得到所需的交流电 $u_2$，再整流成方向不变、大小随时间变化的脉动电压 $u_3$，通过滤波电路过滤交流分量，得到比较稳定的直流电压 $u_4$，此直流电压会随着交流电源的波动和负载的变化而变化。当电子设备对供电电源要求较高时，就需要加稳压电路来得到满足要求的直流电源 $U_o$。

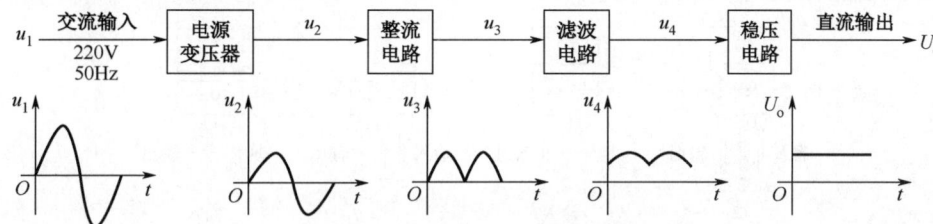

图 5.22-1　直流稳压电源原理框图

### 1. 整流电路

利用二极管的单向导电性可以构成整流电路。如图 5.22-2 所示，4 个二极管 $D_1 \sim D_4$ 组成桥式整流电路。整流后，$R_L$ 值负载电阻上的单向脉动电压波形如图 5.22-3 所示。

假设整流二极管与变压器都是理想元件，在单相桥式整流电路中，负载上的电压平均值 $U_L$ 与变压器副边电压的有效值 $U_2$ 的关系是

$$U_L \approx 0.9U_2$$

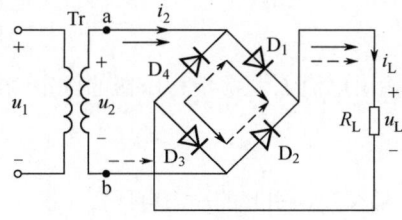　　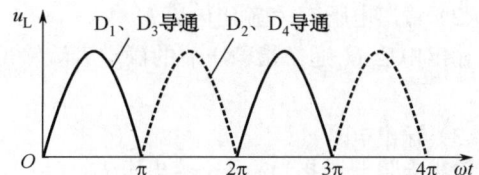

图 5.22-2　桥式整流电路　　　　图 5.22-3　桥式整流电路的单向脉动输出电压波形

### 2. 滤波电路

桥式整流后得到不稳定的直流电压，利用电容的储能功能，使输出电压平滑化，这种电路称为桥式整流滤波电路，如图 5.22-4 所示。该电容称为滤波电容，也可以称为平滑电容（smoothing capacitor）。

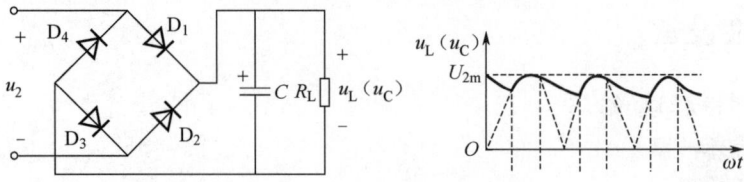

图 5.22-4  桥式整流滤波电路

当选用的电容容量适当时，负载上的电压平均值 $U_L$ 与变压器副边电压的有效值 $U_2$ 的关系是

$$U_L \approx 1.2 U_2$$

**3．稳压电路**

经过滤波得到的直流电压会随着交流电源电压或负载电流的变化而变化，为了获得稳定的直流输出电压，在整流滤波电路后需加稳压电路。

三端集成稳压器具有外接线路简单、体积小、工作可靠等优点，3 条引脚分别是输入端、接地端、输出端。TO-220 封装和 TO-202 封装的正电压输出的 78×× 系列和负电压输出的 79×× 系列引脚如图 5.22-5 所示。集成稳压器一般要求最小输入输出电压差约为 2V，一般应使电压差保持在 4～5V，否则不能输出稳定的电压。

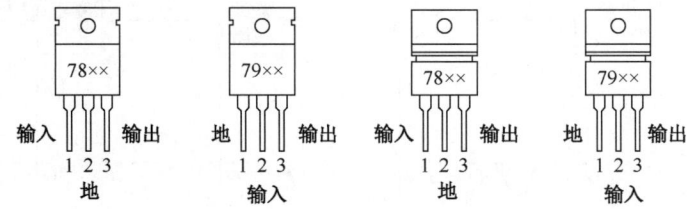

图 5.22-5  78××/79×× 系列引脚

**4．主要性能指标**

（1）纹波系数 $\gamma$

纹波系数用来表征电路输出电压的脉动程度，定义为输出电压中交流分量有效值 $\tilde{U}_L$（又称纹波电压）与输出电压平均值 $U_L$ 之比，即

$$\gamma = \frac{\tilde{U}_L}{U_L}$$

$\gamma$ 值越小越好。

（2）输出电压 $U_o$ 和输出电流 $I_o$

输出电压 $U_o$ 通常指稳压后的额定直流输出电压值。输出电流 $I_o$ 通常指稳压器的额定输出电流值。

（3）输出电阻 $r_o$

输出电阻 $r_o$ 是指当输入交流电压 $U_2$ 保持不变，由于负载变化而引起的输出电压变化量 $\Delta U_L$ 与输出电流变化量 $\Delta I_L$ 之比，即

$$r_o = \frac{\Delta U_L}{\Delta I_L}$$

（4）稳压系数 $S$

稳压系数 $S$ 是指当负载保持不变，稳压器的输出电压相对变化量与输入电压相对变化量之比，即

$$S = \frac{\Delta U_L / U_L}{\Delta U_I / U_I}$$

## 四、预习要求

1. 学习与整流、滤波、稳压电路相关的理论知识。
2. 说明实验中 $U_2$、$U_L$、$\tilde{U}_L$ 的物理意义，选择相应的测量仪表。
3. 桥式整流电路中，若某个整流二极管分别发生开路、短路或接反等情况时，电路将分别发生什么问题？
4. 如果整流电路或稳压电路的负载短路，会发生什么问题？

## 五、实验内容

### 1. 单相整流、滤波电路

取变压器副边电压 15V 挡作为整流电路的输入电压 $U_2$，并实测 $U_2$ 的值，完成表 5.22-1 所给各电路的连接和测量。

表 5.22-1 （$R_L = 240\Omega$，$U_2 = $ _____ V）

| 电路图 | 测量结果 | | | 计算值 |
|---|---|---|---|---|
| | $U_L$ / V | $\tilde{U}_L$ / V | $u_L$ 波形 | $\gamma$ |
| 桥式整流电路 | | | | |
| 桥式整流 + 100μF 滤波 | | | | |
| 桥式整流 + 470μF 滤波 | | | | |
| 桥式整流 + 复合滤波（10Ω, 470μF, 100μF） | | | | |

### 2. 集成稳压电路

（1）取变压器副边电压 15V 挡作为整流电路的输入电压 $u_2$，按图 5.22-6 连接好电路，改变负载

电阻值 $R_L$，完成表 5.22-2 的测量（如无毫安表，$I_L$ 可通过计算求取）。

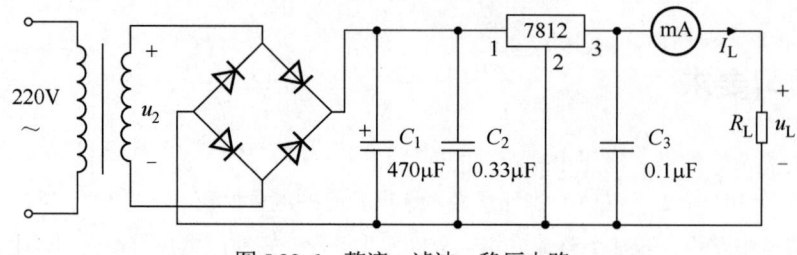

图 5.22-6  整流、滤波、稳压电路

表 5.22-2  （$U_2=$ _____ V）

| 负　载 | 测量结果 | | | | 计算值 |
|---|---|---|---|---|---|
| $R_L/\Omega$ | $U_L$/V | $\tilde{U}_L$/V | $I_L$/mA | $u_L$ 波形 | $r_o$ |
| ∞ | | | | | |
| 240 | | | | | |
| 120 | | | | | |

（2）取负载电阻 $R_L = 120\Omega$ 不变，改变图 5.22-6 电路输入电压 $u_2$，完成表 5.22-3 的测量。

表 5.22-3  （$R_L = 120\Omega$）

| 变压器抽头 | 测量结果 | | | | 计算值 |
|---|---|---|---|---|---|
| | $U_2$/V | $U_L$/V | $\tilde{U}_L$/V | $u_L$ 波形 | $S$ |
| 9V 挡 | | | | | |
| 12V 挡 | | | | | |
| 15V 挡 | | | | | |
| 18V 挡 | | | | | |

## 六、课外实践

1. 阅读"实验原理"和"实验内容"。

2. 用 Multisim 仿真各功能电路，按照"实验内容"的要求进行实验，将数据和波形记入表 5.22-1、表 5.22-2 和表 5.22-3。

3. 完成"实验总结" 1、2、3。

## 七、实验总结

1. 根据表 5.22-1 的结果，讨论桥式整流电路输出电压平均值 $U_L$ 和输入交流电压有效值 $U_2$ 之间的数值关系。

2. 根据表 5.22-1 的结果，总结不同滤波电路的滤波效果。

3. 根据表 5.22-2 和表 5.22-3 结果，分析集成稳压器的稳压性能。

4. 总结实验中出现的问题及其解决方法。

5. 思政融入：得到一个恒定的直流电压需要经过整流、滤波、稳压等环节，环环相扣、缺一不可。试以此为例，探讨要有使命担当的责任心、循序渐进、踏实做事练本领的重要性。

## 5.23　基础实验 23　三相异步电动机的起动及运动控制（Ⅰ）

### 一、实验目的

1. 了解三相异步电动机的结构和额定值。
2. 掌握三相异步电动机的起动和反转方法。
3. 了解按钮、交流接触器、热继电器的基本结构及动作原理，掌握它们的使用方法。
4. 掌握三相异步电动机基本的直接起动、正反转控制和顺序控制电路的工作原理、接线及操作方法。
5. 了解三相异步电动机运行时的保护方法。

### 二、实验设备

1. 三相四线制交流电源（380V、220V）。
2. 三相异步电动机。
3. 交流接触器（吸引线圈额定电压 220V）-实验模块Ⅱ（主回路）。
4. 热继电器-实验模块Ⅱ（主回路）。
5. 按钮-实验模块Ⅱ（控制回路）。
6. 指示灯-实验模块Ⅱ（控制回路）。
7. 交流电流表。

### 三、实验原理

异步电动机是基于电磁原理把交流电能转换为机械能的一种旋转电机。根据使用的相数，异步电动机分为三相异步电动机和单相异步电动机。它具有结构简单、制造方便、价格低廉、运行可靠、维修方便等一系列优点。因此，广泛用于工农业生产、交通运输、国防工业和日常生活等许多方面。

异步电动机主要由定子和转子两个基本部分构成。定子主要由定子铁心、定子绕组和机座等组成，是电动机的静止部分。转子主要是由转子铁心、转子绕组和转轴等组成，是电动机的转动部分。

三相异步电动机的定子绕组为三相对称绕组，一般有 6 根引出线，出线端装在机座外面的接线盒内，如图 5.23-1 所示。在已知各相绕组额定电压的情况下，根据三相电源电压的不同，三相定子绕组可以接成星形或三角形，然后与电源相连。当定子三相绕组通以三相电流时，便在电机内产生旋转磁场，其转速 $n_1$（称同步转速）取决于电源频率 $f$ 和旋转磁场的磁极对数 $p$，其关系为

$$n_1 = 60\frac{f}{p} \text{（转/分）}$$

旋转磁场的转向与三相绕组中三相电流的相序一致。在旋转磁场作用下，转子绕组产生感应电动势，从而产生转子电流，转子电流与磁场相互作用便产生电磁转矩，转子在电磁转矩作用下旋转起来，转向与旋转磁场的转向一致，转速 $n$ 低于旋转磁场的转速 $n_1$，故称异步电动机。

三相异步电动机的三相定子绕组有首（始）端和末（尾）端之分，3 个首端标以 $U_1$、$V_1$ 和 $W_1$，3 个末端标以 $U_2$、$V_2$ 和 $W_2$（见图 5.23-1）。如果没有按照首、末端的标记正确接线，则电动机可能不能起动或不能正常工作。

三相异步电动机的直接起动由于起动电流大，只适用于小容量的电动机。而降压起动可减少起动电流，但也减少了起动转矩，故适用于起动转矩要求不大的场合。对于正常运行时定子绕组采用三角形连接的电动机，可采用 Y-△ 降压起动。

要改变三相异步电动机的转向，只要改变三相电源与定子绕组连接的相序即可。

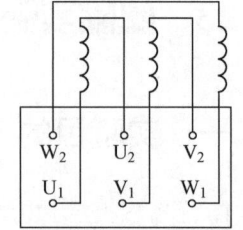

图 5.23-1　三相异步电动机的三相定子绕组和接线端

在工农业生产中，广泛采用继电接触控制系统对中小功率异步电动机进行直接起动、正反转控制和顺序控制。这种控制系统主要由交流接触器、按钮、热继电器等组成。

交流接触器主要由铁心、吸引线圈和触点组等部件组成。铁心分为动铁心和静铁心，当吸引线圈加上额定电压时，两铁心吸合，从而带动触点组动作。触点可分为主触点和辅助触点，主触点的接触面积大，并且有灭弧装置，能通断较大的电流，可接在主电路中，控制电动机的工作。辅助触点只能通断较小的电流，常接在辅助电路（控制电路）中。触点还有动合（常开）触点和动断（常闭）触点之分，前者当吸引线圈无电时处于断开状态，后者为吸引线圈无电时处于闭合状态。当吸引线圈带电时，动合触点闭合，动断触点断开。

交流接触器在工作时，如加于吸引线圈的电压过低时，则铁心会释放，使触点组复位，故具有欠压（或失压）保护功能。

按钮是一种简单的手动开关，在控制电路中用来发出"接通"或"断开"的指令。它的触点也有动合和动断两种形式。

热继电器是一种利用感受到的热量进行动作的保护电器，用来作为电动机的过载保护。热继电器主要由发热元件和辅助触点等组成，当电路过载时，触点动作，从而使控制电路失电，达到切断主电路的目的。

三相异步电动机可用一个交流接触器和按钮来实现单方向直接起动控制，用两个交流接触器和按钮实现正反转控制。控制电路中还利用辅助触点实现自锁和互锁。如图 5.23-4 中与 $SB_2$ 并联的动合触点 KM 为自锁触点，用来在 $SB_2$ 断开后保持电动机的连续运行。而图 5.23-5 中与吸引线圈 $KM_1$（$KM_2$）串联的动断触点 $KM_2$（$KM_1$）为互锁触点，用来防止两个交流接触器同时动作，以避免主电路短路。

## 四、预习要求

1. 如何确定三相异步电动机三相绕组的连接方式？若每相绕组的额定电压为 220V，当三相电源线电压分别为 380V 和 220V 时，电动机绕组应分别采用何种连接方式？

2. 为什么采用 Y-△ 降压起动能减少起动电流？

3. 学习交流接触器、热继电器、按钮等的基本结构、动作原理和使用方法。

4. 分析图 5.23-2、图 5.23-3、图 5.23-4、图 5.23-5 和图 5.23-6 电路的工作原理。

5. 如果图 5.23-5 中的两交流接触器的两动断触点（互锁触点）的位置对调，会出现什么现象？

## 五、实验内容

1. 记录三相异步电动机的铭牌参数，并观察三相异步电动机的结构。
2. 三相异步电动机的直接起动。

（1）采用 380V 三相交流电源，按图 5.23-2（a）接线。起动电动机，观察起动电流的冲击情况和电动机的转向。

（2）采用 220V 三相交流电源，按图 5.23-2（b）接线。重复（1）的内容。

3. 三相异步电动机的反转。

采用 220V 三相交流电源，按图 5.23-3 接线。起动电动机，观察电动机的转向。

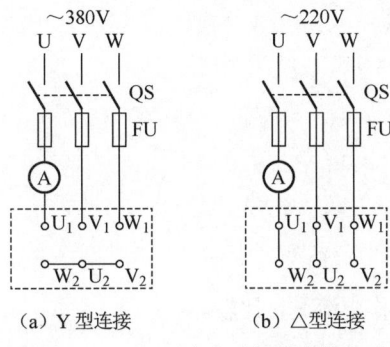 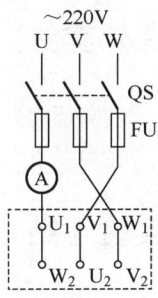

图 5.23-2　三相异步电动机的直接起动　　　　图 5.23-3　三相异步电动机的反转

4. 三相异步电动机的直接起动控制。

（1）按图 5.23-4 接线，其中电动机采用△接法。

（2）合上电源开关，操作按钮 $SB_2$ 和 $SB_1$，使电动机起动和停止，观察电动机和交流接触器的动作情况。

（3）断开电源开关，拆除控制电路中的自锁触点，再合上电源开关，操作按钮 $SB_2$，观察电动机的点动情况，体会自锁触点的作用。

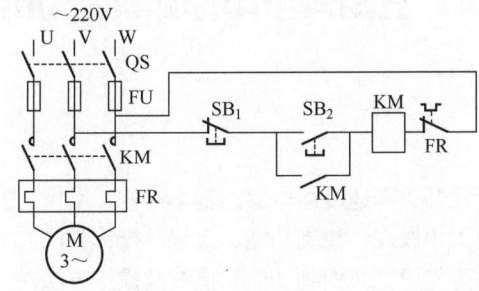

图 5.23-4　三相异步电动机的直接起动控制电路

5. 三相异步电动机的正反转控制。

（1）按图 5.23-5 接线。

（2）进行电动机的正、反转起动和停止操作，观察各交流接触器的动作情况和电动机的转向变化，体会互锁触点的作用。

6. 顺序控制电路。

（1）按图 5.23-6 接线，图中 M1 为三相异步电动机（△接法），L 为指示灯。

（2）操作 $SB_2$、$SB_3$、$SB_1$，观察电路的工作情况。若先操作 $SB_3$，工作情况如何？

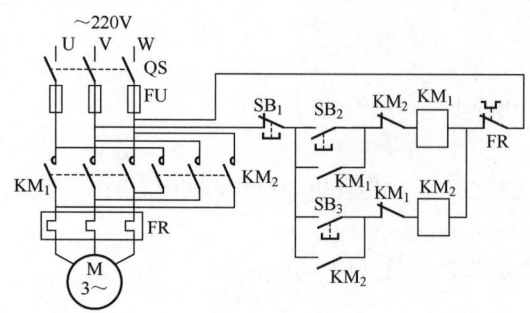 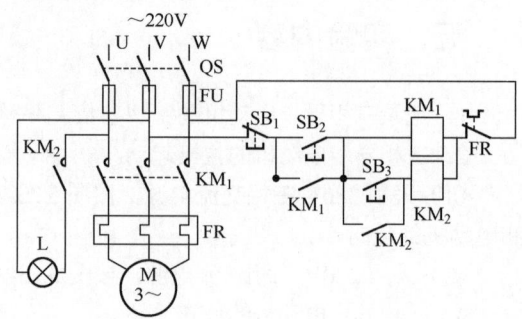

图 5.23-5　三相异步电动机的正反转控制电路　　　图 5.23-6　三相异步电动机的顺序控制电路

## 六、课外实践

1. 阅读"实验原理"和"实验内容"。
2. 完成"预习要求"内容。

## 七、实验总结

1. 对三相异步电动机的直接起动电流和正常工作电流进行比较。
2. 讨论自锁触点和互锁触点的作用。
3. 讨论实验电路中的短路、过载和失压三种保护功能。
4. 分析说明各实验电路的工作原理,总结它们的动作结果。
5. 思政融入：通过总结各种低压电器的保护功能,了解低压电器如果选型及维护不当会造成严重的电路安全事故,深刻体会培养严谨的科学态度,规范操作,养成良好的职业素养的重要意义。

# 5.24　基础实验 24　三相异步电动机的起动及运动控制（Ⅱ）

## 一、实验目的

1. 了解时间继电器、行程开关和速度继电器的基本结构,掌握它们的使用方法。
2. 掌握时间控制电路的工作原理、控制功能、接线及操作方法。
3. 掌握行程控制电路的工作原理、控制功能、接线及操作方法。
4. 掌握利用速度继电器对三相异步电动机进行反接制动控制的电路的工作原理、控制功能、接线及操作方法。

## 二、实验设备

1. 三相四线制交流电源（380V、220V）。
2. 三相异步电动机。
3. 交流接触器（吸引线圈额定电压 220V）-实验模块Ⅱ（主回路）。

4. 热继电器-实验模块Ⅱ（主回路）。
5. 按钮-实验模块Ⅱ（控制回路）。
6. 指示灯-实验模块Ⅱ（控制回路）。
7. 时间继电器（吸引线圈额定电压220V）-实验模块Ⅱ（控制回路）。
8. 速度继电器。
9. 行程开关-实验模块Ⅱ（控制回路）。

## 三、实验原理

如果要求几台电动机按一定顺序、一定时间间隔进行起动运行或停止，常用时间继电器来实现。

时间继电器的种类通常有电磁式、电动式、空气式和电子式等。时间继电器的触点系统有延时动作触点和瞬时动作触点，其中又分为动合触点和动断触点。延时动作触点又分通电延时型和断电延时型。

行程开关（也称限位开关）是一种根据生产机械的行程信号机械动作的电器，用于控制生产机械的运动方向、行程大小或位置保护。

行程开关安装在固定的基座上，当与装在被它控制的生产机械运动部件上的撞块相撞时，撞块压下行程开关的滚轮，便发出触点通、断信号，当撞块离开后，有的行程开关自动复位（如单轮旋转式），而有的行程开关不能自动复位（如双轮旋转式），后者需依靠另一方向的二次相撞来复位。

速度继电器应用广泛，可以用来监测船舶、火车的内燃机引擎，以及气体、水和风力涡轮机，还可以用于造纸业、箔的生产和纺织业生产上。在船用柴油机以及很多柴油发电机组的应用中，速度继电器作为一个二次安全回路，当紧急情况产生时，迅速关闭引擎。

速度继电器（转速继电器）又称反接制动继电器。它的主要结构由转子、定子及触点三部分组成。

速度继电器主要用于三相异步电动机反接制动的控制电路中，它的任务是当三相电源的相序改变以后，产生与实际转子转动方向相反的旋转磁场，从而产生制动力矩，使电动机在制动状态下迅速降低速度。在电机转速接近零时立即发出信号，切断电源使之停车（否则电动机开始反方向起动）。

它的转子是一个永久磁铁，与电动机或机械轴连接，随着电动机旋转而旋转。转子与鼠笼转子相似，内有短路条，它也能围绕着转轴转动。当转子随电动机转动时，它的磁场与定子短路条相切割，产生感应电势及感应电流，这与电动机的工作原理相同，故定子随着转子转动而转动起来。定子转动时带动杠杆，杠杆推动触点，使之闭合与分断。当电动机旋转方向改变时，继电器的转子与定子的转向也改变，这时定子就可以触动另外一组触点，使之分断与闭合。当电动机停止时，继电器的触点即恢复原来的静止状态。

速度继电器的符号如图 5.24-1 所示。

图 5.24-1 速度继电器的符号

由于继电器工作时是与电动机同轴的，不论电动机正转或反转，电器的两个常开触点，就有一个闭合，准备实行电动机的制动。一旦开始制动时，由控制系统的联锁触点和速度继电器备用的闭合触点，形成一个电动机相序反接（俗称倒相）电路，使电动机在反接制动下停车。而当电动机的转速接近零时，速度继电器的制动常开触点分断，从而切断电源，使电动机制动状态结束。

  常用的速度继电器有 JY1 型和 JFZ0 型两种。其中，JY1 型可在 700～3600r/min 范围内可靠地工作；JFZ0-1 型可在 300～1000r/min 范围内可靠地工作；JFZ0-2 型可在 1000～3600r/min 范围内可靠地工作。他们具有两个常开触点、两个常闭触点，触点额定电压为 380V，额定电流为 2A。一般速度继电器的转轴在 130r/min 左右即能动作，在 100r/min 时触头即能恢复到正常位置。可以通过螺钉的调节来改变速度继电器动作的转速，以适应控制电路的要求。

  本实验是用继电接触控制电路对三相异步电动机进行时间控制、行程控制和反接制动控制。

## 四、预习要求

1. 掌握时间继电器、行程开关和速度继电器的图形符号和文字符号。
2. 分析图 5.24-2、图 5.24-3、图 5.24-4、图 5.24-5 电路的工作原理，弄清其控制功能。
3. 设计三相异步电动机 Y-△降压起动控制电路。

## 五、实验内容

### 1. 时间控制电路

（1）按图 5.24-2 所示电路接线。

（2）合上电源开关，操作按钮 $SB_2$ 和 $SB_1$，观察并记录电动机和指示灯的工作情况。再调节时间继电器的延时时间重复操作。

（3）按图 5.24-3 所示电路接线，操作按钮 $SB_2$ 和 $SB_1$，观察并记录电动机和指示灯的工作情况。

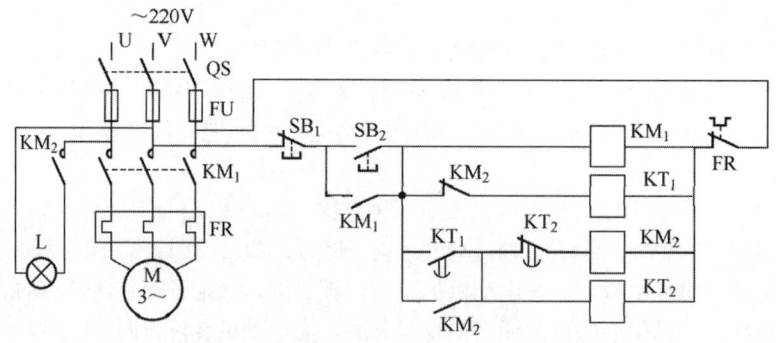

图 5.24-2　三相异步电动机的延时控制电路

### 2. 三相异步电动机的行程控制电路

  如图 5.24-4 所示为三相异步电动机的行程控制电路，它利用行程开关来控制电动机的正、反转，用电动机的正、反转带动生产机械运动部件的左、右（或上、下）运动。图中 $SQ_1$、$SQ_2$ 是行程开关的动合与动断触点开关。按图接线并操作（可用手来代替撞块撞压各行程开关的滚轮，以模拟被控生产机械运动部件的移动信号）。

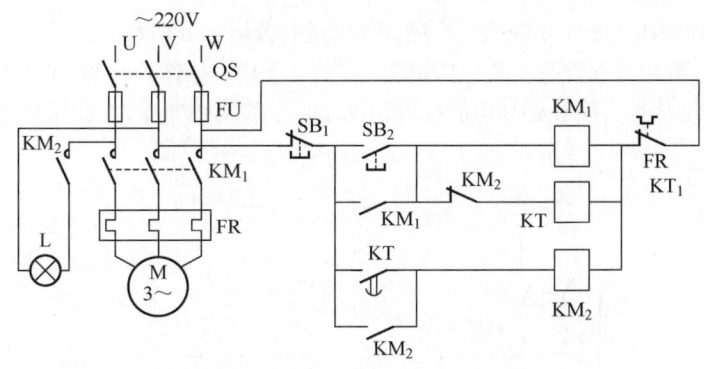

图 5.24-3 三相异步电动机的时间控制电路

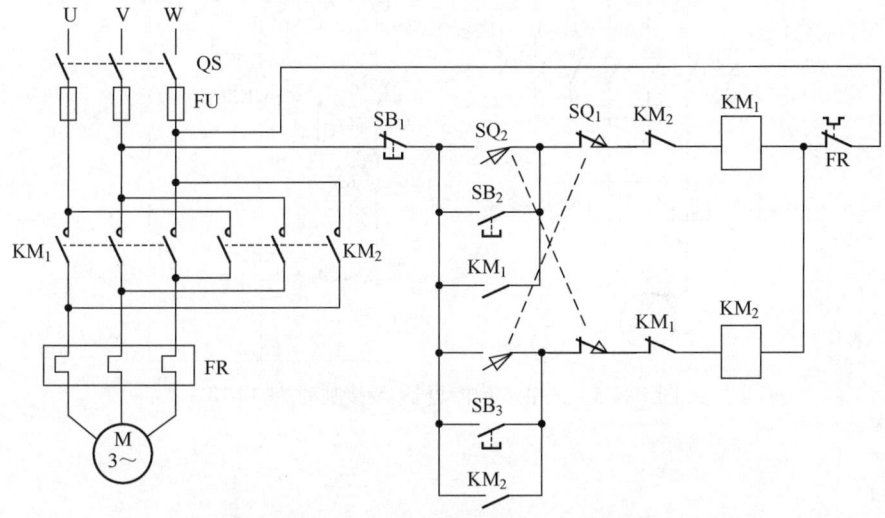

图 5.24-4 三相异步电动机行程控制电路

**3. 三相异步电动机的反接制动控制电路**

利用速度继电器对三相异步电动机进行反接制动的控制电路如图 5.24-5 所示,其工作原理为:$SB_2$ 按下→$KM_1$ 有电且自锁→电机全压起动,转速很快达到 120r/min,此时速度继电器触点动作,为反接制动做好准备→当 $SB_1$ 按下→$KM_1$ 失电,同时 $KM_2$ 得电并自锁保持,串接制动电阻 $R$ 反接制动(将电流消耗到电阻 $R$ 上)→转速迅速下降,当转速小于 100r/min 时,速度继电器的触点复位→切断 $KM_2$,使其失电,制动过程结束。按图 5.24-5 所示电路接线并操作,观察电动机的起停情况。

## 六、课外实践

1. 阅读"实验原理"和"实验内容"。
2. 完成"预习要求"内容。

## 七、实验总结

1. 分析说明各实验电路的工作原理,总结它们的动作结果。
2. 总结用继电接触器设计电气常见控制电路的一般方法。

3. 在实验过程中出现不正常现象时，应该如何进行分析和处理？

4. 思政融合：继电接触控制实验包括识图、接线、上电、操作等环节，电气原理图绘图标准必须严格按照国家标准执行、接线必须可靠稳定、操作时必须耐心专注。试以此为例，探讨工匠精神的内涵。

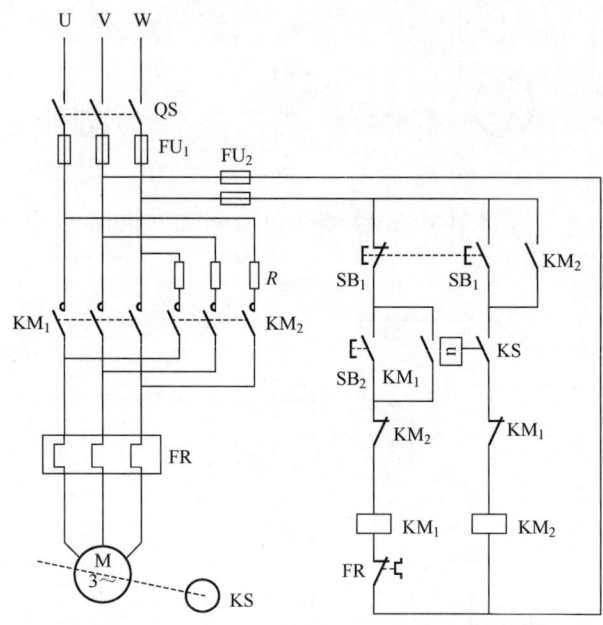

图 5.24-5　三相异步电动机的反接制动控制电路

## 5.25　基础实验 25　可编程控制器基本编程（Ⅰ）

### 一、实验目的

1. 了解可编程控制器的基本结构和工作原理。
2. 熟悉可编程控制器的基本指令。
3. 掌握通信软件 RSLinx 和编程软件 RSLogix 500 的使用。
4. 练习 PLC 输入和输出的硬件接线。
5. 掌握 PLC 的基本编程方法。

### 二、实验设备

1. MicroLogix 1000（1200）主机实验板。
2. PC（装有 RSLogix 500 及 RSLinx 软件）。
3. 三相交流电源（220V）。
4. 三相异步电动机。

5. 交流接触器（220V）。
6. 彩灯实验板（含按钮）。

## 三、实验原理

### 1. 常用的可编程控制器基本指令

Rockwell Automation 公司 MicroLogix 系列控制器常用基本指令如表 5.25-1 所示。

表 5.25-1 MicroLogix 系列控制器常用的基本指令

| 指令 | 图形符号 | 名称 | 功能 |
| --- | --- | --- | --- |
| XIC | ─┤├─ | 检查是否闭合 | 检查数据文件中的某一位是否为 1（ON 状态） |
| XIO | ─┤/├─ | 检查是否断开 | 检查数据文件中的某一位是否为 0（OFF 状态） |
| OTE | ─( )─ | 输出激励 | 梯级条件为真时，将数据文件中的某一位设置为 1，否则为 0 |
| OTL | ─(L)─ | 输出锁存 | 梯级条件为真时，将数据文件中的某一位设置为 1，梯级条件再变为假或重新上电时，该位状态仍保持为 1 |
| OTU | ─(U)─ | 输出解锁存 | 梯级条件为真时，将数据文件中的某一位设置为 0，梯级条件再变为假或重新上电时，该位状态仍保持为 0 |
| OSR | ─[OSR]─ | 一次响应 | 阶梯条件由假变真时，使梯级条件在一个扫描周期内保持为真 |
| TON | 见示例程序 | 延时导通定时器 | 当指令所在阶梯为真时，以时基为单位开始计数 |
| TOF | 见示例程序 | 延时断开定时器 | 当指令所在阶梯为假时，以时基为单位开始计数 |
| RTO | 见示例程序 | 保持定时器 | 当指令所在阶梯为真时，以时基为单位开始计数，并且梯级条件变为假，或控制器重新上电，计时器累加值都保持不变 |
| CTU | 见示例程序 | 加计数器 | 每次梯级条件由假变真时，累加值加 1，并且指令变为假或重新上电时，累加值保持不变 |
| CTD | 见示例程序 | 减计数器 | 每次梯级条件由假变真时，累加值减 1，并且指令变为假或重新上电时，累加值保持不变 |
| RES | ─[RES]─ | 复位 | 当指令所在阶梯为真时，复位相应的计时器/计数器指令的累加值和状态位，以及控制文件的位置位和状态位 |

### 2. 通信软件 RSLinx

RSLinx 是 Rockwell Software 开发的通信软件，是在 Microsoft Windows 操作系统下建立计算机与现场设备所有通信方案的工具。它为 A-B 的可编程控制器及其他控制设备与各种罗克韦尔自动化公司的软件（Rockwell Software）及 A-B 应用软件，如 RSLogix5/500™、RSView32™ 等软件之间建立起通信联系。

下面以 MicroLogix 系列控制器为例介绍 RSLinx 软件的组态方法。

（1）硬件连接

在组态系统通信之前，首先要将硬件设备 MicroLogix 控制器与计算机连接起来，如图 5.25-1 所示用 RS-232 串口电缆连接计算机串口和 MicroLogix 控制器上的 RS-232 通信口，并打开控制器电源。

（2）通信驱动程序组态

1）单击"开始"→"程序"→"Rockwell Software"→"RSLinx"→"RSLinx Classic"，启动

RSLinx，如图 5.25-2 所示。

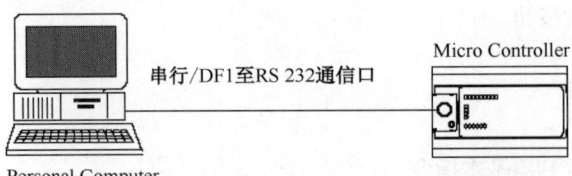

图 5.25-1　计算机与可编程控制器的串行连接

图 5.25-2　RSLinx 的启动界面

2）单击菜单栏中的"Communications"→"Configure Drivers"，如图 5.25-3 所示；或直接单击快捷图标 S，弹出标题为"Configure Drivers"的窗口。单击"Available Driver Types"对话框中的下拉箭头，如图 5.25-4 所示。这些"Drivers"是罗克韦尔公司的产品在各种网络上通信设备的驱动程序，它们保证了用户对网络的灵活选择和使用。可以根据设备的实际情况来选择添加相应的驱动程序，并注意要与使用的硬件相匹配。因为本实验中 MicroLogix 控制器是通过串口与计算机相连接的，所以选择"RS-232 DF1 devices"。

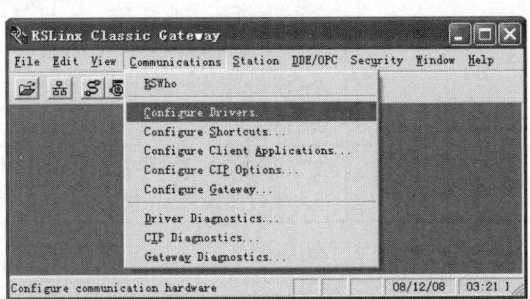

图 5.25-3　组态驱动程序

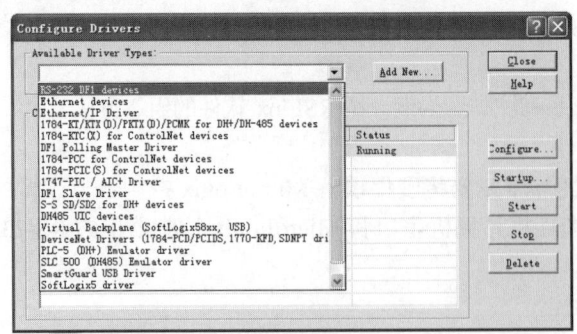

图 5.25-4　可供选择的驱动程序下拉菜单

3）单击"Add New"按钮，弹出"Add New RSLinx Driver"窗口。输入新驱动的名称（或选用默认名称 AB_DF1-1），单击"OK"按钮，弹出如图 5.25-5 所示的窗口。在"Device"下拉框中选择"SLC-CH0/Micro/PanelView"，其他的选项框不用修改，然后单击"Auto-Configure"按钮，若显示"Auto Configuration Successful!"，则表示组态成功。

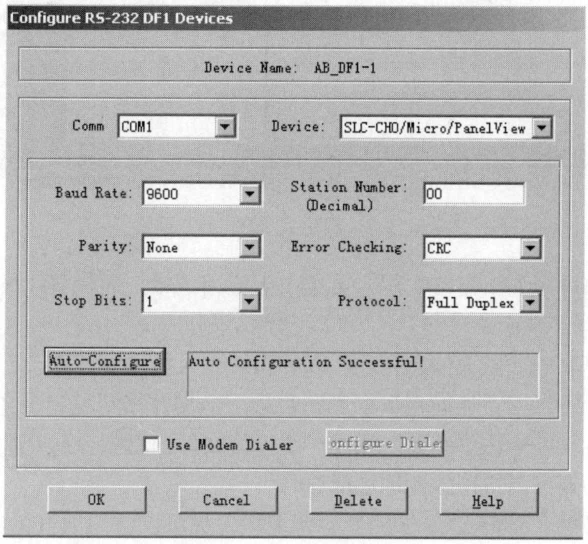

图 5.25-5　自动组态成功界面

4）单击"OK"按钮，在"Configure Drivers"窗口下的列表中出现"AB_DF1-1 DH+ Sta: 0 COM1: RUNNING"字样表示该驱动程序已经运行，如图 5.25-6 所示。

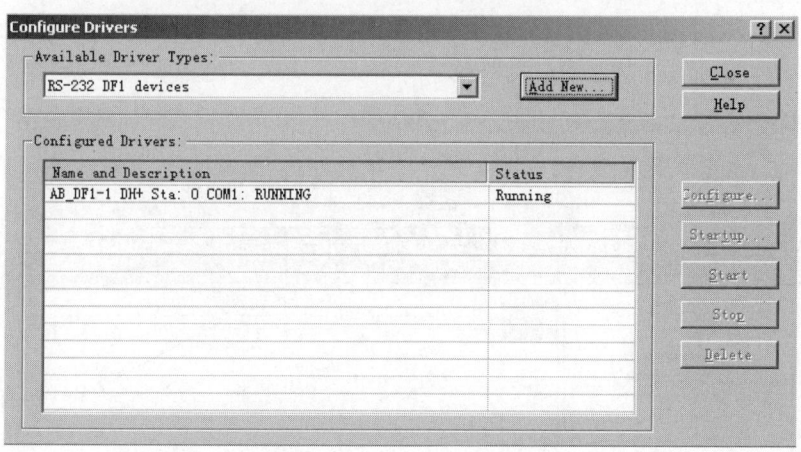

图 5.25-6　驱动程序正在运行

5）单击"Close"按钮，回到 RSLinx 初始界面。单击"Communication"→"RSWho"或直接单击快捷图标 ，则在工作区域左侧列表中出现了"AB_DF1-1"网络图标，展开该网络图标，会出现所配置好的设备图标，如图 5.25-7 所示。

### 3．编程软件 RSLogix 500

RSLogix 500 是 Rockwell Software 开发的编程软件，支持 Rockwell Automation 的 SLC-500 和 MicroLogix 系列的可编程控制器。它是一个 32 位的 Windows 软件，主要功能包括：

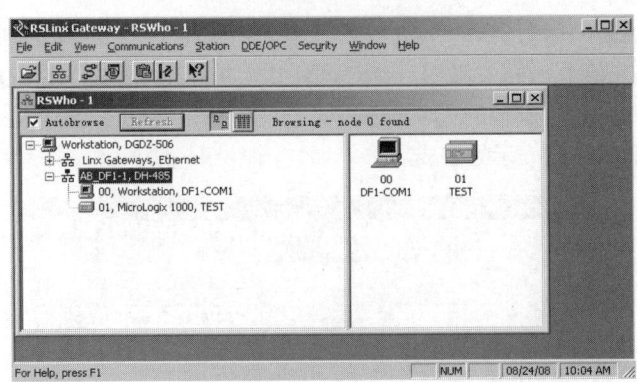

图 5.25-7  组态完成的 DF1 网络

- 自由形态的梯形图编辑器使编程人员集中于应用逻辑，而代替了编写程序时对严格的语法的要求。
- 项目校验器可以建立错误信息列表，以利于编程人员浏览和修改。
- 拖放编辑功能可以很方便地将数据表元素从一个文件移到另一个文件，将一个梯级从一个子程序或项目文件中移到别处，或在一个项目文件内将指令从一处移到另一处。
- 搜索和替代功能可以快速改变地址或符号。
- 一个称为项目树（project tree）的界面使编程人员可以访问项目包含的所有文件夹和文件。
- 一个自定义数据监视器（custom data monitor）用于将分开的数据放在一起便于查看。
- 有着与梯形逻辑编辑器一样简单的进行拖放操作的基于 IEC 1131-3 标准的 SFC 和结构文本编辑器。

（1）RSLogix 500 工作界面

为易于了解 RSLogix 500 的各个窗口和工具栏，下面介绍它包含的内容及其功能。当打开 RSLogix 500，将显示如图 5.25-8 所示的界面。

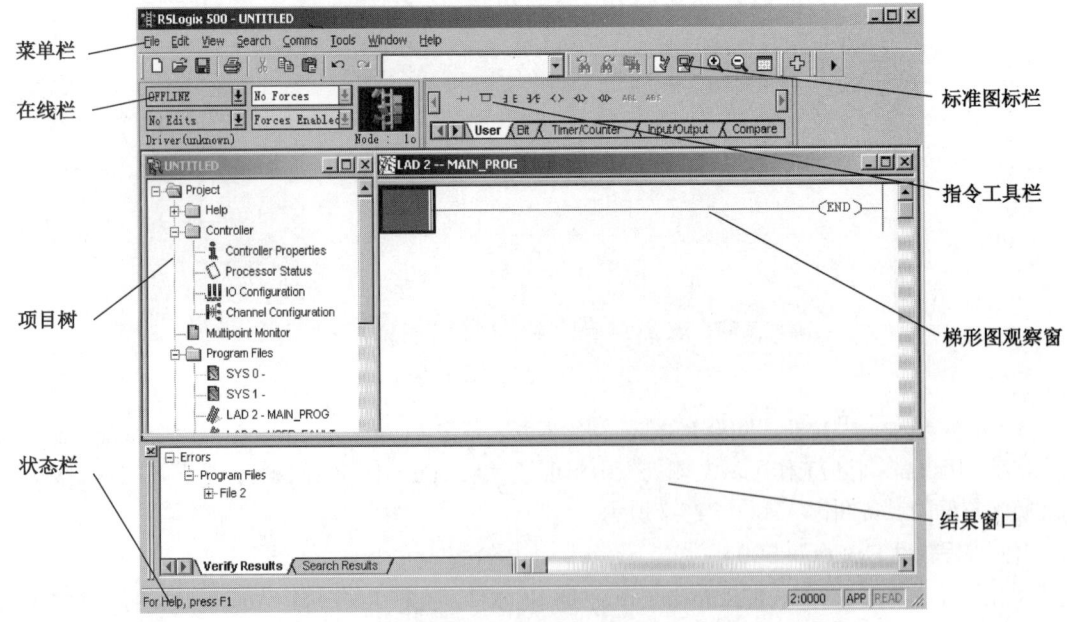

图 5.25-8  RSLogix500 界面

- 项目树（project tree）：包含项目中所有的文件夹和文件。用户通常单击树上的图标，然后单击鼠标右键，打开该图标的快捷菜单。例如，在程序文件上单击鼠标右键，即可弹出包括诸如重命名程序文件、打开程序文件、隐藏程序文件以及程序文件属性等内容的菜单。
- 梯形图观察窗（ladder view）：在这个应用程序窗口，可以同时观察多个程序文件，梯形图逻辑的编辑就在这里进行。
- 结果窗口（results window）：显示 Find All 搜索或检查程序的结果。可以隐藏该窗口，或将其从应用程序窗分离出来以便放在屏幕的任何地方。
- 菜单栏（menu bar）：当在菜单栏单击任一项选项时，可从菜单中选择的功能就会出现。
- 在线栏（online bar）：迅速让用户获知运行模式以及是否处于在线编辑或强制是否有效，甚至还可看到通信驱动程序以及节点号。
- 标准图标栏（standard icon bar）：标准图标栏包含许多在开发和检查逻辑程序时反复使用的功能图标。RSLogix 500 可以让用户知道这些图标表示什么意思。当把指针移到图标上，就会出现一个浮动的工具提示窗来告诉用户该图标的作用。
- 指令工具栏（instruction toolbar）：按类别显示一组指令以及类别表。当在指令工具栏内选好指令类别后，在所需的指令上单击鼠标左键，则相应的指令就插入到梯形图程序中。
- 状态栏（status bar）：在软件使用过程中，正在进行的状态信息或提示在此显示。

（2）RSLogix 500 使用简介

使用 RSLogix 500 编程软件时，可按下列操作步骤进行。

1) 新建程序文件。

运行 RSLogix 500 软件，单击"File"→"New"，弹出"Select Processor Type"对话框，如图 5.25-9 所示，选择本实验应用的 MicroLogix 1000。单击"OK"按钮，进入 RSLogix 500 的编程界面，如图 5.25-8 所示。左边为新建的应用程序工具树，右边为梯形图编程主窗口。

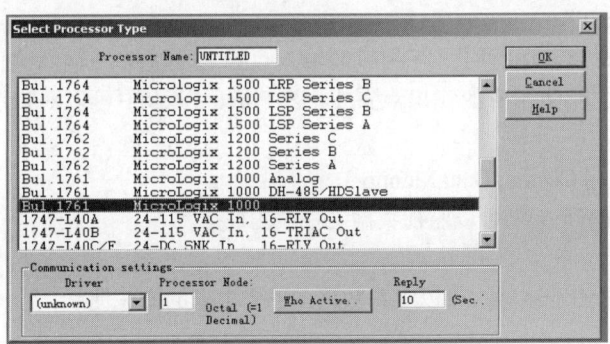

图 5.25-9　新建程序文件

2) 项目树。

在编程之前，可以先浏览一下项目树，如图 5.25-10 所示。单击项目树中目录前的加号可以把该项内容展开。项目树主要包括以下内容。

① 控制器 Controller

在 Controller 目录下有 Controller Properties、Process Status、IO Configuration 和 Channel Configuration 选项。在 Controller Properties 选项下可以查看控制器的状态；在 IO Configuration 中进行 I/O 组态；在 Channel Configuration 中进行通道组态，可组态为 DF1 协议或 DH-485 协议。

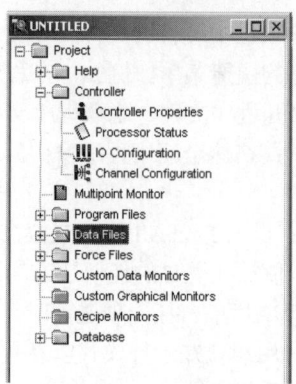

图 5.25-10　项目树

② 程序文件 Program Files

在 Program Files 目录下存放梯形图程序。MicroLogix 1000 的梯形图程序文件的个数已经固定，不能添加；在 SLC-500 中可以再新建梯形图程序文件（共为 256 个）。其中 LAD 0 和 LAD 1 为系统文件；LAD 2 为梯形图主程序 MAIN-PROG；LAD 3 为用户故障处理子程序 USER-FAULT，当发生可恢复性故障时执行本文件；LAD 4 为高速计数中断处理子程序 HSC-INT，当发生高速计数中断后自动执行此子程序；LAD 5 为可选定时中断处理子程序 STI-INT，当发生可选定时中断后自动执行此子程序；LAD 6～LAD 15 为用户自定义子程序；LAD 16 为 Debug 文件。

③ 数据文件 Data Files

MicroLogix 1000 中 Data Files 的个数也已经固定，而在 SLC-500 中最多可定义 256 个数据文件。MicroLogix 1000 中 Data Files 包括输出文件 O0、输入文件 I1、状态文件 S2、位文件 B3、计时器文件 T4、计数器文件 C5、控制文件 R6、整数文件 N7。

④ 强制文件 Force Files

正常状态下，控制器在运行时只有相应的输入点导通才能够使输入文件的相应位置 1；只有梯级使能输出线圈，才能使相应的输出点置 1。在 Force Files 中可以对控制器的 I/O 进行强置 0 或强置 1。

⑤ 自定义数据监测 Custom Data Monitors

在 Custom Data Monitors 中可以监视数据文件中的数据。

⑥ 趋势图 Trends

这是一个基于软件的示波器，可以观看数据文件中数据的变化曲线。

3）梯形图编程。

当双击如图 5.25-10 所示项目树上的图标打开一个程序文件时，在 RSLogix 500 窗口的右半部分就打开该程序文件。通常在打开一个项目时，#2 文件（主程序文件）就会随之打开。如果在此前尚未输入过任何梯形图逻辑，窗口内只显示 end 梯级。单击 end 梯级并在如图 5.25-11 所示的用户工具栏内选择新梯级图标，在梯形图中插入新的梯级。如果在梯级中加入一条指令，只需在工具栏内选择并单击该指令图标。可以依次单击指令图标在一个梯级内顺序输入数条指令，RSLogix 500 将从左到右摆放这些指令。RSLogix 500 支持基于文件的编辑器，这意味着编程人员可以

- 同时创建和/或编辑多条梯级。
- 在实际 I/O 数据表文件建立之前输入符号。
- 在为符号在数据库中定义地址之前输入符号。
- 在对文件进行确认之前，输入指令而无须定义地址。

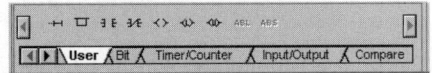

图 5.25-11　用户工具栏

在梯形图中的所有指令都可以通过拖曳的方式或单击来加载到梯形图中。如果熟练也可以双击梯级，直接输入指令。当语句雷同时，还可以用拷贝和粘贴的方法，以节省输入时间。

4）校验程序逻辑。

当编程人员准备完成项目时，可对单个程序文件或整个项目进行校验。校验可使用菜单栏或在项目树上单击鼠标右键进行操作。在校验进行后，屏幕上出现校验结果输出对话框，对话框内给出程序逻辑中可能有的错误和疏漏信息，如图 5.25-12 所示。注意，如果执行校验命令后并未出现结果显示对话框，说明程序语法正确。但是如果逻辑上有错误，是无法检查出来的。

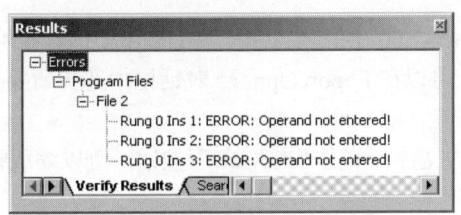

图 5.25-12　校验结果输出对话框

5）保存程序。

程序若通过校验，选择"File"→"Save As"，在 File Name 框中输入用户想要的文件名。

6）下载（上载）程序。

单击"Comms"→"System Comms"，弹出系统网络通信窗口，如图 5.25-13 所示。在网络连接图中（在 RSLinx 中设置）选中 MicroLogix 1000，单击"Download"按钮。系统弹出一个程序下载的警告窗口。检查控制器的类型、网络接点号，确认无误后，单击"Yes"按钮，程序就下载到了 MicroLogix 1000 中。

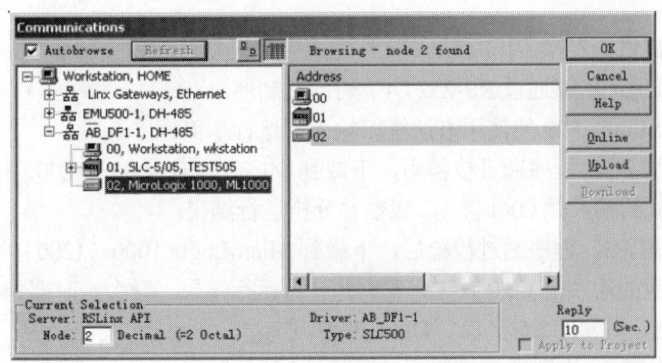

图 5.25-13　系统网络通信窗口

上载程序的步骤与下载完全相同，在本窗口中单击"Upload"按钮就可以把控制器中的程序上载到上位机中。

7）运行程序。

打开主窗口工具栏中的程序运行的下拉菜单，选择"RUN"，就把可编程控制器切换到运行状态。

8）组态自定义数据监测。

在左边的项目树中双击 Custom Data Monitors 目录下的 CDM0-Untitled，弹出如图 5.25-14 所示的组态窗口。加入想要监测的数据地址，就可以观察该地址位上数据的变化。

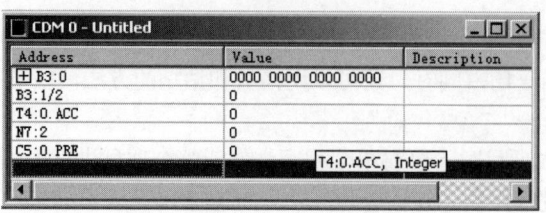

图 5.25-14　组态窗口

9）打印报告。

在需要将一份有关 RSLogix 500 中的项目情况复制到纸上时，要用打印报告功能。RSLogix 500 提供了许多可供选择的报告，可以在 Report Options 对话框中选择所要打印的内容。该对话框可通过菜单栏 File 中的选项打开。

提示：要预览想要打印的文件，单击"Preview"按钮。可以缩放打印在纸上字符的大小，以便使梯形图打印出的大小适宜。

## 四、预习要求

1. 学习有关可编程控制器的内容，熟悉其各类指令的含义及运用。
2. 阅读 MicroLogix 系列可编程控制器的使用方法。
3. 阅读实验原理中通信软件 RSLinx 和编程软件 RSLogix 500 的使用方法。
4. 根据实验内容的要求编好梯形图程序。

## 五、实验内容

1. 按照概述中提供的步骤，用 RSLinx 软件完成计算机与可编程控制器 MicroLogix 1000（1200）之间的通信组态，以保证能够通过 RS-232 DF1 访问控制器。

2. 按照上述 RSLogix 500 的使用方法练习输入和运行示例程序。

（1）输入示例程序 1，程序通过校验后，下载到 MicroLogix 1000（1200），并切换到运行状态；将数据文件 I1 中对应的输入位 I:0/0 置 1，观察并分析运行结果。

（2）输入示例程序 2，程序通过校验后，下载到 MicroLogix 1000（1200），并切换到运行状态；将数据文件 I1 中对应的输入位 I:0/0 置 1，观察并分析运行结果。学会定时器指令 TON 的输入方法以及使用方法，体会定时器的 EN、TT、DN 位的作用。

（3）输入示例程序 3，程序通过校验后，下载到 MicroLogix 1000（1200），并切换到运行状态；将数据文件 I1 中对应的输入位 I:0/0 置 1，当计数器累计值大于 5 后，在数据中将 I:0/2 置 1，观察并分析运行结果。学会计数器指令 CTU 的输入方法和使用方法，并对计时器指令和计数器指令进行比较。

示例程序 1：

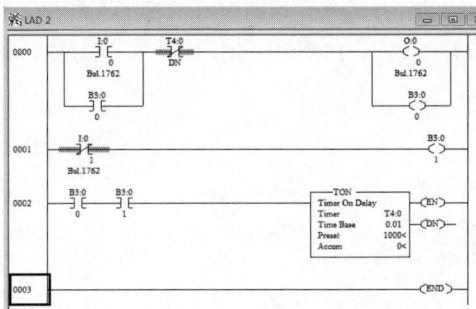

示例程序 2：

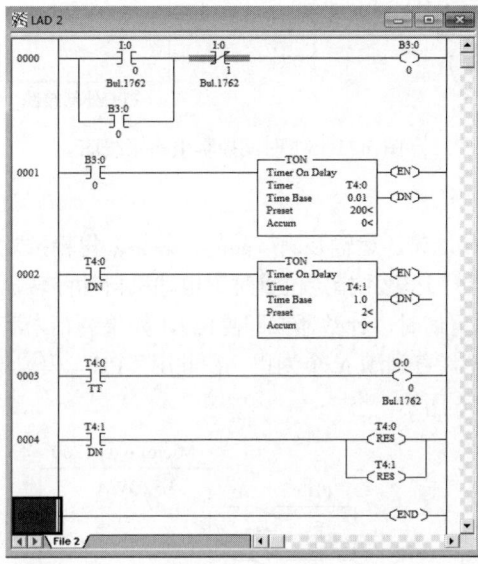

示例程序 3：

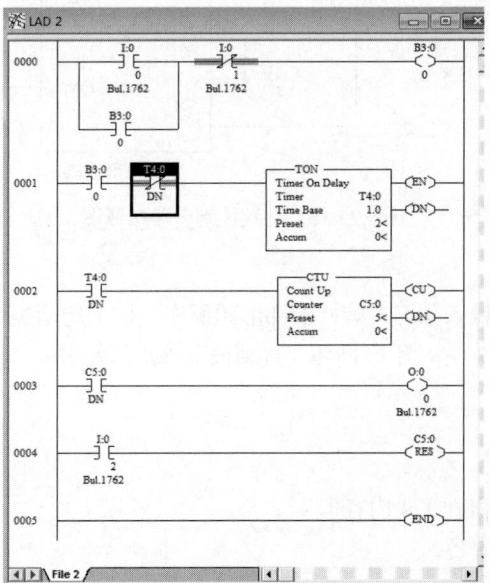

### 3. 时间控制

按如图 5.25-15 所示电路接线，并输入预习时编好的梯形图程序，要求按下按钮 $SB_1$ 后，三相异步电动机起动，经过 $t_1$ 秒（设 $t_1$=5 秒），白炽灯开始闪烁，即亮 $t_2$ 秒、暗 $t_3$ 秒（设 $t_2$= $t_3$=3 秒），直至按下按钮 $SB_2$，整个过程停止。

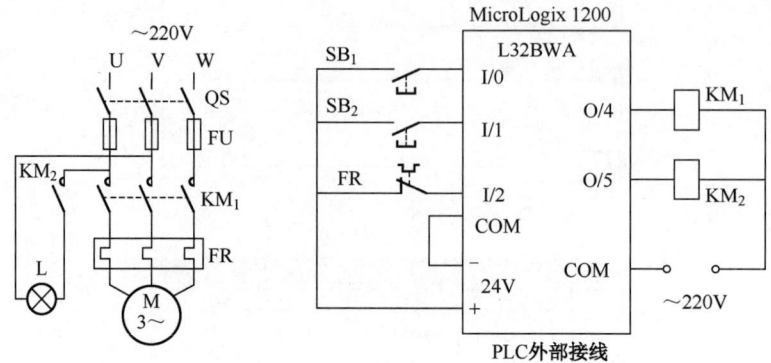

图 5.25-15　时间控制电路接线图

### 4. 计数控制

用三相异步电动机拖动传送带，运输装满产品的包装箱，每箱按规定装满 $N$ 个（假设 $N$=6）产品后，传送带自行起动，当箱子运输到指定位置时，电动机自动停转，紧接着开始第二次装箱传送（提示：即要求计数器达到预置值时，计数器立即复位）。如果装箱未满时，有停电故障，要求在恢复供电时，产品仍然继续装箱，直到满 $N$ 个为止。在此用"PH"模拟计数开关，"ST"模拟行程开关，其电路接线图如图 5.25-16 所示。

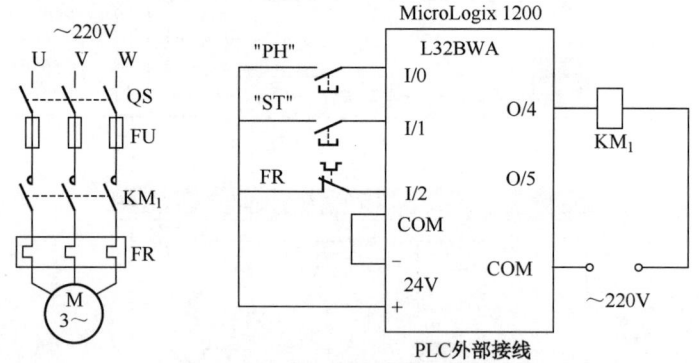

图 5.25-16　计数控制电路接线图

### 5. 彩灯循环控制

按图 5.23-17 接线，并输入预习时编好的梯形图程序。按下起动按钮 $SB_1$ 后，要求 4 组红、黄、绿相间的彩灯间隔 1 秒依次发光，不断循环，直到按下停止按钮 $SB_2$。

## 六、课外实践

1. 阅读"实验原理"和"实验内容"。
2. 完成"预习要求"内容。

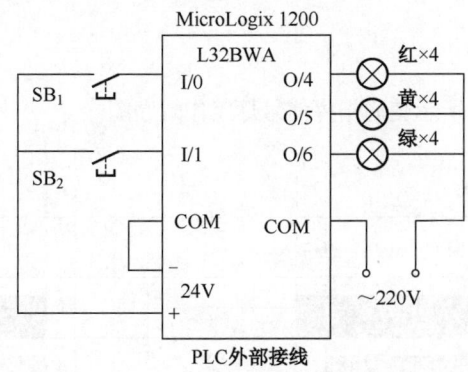

图 5.25-17　彩灯循环控制 PLC 外部接线图

## 七、实验总结

1. 写出调试通过后的实验程序，并与预习程序比较，找出错误原因。
2. 结合本实验的体会，比较传统继电接触控制方式和 PLC 控制方式的不同特点。
3. 体会复位指令 RES 在计时器和计数器中的不同作用。
4. 思政融入：通过查阅资料，了解到可编程控制器在工业控制中发挥着不可替代的作用；通过调研可编程控制器的常用品牌，深刻体会自主创新的重要性。

## 5.26　基础实验 26　可编程控制器基本编程（Ⅱ）

### 一、实验目的

1. 进一步熟悉可编程控制器的使用方法。
2. 利用可编程控制器实现对交通信号灯的控制。

### 二、实验设备

1. MicroLogix 1000（1200）主机实验板。
2. PC（装有 RSLogix 500 及 RSLinx 软件）。
3. 三相交流电源（220V）。
4. 交通信号灯实验板。
5. 按钮开关。

### 三、实验原理

十字路口的交通灯控制是可编程控制器应用的典型例子。东西、南北的红、黄、绿三色灯的交替发光是一个时序过程，利用可编程控制器可以方便地对其进行控制。

## 四、预习要求

1. 阅读并理解图 5.26-1 所示交通指挥信号灯工作时序图。

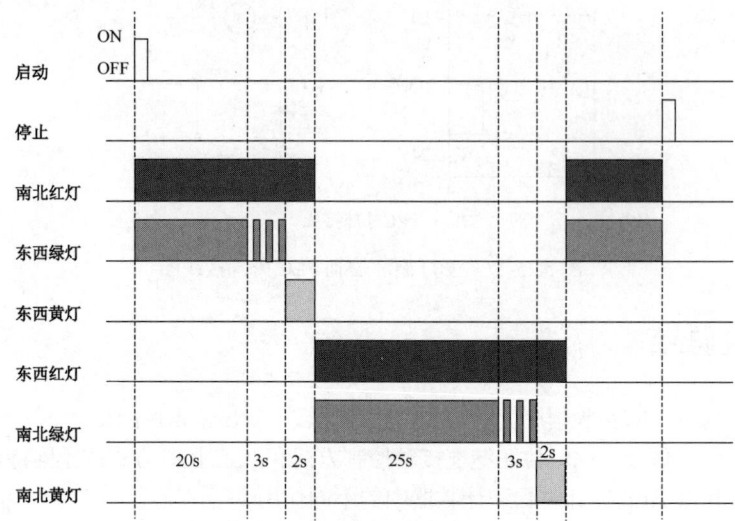

图 5.26-1　交通指挥信号灯工作时序图

2. 根据交通信号灯的控制要求，编好梯形图程序。

## 五、实验内容

用 MicroLogix 1000（1200）实现对交通信号灯的控制。

十字路口的交通指挥信号灯示意图如图 5.26-2 所示，其控制要求如下。

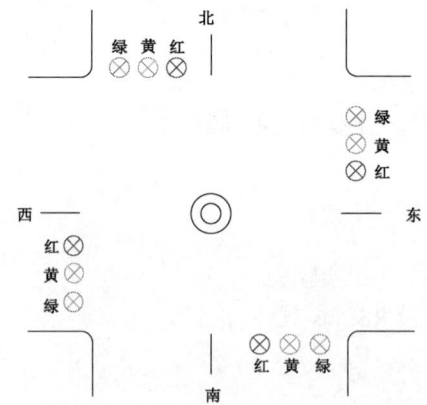

图 5.26-2　交通指挥信号灯示意图

1. 信号灯受一个起动开关控制，按下起动按钮 $SB_1$，信号灯系统开始工作，且先南北红灯亮、东西绿灯亮。按下停止按钮 $SB_2$，则所有信号灯都熄灭。

2. 南北绿灯和东西绿灯不能同时亮，如果同时亮，则应立即关闭信号灯系统，并报警。

3. 南北红灯亮维持 25 秒。在南北红灯亮的同时东西绿灯也在亮，并维持 20 秒。到 20 秒时，东西绿灯闪亮，闪亮 3 秒后熄灭。在东西绿灯熄灭时，东西黄灯亮，并维持 2 秒。到 2 秒钟时，东

· 212 ·

西黄灯熄灭，东西红灯亮。同时，南北红灯熄灭，南北绿灯亮。

4．东西红灯亮维持 30 秒。南北绿灯亮维持 25 秒，然后闪亮 3 秒钟，熄灭。同时南北黄灯亮，维持 2 秒后熄灭，这时南北红灯亮，东西绿灯亮。

5．以上步骤周而复始，55 秒为一个周期。

图 5.26-1 所示为交通指挥信号灯工作时序图，这是一个时序控制系统。交通灯控制 PLC 的外部接线图如图 5.26-3 所示。

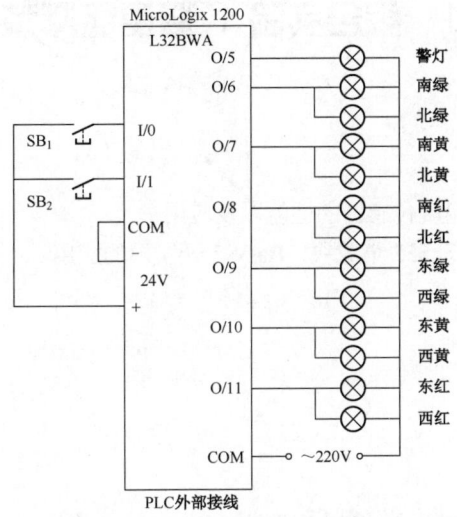

图 5.26-3　交通灯控制 PLC 的外部接线图

## 六、课外实践

1．阅读"实验原理"和"实验内容"。
2．完成"预习要求"内容。

## 七、实验总结

1．写出调试通过后的实验程序，并与预习程序比较。
2．总结时序过程控制的编程特点。
3．思政融入：通过十字路口交通指挥信号灯实验，深刻体会保证系统可靠性、稳定性在安全方面的巨大意义，深刻体会从自身角度加强安全意识教育，主动承担社会责任的重要性。

# 第 6 章 综合实验

## 6.1 综合实验 1 温度监测系统

### 一、实验目的

1. 了解 NTC 热敏电阻温度传感器的性能以及应用。
2. 熟悉集成运算放大器、555 集成块、Basys3 开发板的应用。

### 二、实验设备

1. 直流电源。
2. 双踪数字示波器。
3. 数字式万用表。
4. 面包板、NTC 热敏电阻、LM324 运算放大器、555 集成块、9013 晶体管、发光二极管等元器件。
5. Multisim 仿真软件。
6. Basys3 数字电路教学开发板套件。
7. PC。

### 三、实验原理

**1. 温度传感器**

温度传感器是将温度信号转换为其他信号的器件,常见的有热电阻(金属热电阻、半导体热电阻)、热电偶、集成温度传感器等,其中半导体热电阻也称热敏电阻,通常由单晶、多晶半导体材料制成。热敏电阻具有对温度反应较敏感、体积小、响应快的优点,但电阻值随温度非线性变化,元件的稳定性和互换性较差,且不能在高温下使用。热敏电阻根据温度变化特性可以分为正温度系数(PTC)热敏电阻、负温度系数(NTC)热敏电阻等。

PTC 热敏电阻常用钛酸钡($BaTiO_3$)、锶(Sr)、锆(Zr)等材料制成,其电阻值与温度变化成正比关系,即当温度升高时电阻值增大。

NTC 热敏电阻常用锰(Mn)、钴(Co)、镍(Ni)、铜(Cu)、铝(Al)等金属的氧化物(具有半导体性质)采用陶瓷工艺制成,其电阻值与温度变化成反比关系,即当温度升高时电阻值减小。由于具有很高的负温度系数,NTC 热敏电阻对温度测量的灵敏度高、体积小,可用于点温、表面温度及快速变化温度的测量。因为电阻值大,可以忽略线路导线电阻和接触电阻的影响,适用于远距离的温度测量和控制等。

NTC 热敏电阻的电阻值与温度的关系可表示为

$$R_T = Ae^{\frac{B}{T}}$$

其中，$R_T$ 为热敏电阻在绝对温度 $T$ 时的电阻值，$A$ 和 $B$ 分别是具有电阻量纲和温度量纲的常数，与热敏电阻的材料和结构有关。

本实验采用 NTC 热敏电阻作为温度传感器，如图 6.1-1 所示，其规格为精度 ±1%。热敏电阻外面包有镀镍铜管，具有防水功能，电阻两端通过导线接出。电阻值和温度的关系如表 6.1-1 所示（其中 $T$ 单位为℃，$R$ 单位为 kΩ）。从表 6.1-1 可知，当环境温度 25℃时电阻值为 10kΩ，当温度从 0℃变化至 100℃时，电阻值从 32.7421kΩ 变化至 0.6727kΩ。

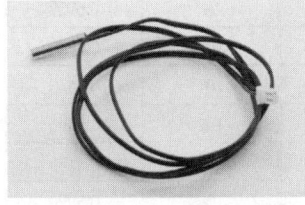

图 6.1-1  NTC 热敏电阻

表 6.1-1  NTC 温度传感器电阻和温度的关系

| $T$ | $R$ | $T$ | $R$ | $T$ | $R$ | $T$ | $R$ |
|---|---|---|---|---|---|---|---|
| -40 | 340.9281 | -3 | 38.2307 | 34 | 6.7996 | 70 | 1.7411 |
| -39 | 318.8772 | -2 | 36.2940 | 35 | 6.5223 | 71 | 1.6826 |
| -38 | 298.3978 | -1 | 34.4668 | 36 | 6.2577 | 72 | 1.5264 |
| -37 | 279.3978 | 0 | 32.7421 | 37 | 6.0053 | 73 | 1.5723 |
| -36 | 261.6769 | 1 | 31.1138 | 38 | 5.7645 | 74 | 1.5203 |
| -35 | 245.2212 | 2 | 29.5759 | 39 | 5.5345 | 75 | 1.4703 |
| -34 | 229.9072 | 3 | 28.1229 | 40 | 5.3150 | 76 | 1.4222 |
| -33 | 215.9072 | 4 | 26.7496 | 41 | 5.1053 | 77 | 1.3759 |
| -32 | 202.3666 | 5 | 25.4513 | 42 | 4.9050 | 78 | 1.3313 |
| -31 | 189.9878 | 6 | 24.2234 | 43 | 4.7136 | 79 | 1.2884 |
| -30 | 178.4456 | 7 | 23.0618 | 44 | 4.5307 | 80 | 1.2471 |
| -29 | 167.6783 | 8 | 21.9625 | 45 | 4.3558 | 81 | 1.2073 |
| -28 | 157.6292 | 9 | 20.9218 | 46 | 4.1887 | 82 | 1.1690 |
| -27 | 148.2460 | 10 | 19.9364 | 47 | 4.0287 | 83 | 1.1321 |
| -26 | 139.4809 | 11 | 19.0029 | 48 | 3.8758 | 84 | 1.0965 |
| -25 | 131.2888 | 12 | 18.1184 | 49 | 3.7294 | 85 | 1.0623 |
| -24 | 116.4648 | 13 | 17.2800 | 50 | 3.5893 | 86 | 1.0293 |
| -23 | 116.4648 | 14 | 16.4852 | 51 | 3.4553 | 87 | 0.9974 |
| -22 | 109.4829 | 15 | 15.7313 | 52 | 3.3269 | 88 | 0.9667 |
| -21 | 103.4829 | 16 | 15.0161 | 53 | 3.2039 | 89 | 0.9372 |
| -20 | 97.6037 | 17 | 14.3375 | 54 | 3.0862 | 90 | 0.9086 |
| -19 | 92.0947 | 18 | 13.6932 | 55 | 2.9733 | 91 | 0.8811 |
| -18 | 86.9305 | 19 | 13.0815 | 56 | 2.8652 | 92 | 0.8545 |
| -17 | 82.0877 | 20 | 12.5005 | 57 | 2.7616 | 93 | 0.8289 |
| -16 | 77.5442 | 21 | 11.9485 | 58 | 2.6622 | 94 | 0.8042 |
| -15 | 73.2798 | 22 | 11.4239 | 59 | 2.5669 | 95 | 0.7803 |
| -14 | 69.2759 | 23 | 10.9252 | 60 | 2.4755 | 96 | 0.7572 |
| -13 | 65.5149 | 24 | 10.4510 | 61 | 2.3879 | 97 | 0.7350 |
| -12 | 61.9809 | 25 | 10.0000 | 62 | 2.3038 | 98 | 0.7135 |

续表

| T | R | T | R | T | R | T | R |
| --- | --- | --- | --- | --- | --- | --- | --- |
| -11 | 58.6587 | 26 | 9.5709 | 63 | 2.2231 | 99 | 0.6927 |
| -10 | 55.5345 | 27 | 9.1626 | 64 | 2.1456 | 100 | 0.6727 |
| -9 | 52.5954 | 28 | 8.7738 | 65 | 2.0712 | 101 | 0.6533 |
| -8 | 49.8294 | 29 | 8.4037 | 66 | 1.9998 | 102 | 0.6346 |
| -7 | 47.2253 | 30 | 8.0512 | 67 | 1.9312 | 103 | 0.6165 |
| -6 | 44.7727 | 31 | 7.7154 | 68 | 1.8653 | 104 | 0.5990 |
| -5 | 42.4620 | 32 | 7.3951 | 69 | 1.8019 | 105 | 0.5821 |
| -4 | 40.2841 | 33 | 7.0904 | | | | |

**2. 温度监测电路**

（1）方案1

图 6.1-2 给出了一种简单的温度监测解决方案，$U_T$ 电压随温度变化而改变，经计算可得，当温度从 0℃变化至 100℃时，电阻值从 32.7421kΩ 变化至 0.6727kΩ，$U_T$ 从 9.312V 变化至 0.488V。集成运放 $A_1$ 和电阻 $R_2$、$R_3$ 构成跟随器，起隔离作用，以避免后级对 $U_T$ 的影响，显然 $U_{o1}=U_T$。

采用运放 $A_2$ 组成反相比较器，$U_{REF}$ 为控制温度设定电压。当温度逐渐升高时，$U_{o1}$ 逐渐降低，当 $U_{REF} > U_{o1}$ 时，$A_2$ 输出正电压，晶体管 9013 导通，点亮发光二极管报警。

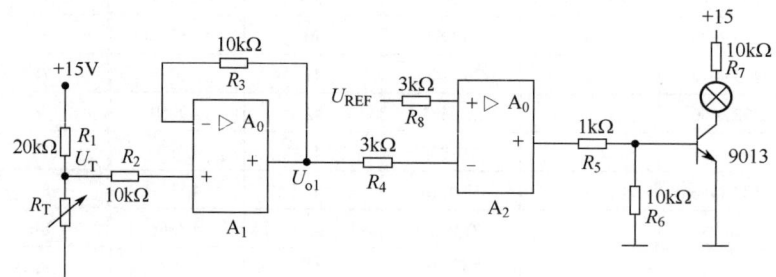

图 6.1-2　温度监测系统

（2）方案2

为能获取实际温度数据，考虑将 Basys3 开发板引入系统。图 6.1-3 所示为一种温度监测方案，电路的作用是将温度变化转换为矩形波的频率变化。其中，$R_2$ 为 NTC 温度传感器，用 CB7555 集成定时器构成多谐振荡器，输出 $u_o$ 为矩形波，一周期内高电平时间为

$$T_1 \approx 0.693(R_1 + R_2)C$$

低电平时间为

$$T_2 \approx 0.693 R_2 C$$

所以输出矩形波的周期为

$$T = T_1 + T_2 \approx 0.693(R_1 + 2R_2)C$$

振荡频率为

$$f = \frac{1}{T} \approx \frac{1.44}{(R_1 + 2R_2)C}$$

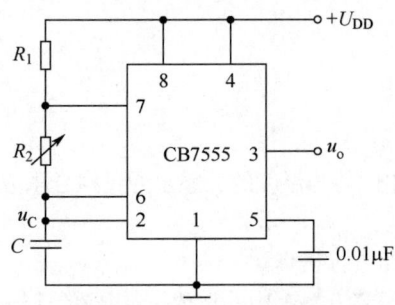

图 6.1-3　多谐振荡器组成的温度监测电路

如取 $R_1$ 为 20kΩ，$R_2$ 为 NTC 热敏电阻，$C$ 为 0.1μF，则振荡频率为

$$f \approx \frac{36}{50+5R_2}\text{ kHz}$$

由表 6.1-1 可知，当温度从 0℃变化至 100℃时，振荡频率从 0.168kHz 变化至 0.675kHz。

（3）方案 3

图 6.1-4 给出了基于压控振荡器的温度监测电路，+15V 电源给热敏电阻 $R_T$ 供电，热敏电阻端电压 $U_T$ 通过 $A_1$ 组成的电压跟随器得到 $U_{o1}$，显然 $U_{o1}=U_T$。

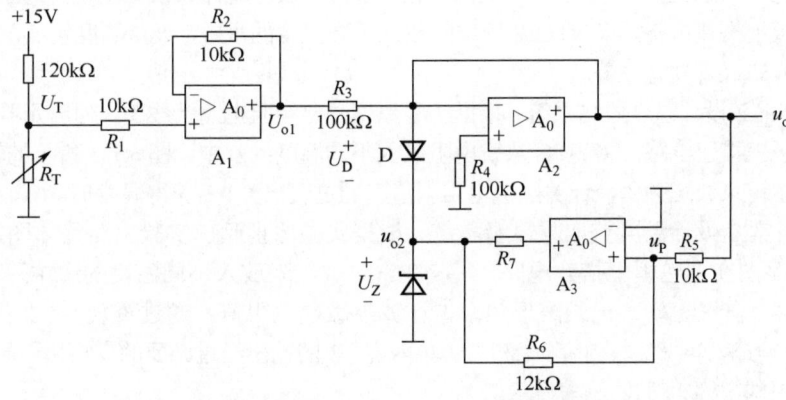

图 6.1-4　压控振荡器组成的温度监测电路

$A_2$ 和 $A_3$ 构成压控振荡器电路，经分析可知，$u_{o2}$ 为矩形波信号，其最小值为 $-U_D$，最大值为 $U_Z$，频率为

$$f \approx \frac{R_6}{2R_3R_5C} \cdot \frac{U_{o1}}{U_Z}$$

如取 C=10μF，$U_Z$=6V，则得到

$$f \approx 0.1U_{o1}$$

若恒电压源取 15V，则当温度从 0℃变化至 100℃时，$U_{o1}$ 从 3.21V 变化到 0.24V，$u_{o2}$ 频率从 321Hz 变为 0.1Hz。

3. 温度显示

如将图 6.1-3 的 $U_{DD}$ 设为 3.3V，则其输出 $u_o$ 可直接接至 Basys3 开发板的 Pmod 接口（数字 I/O 接口），Basys3 计数得到 $u_o$ 的频率，经计算后得到 NTC 电阻阻值，然后查表获知温度值，最后在 Basys3 开发板的 4 位 7 段数码管上显示。

如将图 6.1-4 的信号输入 Basys3 开发板的 Pmod 接口，则还需事先通过一个由加法器组成的定标器，将输出电压限制在 0 到 3.3V。

## 四、预习要求

1. 试根据表 6.1-1 所示的电阻值与温度的关系，通过拟合求取 NTC 热敏电阻的电阻值与温度关系公式中的系数 $A$ 和 $B$。

2. 对方案 1 提出的实验电路进行仿真。

3. 为避免报警误触发，考虑将方案 1 中的运放 $A_2$ 组成的比较器电路修改为滞回比较器电路，试给出修改后的电路图，并给出元器件参数。

4. 试设计加法定标电路，保证方案 3 的输出 $U_{o1}$ 的电压范围在 0 到 3.3V。

5. 推导方案 3 所示 $A_2$、$A_3$ 组成的压控振荡器的频率公式，定性画出 $u_o$ 和 $u_{o2}$ 的波形。

6. 对实验方案 2 进行仿真。

7. 对实验方案 3 进行仿真。

## 五、实验内容

1. 按照方案 1 设计温度监测系统。根据实验原理画出实验电路接线图，列出元器件清单。按照电路图在面包板上搭建电路，将 NTC 热敏电阻放入不同温度的水中，设定温度阈值，当实际温度超过阈值时，发光二极管发光报警。

2. 按照方案 2 设计温度监测系统。根据实验原理画出实验电路接线图，列出元器件清单。按照电路图在面包板上搭建电路，将 NTC 热敏电阻放入不同温度的水中，图 6.1-3 所示的输出 $u_o$ 接示波器。自拟表格，记录波形频率，计算热敏电阻阻值，通过查表 6.1-1 获得温度值。

3. 按照方案 3 设计温度获取与显示系统。根据实验原理画出实验电路整体图，列出元器件清单。按照电路图在面包板上搭建电路，将 NTC 热敏电阻放入不同温度的水中，图 6.1-4 的输出 $u_{o2}$ 接示波器。自拟表格，记录波形频率，计算热敏电阻阻值，通过查表 6.1-1 获得温度值。

4. 试设计电路，将"实验内容"2 和"实验内容"3 的输出经过必要的变换后，通过 A/D 转换，最终在 Basys3 中实现温度的监测与显示。

## 六、实验总结

1. 整理实验数据，分析实验过程中的现象或故障。

2. 考虑将图 6.1-2、图 6.1-4 中的稳压源转换为稳流源，分析并给出温度的监测方案，并考虑与稳压源组成温度监测方案的不同之处。

## 6.2 综合实验 2 薄膜压力传感器信号获取与应用

### 一、实验目的

1. 熟悉集成运算放大器负反馈电路应用。

2. 熟悉 Basys3 开发板的应用。

3. 熟悉 CC4051 模拟开关原理及应用。
4. 完成薄膜压力传感器信号的获取,并实现某一具体应用。

## 二、实验设备

1. 直流电源。
2. 数字式万用表。
3. 双踪数字示波器。
4. 面包板、LM324 集成运算放大器、CC4051 8 选 1 多路开关芯片等元器件若干。
5. Basys3 数字电路教学开发板套件、PC。

## 三、实验原理

**1. 薄膜压力传感器**

力敏传感器是指能将施加在其上的压力转换成可用输出信号的器件或装置,根据其敏感机理可分为电阻式、电感式、电容式、压电式、压磁式和压阻式等种类。

薄膜压力传感器属于压阻式力敏传感器,是规格为若干行×若干列的电阻式阵列传感器。以 8 行×8 列为例,其电路等效于图 6.2-1 虚线框内部分。传感器由 2 片很薄的聚酯薄膜组成,其中一片薄膜的内表面铺设 8 行带状导体,另一片薄膜的内表面铺设 8 列带状导体,导体外表涂有特殊的压敏半导体材料涂层。当 2 片薄膜贴合时,横向导体和纵向导体的一个个交叉点就形成了压力感应点阵列(共 64 个点)。每个感应点相当于可变电阻,当外力作用到感应点上时,可变电阻的阻值会随外力的变化而成比例变化,压力为零时,阻值最大,压力越大,阻值越小,从而可以反映出两接触面间的压力分布情况。

阵列电阻的测量具有交叉耦合现象,如图 6.2-2 所示,以 2 行×2 列的阵列电阻为例,通过输入行和输出列的选择,待测电阻为 $R_{21}$,那么

$$\frac{U_{\text{out}}}{R_0} = \frac{U_{\text{CC}} - U_{\text{out}}}{R_{21}} + \frac{U_{\text{CC}} - U_{\text{out}}}{R_{\text{x}}}$$

其中 $U_{\text{CC}}$ 和 $R_0$ 已知,$U_{\text{out}}$ 可测得,但 $R_{\text{x}} = R_{11} + R_{12} + R_{22}$ 未知,因此无法得到 $R_{21}$ 的值,这就是阵列电阻的交叉耦合现象,行列数目越多,交叉耦合现象越严重。

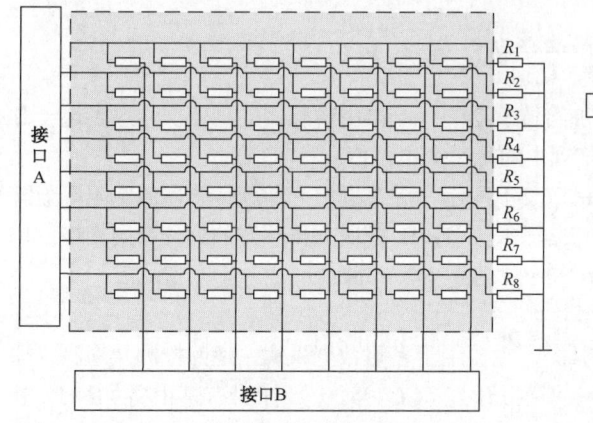

图 6.2-1　薄膜压力传感器阵列

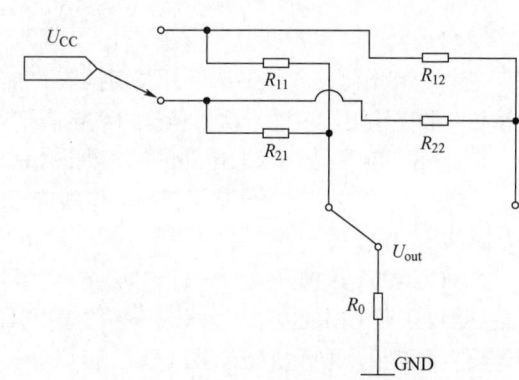

图 6.2-2　2 行×2 列的阵列电阻电路

可利用运算放大器接为负反馈电路时同相输入端和反相输入端电位满足"虚短"以及电流满足"虚断"的原理消除交叉耦合现象，如图 6.2-3 所示，还是以 2 行×2 列的阵列电阻为例，$A_1$ 和 $A_2$ 运放同相输入端接地后，和反相输入端相连的列输出（即图 6.2-3 中的 C 点和 D 点）也可视为地电位，根据 KCL 方程，可得

$$\frac{U_{\text{out1}}}{R_{\text{s}}} = -\frac{U_{\text{CC}}}{R_{11}}$$

$$\frac{U_{\text{out2}}}{R_{\text{s}}} = -\frac{U_{\text{CC}}}{R_{12}}$$

于是

$$R_{11} = -\frac{U_{\text{CC}}}{U_{\text{out1}}} R_{\text{s}}$$

$$R_{12} = -\frac{U_{\text{CC}}}{U_{\text{out2}}} R_{\text{s}}$$

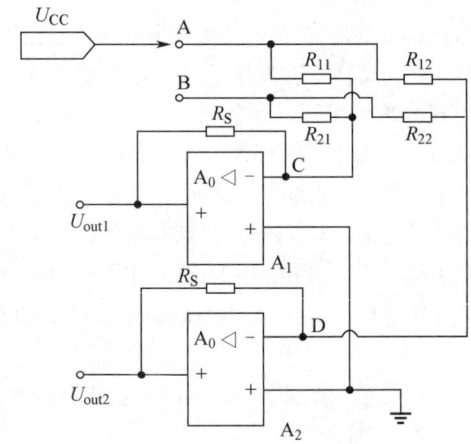

图 6.2-3　交叉耦合消除电路

同理，当 $U_{\text{CC}}$ 切换到 B 点时，有

$$R_{21} = -\frac{U_{\text{CC}}}{U_{\text{out1}}} R_{\text{s}}$$

$$R_{22} = -\frac{U_{\text{CC}}}{U_{\text{out2}}} R_{\text{s}}$$

若将一路电源输入经多选一开关切换依次加给传感器的行，再由传感器的列依次通过多选一开关按切换顺序输出，就能一次性依次得到电阻阵列中的每一个电阻值。

8 行×8 列电阻阵列求取电路的结构框图如图 6.2-1 所示，虚线框内为薄膜传感器的电阻等效阵列。A 接口与传感器的行分布层相连，作为传感器输入接口；B 模块与传感器的列分布层相连，作为传感器输出接口。

### 2. CC4051 模拟开关

CC4051 是 CMOS 单通道八选一多路模拟开关，主要用于多路数据采集，巡回检测及遥测、遥控等数字系统中，取代机械开关或分立元件构成的模拟开关。CC4051 是一个带有禁止端（INH）和三位译码端（A、B、C）控制的 8 路模拟开关电路，各模拟开关均为双向，既可实现 8 线→1 线传输信号，也可实现 1 线→8 线传输信号。其引脚排列和真值表如图 6.2-4 所示。

# 第 6 章 综合实验

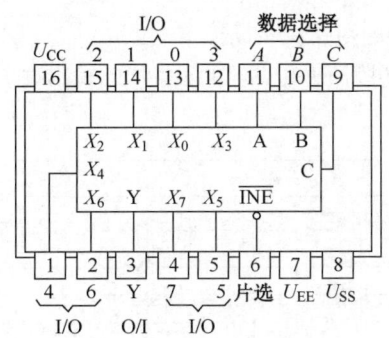

图 6.2-4 CC4051 逻辑功能引脚排列和真值表

当 INH 为高电平时,8 个通道均不接通;当 INH 为低电平时,公共输出/输入端 Y 和 8 个通道之一接通,由 3 个二进制输入控制端 A、B、C 根据真值表决定。

CC4051 的 16 脚 $U_{CC}$ 为电源端子,8 脚 $U_{SS}$ 为数字信号接地端。7 脚 $U_{EE}$ 作为电平位移时使用,从而使得通常在单组电源供电条件下工作的 CMOS 电路所提供的数字信号能直接控制这种多路开关,并使这种多路开关可传输峰-峰值最多达 15V 的交流信号。例如,若 CC4051 模拟开关的供电电源 $U_{CC}$=5V,$U_{ss}$=0V,当 $U_{EE}$=-5V 时,只要对此模拟开关施加 0~5V 的数字控制信号,就可传输幅度范围为 -5~+5V 的模拟信号。

### 3. 薄膜压力传感器信号获取电路设计

实验所用薄膜压力传感器外形如图 6.2-5 所示,此传感器尺寸为 30cm×30cm,最小点为 5mm×5mm,总计 52 行×44 列,2288 个点。单点感应区为圆形,半径 $R$=10mm,单点物理可承受最大压力载荷 100kg。电阻和压力的对应关系如图 6.2-6 所示。

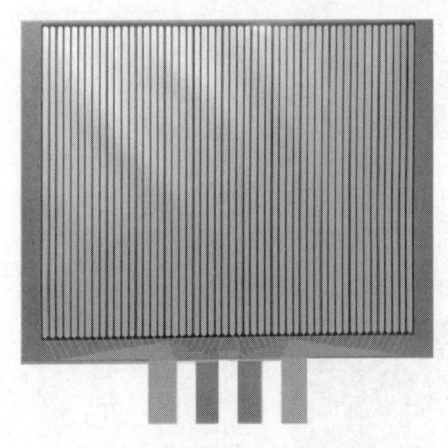

图 6.2-5 薄膜压力传感器外形图

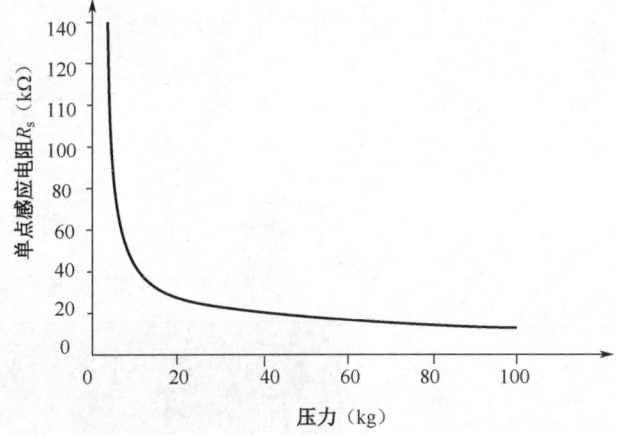

图 6.2-6 薄膜压力传感器电阻与压力关系曲线

设计电路,获取 8 行×8 列电阻的变化信息,并转化为压力信号。输入电路和输出电路均利用 CC4051 一选多(多选一)开关实现。电源 $U_{CC}$ 经 CC4051 一选多开关切换后,通过输入接口 A 依次加给传感器的行;同时,电流再由传感器的列通过接口 B 输出,由连接两片 LM324 集成芯片中的 8 个集成运放组成的负反馈阵列处理后,依次通过 CC4051 多选一开关按切换顺序输出。CC4051 的 COM 口经过定标电路将模拟信号输入到 Basys3 的 A/D 转换模块输入端口 JXADC1。$R_1 \sim R_8$ 的作用是使开关由高电平切换到低电平时响应迅速。输出端 CC4051 开关切换的频率为输入端 CC4051 频率的 8 倍,以确保输入保持在同一行时,依次输出 8 列;8 列输出完毕后输入下一行时,再依次输出 8

列；直至完成 8 行×8 列，依此规律循环。参考电路如图 6.2-7 所示。

接口 A 和接口 B 采用 FPC 转接口，用来连接薄膜压力传感器的柔性电路输出端子与电路板 I/O 口，如图 6.2-8 所示。

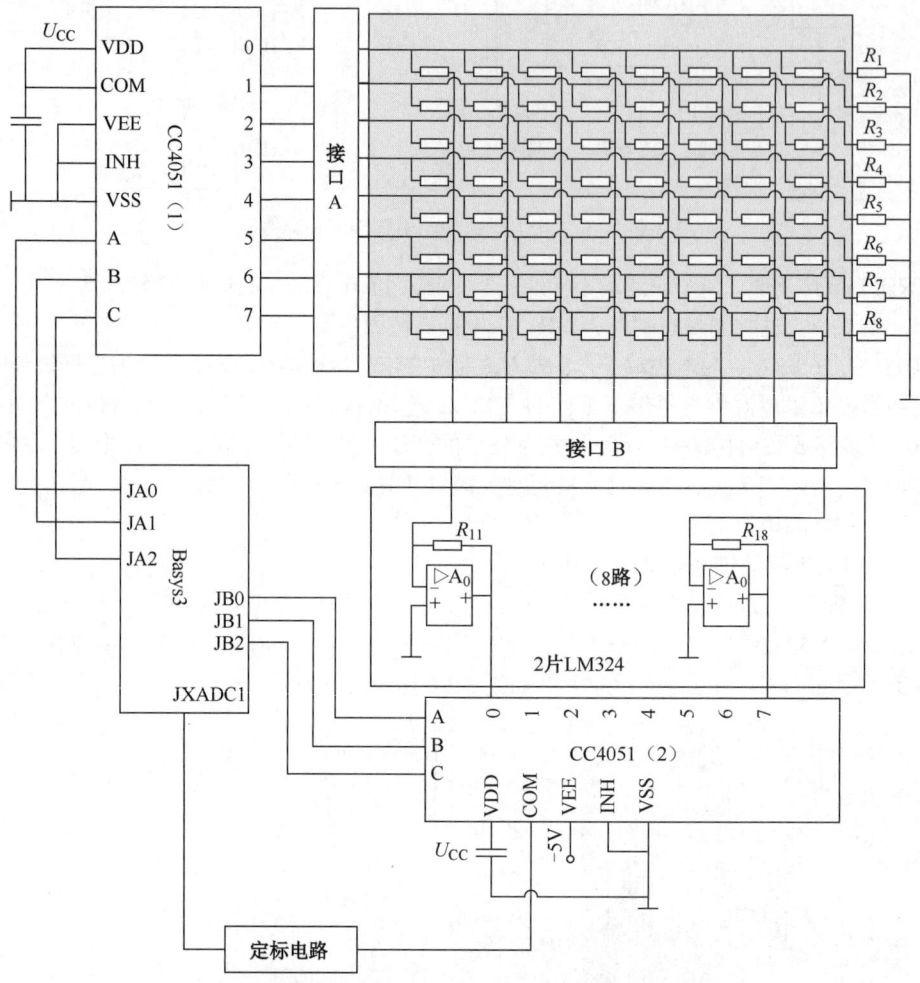

图 6.2-7  薄膜压力传感器接口电路

图 6.2-8  薄膜压力传感器 FPC 转接口

## 四、预习要求

1. 分析讨论本次实验所需的电源规格。
2. 利用 Basys3 开发板实现十进制计数器。
3. 加法运算电路在工程测量中可用来对信号电压进行变换和定标,即可将某一范围变化的输入电压变换为另一范围变化的输出电压。如图 6.2-9 所示电路,设 $u_i$ 为变换前的输入电压(负极性电压),$u_o$ 为变换后的输出电压,$U_{CC}$ 为直流电源电压,设 $u_i$ 电压范围为 $U_{il} \sim U_{ih}$,要求 $u_o$ 电压范围为 $U_{ol} \sim U_{oh}$,即当 $u_i=U_{il}$ 时,$u_o=U_{ol}$;当 $u_i=U_{ih}$ 时,$u_o=U_{oh}$。试确定 $R_{P1}$ 和 $R_{P2}$ 的值。

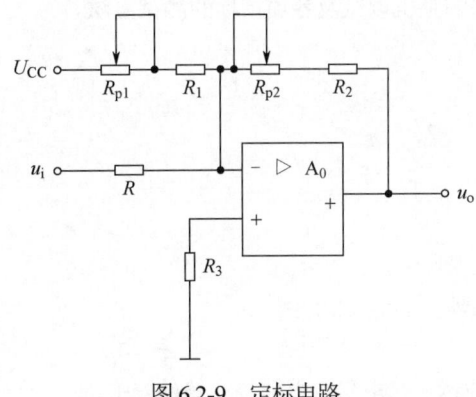

图 6.2-9 定标电路

## 五、实验内容

1. 利用集成运放设计图 6.2-7 的定标电路,给出元件型号和参数,将定标电路的输出电压限制在 0~3.3V 的范围内。
2. 完善图 6.2-7 薄膜压力传感器接口电路,画出具体电路图,标出参数。
3. 利用 Basys3 开发板实现八进制计数器功能,计数器的 CP 频率为 1.25kHz,将计数器的 3 个输出作为图 6.2-7 中与接口 A 相连的 CC4051 8 选 1 开关芯片的选通输入。
4. 利用 Basys3 开发板实现八进制计数器功能,计数器的 CP 频率为 10kHz,将计数器的 3 个输出作为图 6.2-7 中与接口 B 相连的 CC4051 8 选 1 开关芯片的选通输入。
5. 将图 6.2-7 中定标电路输出信号通过 Pmod 接口的 A/D 转换模块输入 Basys3 并显示。
6. 设计实验,获取薄膜压力传感器电阻与压力关系曲线。
7. 设计并实现基于该系统的某个实际应用。

## 六、实验总结

1. 整理实验数据,分析实验过程中的现象或故障。
2. 总结实验的心得与体会。

## 6.3 综合实验 3 音响放大器

### 一、实验目的

1. 理解音响放大器电路的工作原理。
2. 了解音响放大器电路的频率特性及音调控制原理。
3. 学习音响放大器电路的整机调试及各项指标的测试方法。

### 二、实验设备

1. 直流电源。
2. 双踪数字示波器。
3. 数字式万用表。
4. 函数信号发生器。
5. 功率放大级电路实验板。
6. 音箱。
7. 面包板、LM741 集成运放、电阻、电容等元器件若干。
8. Multisim 仿真软件、PC。

### 三、实验原理

音响放大器电路用于对音频信号的处理和放大，由前置放大级、音调控制级和功率放大级三部分组成，电路结构如图 6.3-1 所示。

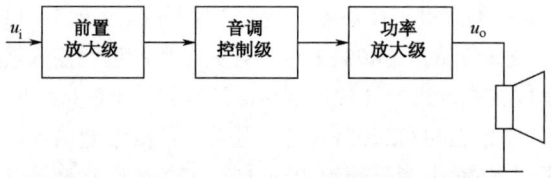

图 6.3-1　音频放大器电路结构

作为音响系统中的放大设备，它接受的信号源有多种形式，通常有话筒输出、唱机输出、录音输出和调谐器输出。这些信号差异很大，因此，要在音频功放电路中设置前置放大级以适应不同信号源的输入。

为了满足听众对频响的要求和弥补扬声器系统的频率响应不足，设置了音调控制放大电路，能对高音、低音部分的频率特性进行调节。

为了充分推动扬声器，需要加入功率放大电路。通常音响系统中的功率放大器能输出数十瓦以上的功率，高级音响系统的功放最大输出功率可达几百瓦以上。

**1. 前置放大电路**

前置放大级的性能对整个音频功放电路的影响很大，为了减小噪声，前置级通常要选用低噪声的运放，电路设计为具有较高的输入阻抗和较低的输出阻抗。图 6.3-2 所示为一个典型的前置放大电

路，属于电压串联负反馈同相输入比例放大电路，电路的理想闭环电压放大倍数为

$$A_{vf} = 1 + \frac{R_3}{R_2}$$

输入电阻为

$$R_{if} = R_1$$

输出电阻为

$$R_{of} = 0$$

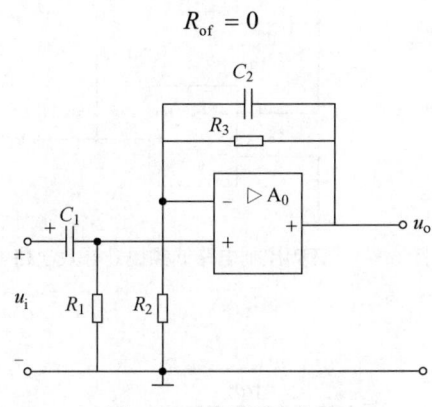

图 6.3-2　前置放大电路

**2. 音调控制电路**

音调控制电路的作用是实现对低音和高音的提升和衰减，以弥补扬声器等因素造成的频率响应不足。常用的音调控制电路有衰减式音调控制电路和反馈式音调控制电路两类。衰减式音调控制电路的调节范围宽，但容易产生失真；反馈式音调控制电路的调节范围小一些，但失真小，应用较广。图 6.3-3 所示为电路采用由阻容网络组成的 RC 型负反馈音调控制电路，它是一种电压并联负反馈电路，通过不同的负反馈网络和输入网络使得放大器闭环放大倍数随信号频率不同而改变，从而达到对音调的控制。在图 6.3-3 中，$C_3$=10μF，为耦合电容，容量较大，对音频信号视为短路。$R_4$=$R_5$=$R_6$=$R$=20kΩ，$R_{P1}$=$R_{P2}$=9$R$=180kΩ，$C_4$=$C_5$=22nF>>$C_6$=1nF。

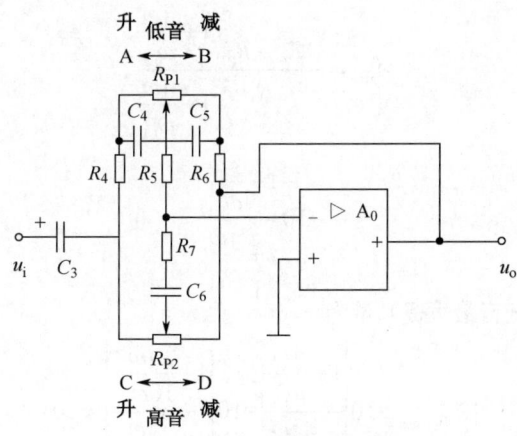

图 6.3-3　音调控制电路

（1）信号在低频区

在低频区，因为 $C_6$ 很小，$C_6$ 的容抗很高，所以 $C_6$、$R_7$ 支路可视为开路，反馈网络主要由上半部分电路起作用。考虑负反馈网络"虚短"和"虚断"的特性，$R_5$ 的影响也可忽略，可视为短路。

因为通常前级的输出电阻很小（如小于 500Ω），输出电压 $u_o$ 通过 $R_{P2}$ 反馈到输入端的信号被前级输出电阻所旁路，所以 $R_{P2}$ 可近似看作 $u_o$ 端的负载电阻，由于运算放大器的输出电阻很小，所以 $R_{P2}$ 的影响可以忽略，可视为开路。

当电位器 $R_{P1}$ 的活动端移至 A 点时，$C_4$ 被短路。这时的等效电路如图 6.3-4 所示。

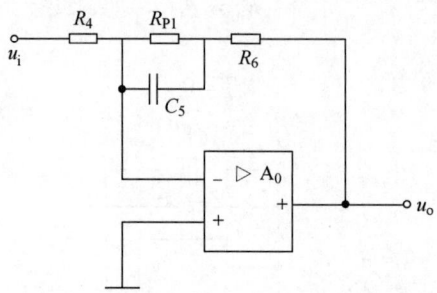

图 6.3-4 音频控制电路低频提升等效电路

其闭环增益表达式为

$$A_{ufL} = -\frac{R_{P1} \mathbin{/\mkern-6mu/} \dfrac{1}{j\omega C_5} + R_6}{R_4}$$

$$= -\frac{R_6 + R_{P1}}{R_4} \cdot \frac{1 + j\omega C_5 (R_{P1} \mathbin{/\mkern-6mu/} R_6)}{1 + j\omega C_5 R_{P1}}$$

令 $\omega_{L1} = \dfrac{1}{R_{P1}C_5}$ 或 $f_{L1} = \dfrac{1}{2\pi R_{P1}C_5}$，$\omega_{L2} = \dfrac{1}{(R_{P1} \mathbin{/\mkern-6mu/} R_6)C_5}$ 或 $f_{L2} = \dfrac{1}{2\pi(R_{P1} \mathbin{/\mkern-6mu/} R_6)C_5}$，即数据代入计算可得 $f_{L1} = 40$ Hz，$f_{L2} = 400$ Hz 时，则有

$$\frac{\omega_{L2}}{\omega_{L1}} = \frac{R_{P1}}{R_{P1} \mathbin{/\mkern-6mu/} R_6} = 10 \text{ 或 } \frac{f_{L2}}{f_{L1}} = \frac{R_{P1}}{R_{P1} \mathbin{/\mkern-6mu/} R_6} = 10$$

此时，闭环增益表达式为

$$A_{ufL} = -\frac{R_6 + R_{P1}}{R_4} \frac{1 + \dfrac{j\omega}{\omega_{L2}}}{1 + \dfrac{j\omega}{\omega_{L1}}}$$

$$= -10 \frac{1 + \dfrac{j\omega}{\omega_{L2}}}{1 + \dfrac{j\omega}{\omega_{L1}}}$$

当 $f \ll f_{L1}$ 时，可得低音最大提升量为

$$|A_{ufL}|_{\max} = 10 \left|\frac{1 + \dfrac{j\omega}{\omega_{L2}}}{1 + \dfrac{j\omega}{\omega_{L1}}}\right| = 10 \left|\frac{1 + \dfrac{j\omega}{10\omega_{L1}}}{1 + \dfrac{j\omega}{\omega_{L1}}}\right| \approx 10$$

即低音最大可提升 10 倍。

同理，当 $f = f_{L1}$ 时，得 $|A_{ufL}| \approx \dfrac{10}{\sqrt{2}}$；当 $f = f_{L2}$ 时，得 $|A_{ufL}| \approx \sqrt{2}$；当 $f \gg f_{L2}$ 时，得

$$|A_{\text{ufL}}|=10\left|\frac{1+\dfrac{\mathrm{j}\omega}{\omega_{\text{L2}}}}{1+\dfrac{\mathrm{j}\omega}{\omega_{\text{L1}}}}\right|=10\left|\frac{\omega_{\text{L2}}+\mathrm{j}\omega}{\omega_{\text{L2}}+\mathrm{j}10\omega}\right|\approx 1$$

当电位器 $R_{\text{P1}}$ 的活动端移至 B 点时,$C_5$ 被短路。这时的等效电路如图 6.3-5 所示。

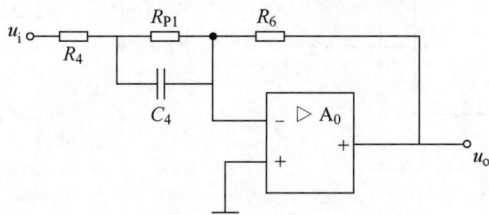

图 6.3-5　音频控制电路低频衰减等效电路

其闭环增益表达式为

$$A_{\text{ufL}}=-\frac{R_6}{R_4+R_{\text{P1}}\,/\!/\,\dfrac{1}{\mathrm{j}\omega C_4}}$$

$$=-\frac{R_6}{R_4+R_{\text{P1}}}\cdot\frac{1+\mathrm{j}\omega C_4 R_{\text{P1}}}{1+\mathrm{j}\omega C_4(R_4\,/\!/\,R_{\text{P1}})}$$

令 $\omega'_{\text{L1}}=\dfrac{1}{R_{\text{P1}}C_4}=\omega_{\text{L1}}$ 或 $f'_{\text{L1}}=\dfrac{1}{2\pi R_{\text{P1}}C_4}=f_{\text{L1}}$,$\omega'_{\text{L2}}=\dfrac{1}{(R_{\text{P1}}\,/\!/\,R_4)C_4}=\omega_{\text{L2}}$ 或 $f'_{\text{L2}}=\dfrac{1}{2\pi(R_{\text{P1}}\,/\!/\,R_6)C_4}=f_{\text{L2}}$,则有

$$A_{\text{ufL}}=-\frac{R_6}{R_4+R_{\text{P1}}}\cdot\frac{1+\dfrac{\mathrm{j}\omega}{\omega_{\text{L1}}}}{1+\dfrac{\mathrm{j}\omega}{\omega_{\text{L2}}}}=-\frac{1}{10}\cdot\frac{1+\dfrac{\mathrm{j}\omega}{\omega_{\text{L1}}}}{1+\dfrac{\mathrm{j}\omega}{\omega_{\text{L2}}}}$$

当 $f\ll f_{\text{L1}}$ 时,得 $|A_{\text{ufL}}|\approx\dfrac{1}{10}$;当 $f=f_{\text{L1}}$ 时,得 $|A_{\text{ufL}}|\approx\dfrac{\sqrt{2}}{10}$;当 $f=f_{\text{L2}}$ 时,得 $|A_{\text{ufL}}|\approx\dfrac{1}{\sqrt{2}}$。
当 $f\gg f_{\text{L2}}$ 时,得

$$|A_{\text{ufL}}|=10\left|\frac{1+\dfrac{\mathrm{j}\omega}{\omega_{\text{L2}}}}{1+\dfrac{\mathrm{j}\omega}{\omega_{\text{L1}}}}\right|=10\left|\frac{\omega_{\text{L2}}+\mathrm{j}\omega}{\omega_{\text{L2}}+\mathrm{j}10\omega}\right|\approx 1$$

表 6.3-1 总结了当 $R_{\text{P1}}$ 分别移动到 A 点和 B 点时,音频控制电路的增益情况。

表 6.3-1　低频区信号增益

| | $\ll f_{\text{L1}}$ | $f_{\text{L1}}$ | $f_{\text{L2}}$ | $\gg f_{\text{L2}}$ |
|---|---|---|---|---|
| $R_{\text{P1}}$ 移动到 A 点 | 10（20dB） | $10/\sqrt{2}$（17dB） | $\sqrt{2}$（30dB） | 1（0dB） |
| $R_{\text{P1}}$ 移动到 B 点 | 1/10（-20dB） | $\sqrt{2}/10$（-17dB） | $1/\sqrt{2}$（-30dB） | 1（0dB） |

（2）信号在高频区

在高频区,因为 $C_4$ 和 $C_5$ 较大,对高频信号可视为短路,而 $C_6$ 较小,故 $C_6$、$R_7$ 支路已起作用,其等效电路如图 6.3-6（a）所示。

为便于说明，将电路中接成 Y 形的 $R_4$、$R_6$、$R_5$ 变换成图 6.3-6（b）所示接成△形电路，这里 $R_a=R_b=R_c=3R=60\text{k}\Omega$。

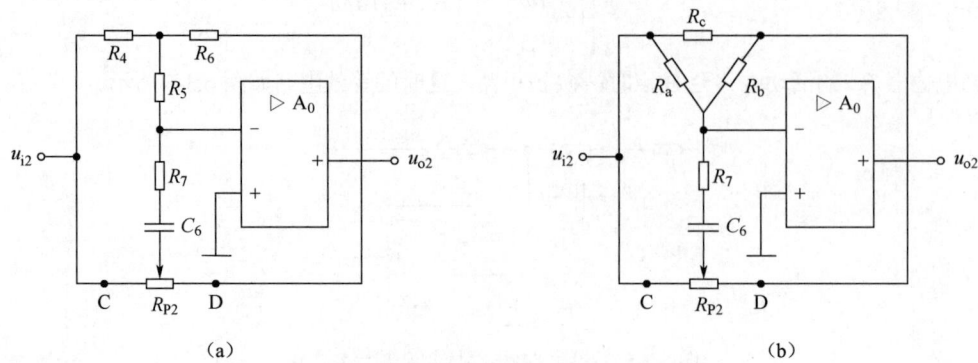

图 6.3-6　音频控制电路高频区的等效电路

当图 6.3-6（b）中的 $R_{P2}$ 滑动到 C 点或 D 点时，由于 $R_{P2}$ 的数值很大（$R_{P2}=9R$），为简单起见，可视为开路。同信号在低频区时 $R_{P2}$ 的处理方式，令 $R_c$ 开路，于是得到图 6.3-7（a）（b）所示的高音提升和衰减的等效电路。

在图 6.3-7（a）中，可求得闭环增益表达式为

$$A_{\text{ufH}} = -\frac{1+\mathrm{j}\omega C_6(R_7+3R)}{1+\mathrm{j}\omega C_6 R_7}$$

令 $\omega_{\text{H1}}=\dfrac{1}{C_6(R_7+3R)}$ 或 $f_{\text{H1}}=\dfrac{1}{2\pi C_6(R_7+3R)}$；$\omega_{\text{H2}}=\dfrac{1}{R_7 C_6}$ 或 $f_{\text{H2}}=\dfrac{1}{2\pi R_7 C_6}$。与分析低音等效电路的方法相同，可得当 $f \ll f_{\text{H1}}$ 时，$C_3$ 可视作开路，$|A_{\text{ufH}}|\approx 1$；当 $f=f_{\text{H1}}$ 时，得 $|A_{\text{ufH}}|\approx\sqrt{2}$；当 $f=f_{\text{H2}}$ 时，得 $|A_{\text{ufH}}|\approx\dfrac{10}{\sqrt{2}}$；当 $f \gg f_{\text{H2}}$ 时，$C_3$ 可视作短路，$|A_{\text{ufH}}|=-\dfrac{R_7+3R}{R_7}=\dfrac{8.2+60}{8.2}=8.3$。

同理，可对图 6.3-7（b）进行分析。

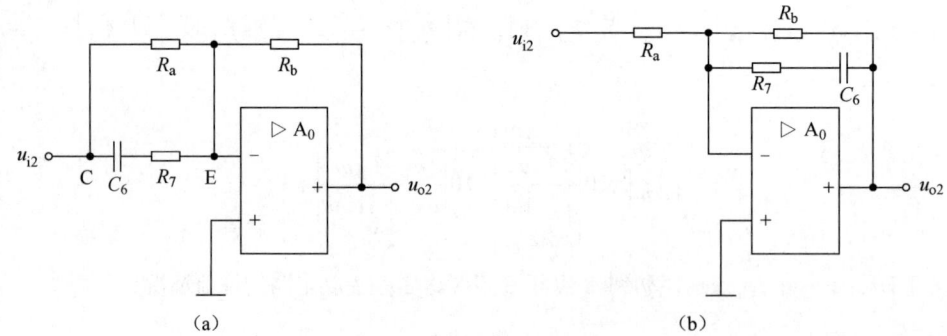

图 6.3-7　高音提升和衰减的等效电路

### 3. 功率放大电路

功率放大级由集成功率放大器 TDA2030 接成 OCL 的电路形式。TDA2030 具有转换速度高、失真小、输出功率大、外围电路简单等特点，采用 5 脚塑料封装，如图 6.3-8（a）所示。其中 1 脚为同相输入端；2 脚为反相输入端；3 脚为负电源；4 脚为输出端；5 脚为正电源。它的内部电路包含由恒流源差分放大电路构成的输入级、中间电压放大级、复合互补对称式 OCL 电路构成的输出级、启

动偏置电路以及短路、过热保护电路等。其结构框图如图 6.3-8（b）所示。

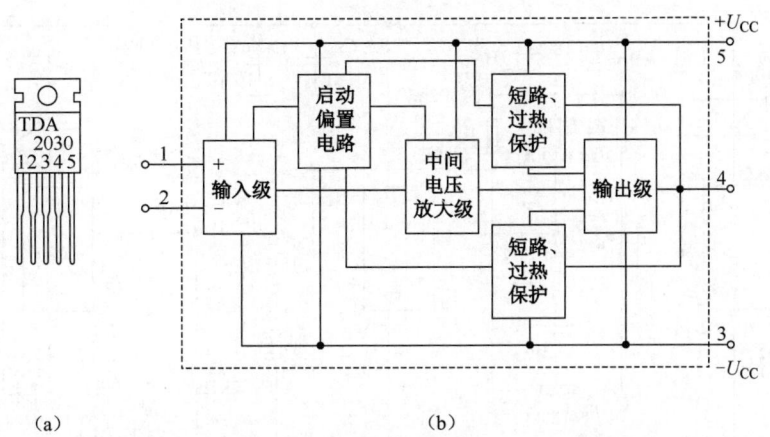

图 6.3-8　集成功率放大器 TDA2030 的引脚和结构框图

TDA2030 的电源电压为±6～±18V，静态电流为 45mA（典型值）；1 脚的输入阻抗为 5MΩ（典型值），当电压增益为 30dB，$R_L$=4Ω，$P_o$=12W 时，频带宽为 19Hz～14kHz。当电源电压为±14V，负载电阻为 4Ω 时，输出功率达 18W。

由 TDA2030 组成的功率放大器电路如图 6.3-9 所示，通过 $R_{10}$、$R_9$、$C_9$ 引入了深度交直流电压串联负反馈，由于引入 $C_9$，直流反馈系数约为 1，对于交流信号而言，因为 $C_9$ 足够大，在通频带内可视为短路，所以交流放大倍数约为 $1+\dfrac{R_{10}}{R_9}\approx 33$。电容 $C_{10}$、$C_{11}$ 用作电源滤波。$D_3$ 和 $D_4$ 为保护二极管，$R_{11}$ 和 $C_{12}$ 为输出矫正网络补偿电感性负载在高频时的特性。

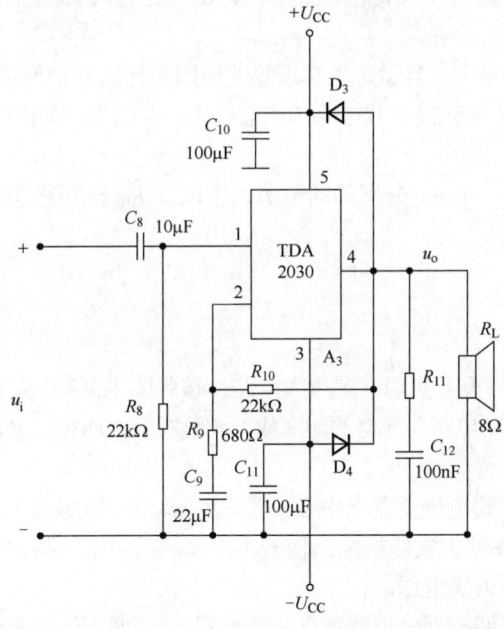

图 6.3-9　功率放大器电路

### 4．整体电路

将前述三级电路串联起来，得到完整的音频放大器电路的设计方案，如图 6.3-10 所示，其中 $R_{p3}$

为音量电位器,能调节整体电路增益,当 $R_{P3}$ 移至最上端时,电路增益最高。

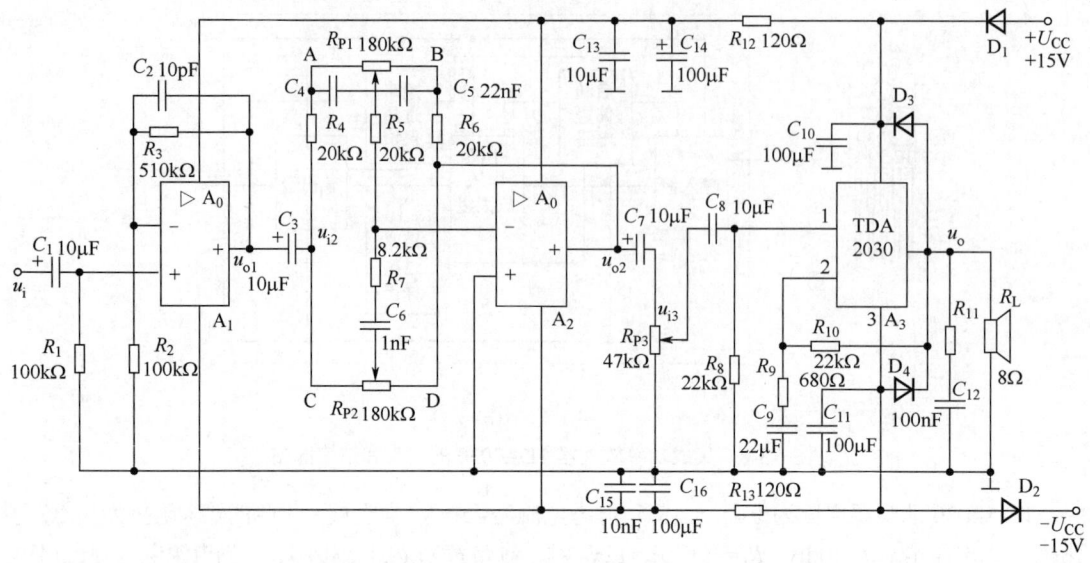

图 6.3-10 音频放大器电路

## 四、预习要求

1．阅读实验原理,了解音响放大电路的工作原理。

2．对前置放大级电路、音调控制级电路和功率放大级电路进行仿真。$R_{P1}$ 和 $R_{P2}$ 电位器调节到中间位置,$R_{P3}$ 调至使输出最大。求当输入信号为 1kHz 的正弦波时,各级的交流放大倍数(增益),并求取整机增益。

3．引起音响放大电路噪声、自激、失真现象的原因是什么?如何消除?

4．推导图 6.3-7(b)高音衰减等效电路的增益公式,总结 $R_{P2}$ 移动到 C 点和 D 点时高频区信号增益的特点并列表格。

5．音调控制级电路中,在 $R_{P1}$ 分别移动至 A、B 以及 $R_{P2}$ 分别移动至 C、D 等四种情况下,仿真求取其幅频特性曲线。

## 五、实验内容

1．按照图 6.3-2 在面包板上实现前置放大电路;按照图 6.3-3 在面包板上实现音调控制电路,并将前置放大电路、音调控制电路和配套的功率放大实验板互相连接起来。加入 ±15V 电源,测量并记录各级电路的静态工作点。

2．将 $R_{P1}$ 和 $R_{P2}$ 音调控制电位器置于中心位置,$R_{P3}$ 调至使输出最大,输入前置放大电路信号为 1kHz 的正弦波,在保证功率放大实验板输出信号不失真的前提下,测试每一级的电压增益,求得整机电压增益,并求取最大不失真电压。

3．(1)将 $R_{P1}$ 和 $R_{P2}$ 音调控制电位器置于中心位置,$R_{P3}$ 调至使音响放大器输出最大,输入前置放大电路信号为 1kHz 的正弦波,调节正弦波的幅度,使得音响放大器输出电压为最大不失真电压的 10% 左右,算出此时的整机电压增益 $A_u$。

(2)输入信号为幅度不变,频率改为 100Hz 的正弦波,将电位器 $R_{P1}$ 分别移动至 A 和 B,依次

测得整机电压增益 $A_{uA}$ 和 $A_{uB}$，并由此计算出净提升量和净衰减量，用分贝表示，即 $20\lg\left(\dfrac{A_{uA}}{A_u}\right)$ 和 $20\lg\left(\dfrac{A_{uB}}{A_u}\right)$。

（3）输入信号为幅度不变，频率改为 10kHz 的正弦波，将电位器 $R_{P2}$ 分别移动至 C 和 D，依次测得整机电压增益 $A_{uC}$ 和 $A_{uD}$，并由此计算出净提升量和净衰减量，用分贝表示，即 $20\lg\left(\dfrac{A_{uC}}{A_u}\right)$ 和 $20\lg\left(\dfrac{A_{uD}}{A_u}\right)$。

4．将声音信号送入音频功放电路，将功率放大实验板的输出接至音箱，测试音箱发声情况。调节音量电位器 $R_{P3}$，评估声音的大小；调节 $R_{P1}$ 和 $R_{P2}$，评估低频和高频声音调节的效果。

## 六、实验总结

1．列表整理实验数据，将实测值与理论估算值、仿真值相比较并加以分析。
2．总结实验的心得与体会。

## 6.4 综合实验 5 直流电机转速控制、测量和显示系统

### 一、实验目的

1．熟悉集成运算放大器、555 集成定时器及二极管、晶体管等电子器件的应用。
2．完成低压直流电动机转速控制、测量和显示系统的电路设计、安装和调试。

### 二、实验设备

1．直流电源。
2．双踪数字示波器。
3．微型直流电机。
4．面包板、集成定时器（555）、运算放大器（LM324）等元器件。
5．Multisim 仿真软件。
6．Basys3 数字电路教学开发板套件。
7．PC。

### 三、实验原理

1．**总体思路**

直流电动机是一种常用的动力电机，直流电动机按励磁方式可分为他励电动机、并励电动机、串励电动机和复励电动机，他励电动机和并励电动机的转速公式为

$$n = \frac{U}{C_E \Phi} - \frac{R_a}{C_E C_T \Phi^2} T$$

式中，$C_E$ 和 $C_T$ 为电机结构参数，$R_a$ 为转子绕组电阻，均为常数。$T$ 为电机的转矩，他励直流电动机机械特性具有硬特性，即转矩随转速的变化改变不大，可视为常数。$\Phi$ 为固定磁场的磁通量，在电机运转时基本不变。因此转速将会随外加电源电压的 $U$ 的变化具有相同的变化趋势。这种通过改变电源电压来进行速度调节的方法称为调压调速。

本实验设计直流并励电动机转速控制、测量和显示系统，由三角波信号发生器电路、脉宽调制及电机驱动电路、光电转换及整形电路、频率/电压转换电路和报警电路五个部分组成，其总体框图如图 6.4-1 所示。三角波发生器电路和脉宽调制及电机驱动电路驱动直流电机运转，电机运转时带动圆盘，圆盘上等角距排列圆孔。光电转换及整形电路发射和接收通过圆孔的光信号，并将光信号转换为与频率和电机转速成正比的矩形波电信号。矩形波信号经频率/电压转换电路后转换为直流信号，该直流信号与电机转速成正比，若该信号超过一定限度，则认为超速，系统将驱动报警电路报警。

图 6.4-1 总体框图

本实验的技术要求如下。
（1）对额定电压 12V、额定电流 300mA、额定转速 6700 转/分的小型直流电动机进行调速控制。
（2）数字显示电动机转速。
（3）电动机的转速超过 2000 转/分时进行报警。

### 2. 三角波发生器电路

三角波发生器电路如图 6.4-2 所示，集成运放 $A_1$ 构成电压比较器，输出电压 $u_{o1}$ 由稳压管 $D_{Z1}$ 和 $D_{Z2}$ 限幅。集成运放 $A_2$ 构成积分电路。电压比较器的输出电压 $u_{o1}$ 作为积分电路的输入电压，积分电路的输出电压 $u_s$ 又作为电压比较器的输入电压。

设电容 $C_1$ 无初始电压，在 $t=0$ 时加电源，集成运放 $A_1$ 正饱和，$u_{o1} = U_z$。于是 $u_{o1}$ 经 $R_6$ 对 $C_1$ 充电，即积分电路反相积分，其输出电压为

$$u_s = -\frac{1}{R_6 C_1}\int_0^t u_{o1} dt = -\frac{U_z}{R_6 C_1} t \qquad (0 \leqslant t < t_1)$$

$u_s$ 随时间线性下降（负值）。此时 $A_1$ 同相输入端电压为

$$u_{+H} = \frac{R_4}{R_1+R_4} u_s + \frac{R_1}{R_1+R_4} u_{o1} = \frac{R_4}{R_1+R_4} u_s + \frac{R_1}{R_1+R_4} u_z$$

$u_{+H}$ 随着 $u_s$ 的下降而下降。当 $t = t_1$ 时，$u_{+H} = 0$，此时 $u_{o2}(t_1) = -\frac{R_2}{R_1} U_z$，$u_{o2}$ 再稍有下降，就使 $u_{+H} < 0$，于是集成运放 $A_1$ 负饱和，电压比较器输出电压。此后电容 $C_1$ 被反向充电，其表达式为

$$u_s = -\frac{R_1}{R_4} U_z - \frac{1}{R_6 C_1}\int_{t_1}^t u_{o1} dt = -\frac{R_1}{R_4} U_z + \frac{U_z}{R_6 C_1}(t-t_1) \qquad (t_1 < t < t_2)$$

可见，$u_s$ 将从 $-\frac{R_1}{R_4} U_z$ 开始随时间线性上升。同时 $A_1$ 同相输入端电压为

$$u_{+L} = \frac{R_4}{R_1+R_4} u_s - \frac{R_1}{R_1+R_4} u_z$$

$u_{+L}$ 随 $u_s$ 的上升而上升。在 $t = t_2$ 时，$u_s = \dfrac{R_1}{R_4} U_Z$，$u_{+L} = 0$。此时 $u_s$ 再稍有上升，便使 $u_{+L} > 0$，集成运放 $A_1$ 又正饱和，使 $u_{o1} = U_Z$。如此不断循环，使 $u_{o1}$ 为方波，$u_s$ 为三角波。

### 3．脉宽调制及电机驱动电路

一个典型的脉宽调制及电机驱动电路如图 6.4-3 所示。把周期为 $T$ 幅度恒定的三角波电压信号 $u_s$ 从比较器的反相输入端输入，把作为控制信号的直流电压 $U_c$ 从同相输入端输入，在输出端可以得到宽度随 $U_c$ 变化的矩形波电压 $u_o$，如图 6.4-4 所示。由比较器输出的电压，其电流较小不足以直接带动电机转动，必须在驱动电机前加上足够功率的驱动级，图中选用一片 NPN 晶体管 9013 作为驱动管。二极管 $D_1$ 用于输入负电平的限幅，与电动机并联反接的二极管 $D_2$ 为续流二极管，可以保护晶体管不致因为在断流时被反向瞬变电动势击穿，同时还使电动机电流趋于平滑。

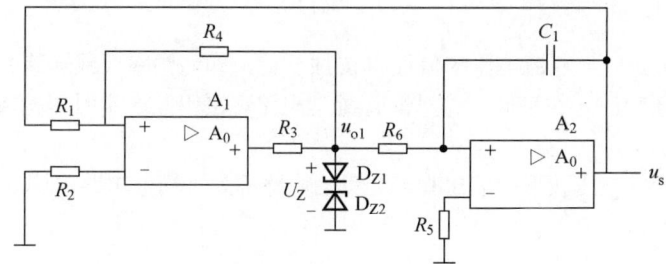

图 6.4-2　三角波发生器电路

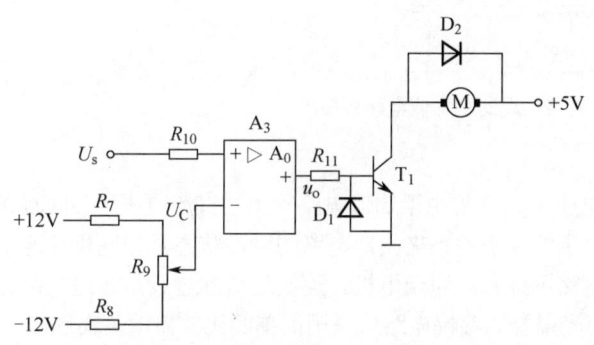

图 6.4-3　脉宽调制及电机驱动电路

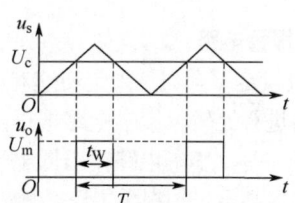

图 6.4-4　电压比较器输入输出

### 4．光电转换及整形电路

光电转换电路的原理图如图 6.4-5 所示。电机转动时，发光二极管 D 发射的红外光透过转盘上的圆孔后被光敏三极管 T 吸收，则光敏三极管呈现饱和导通状态。而当红外光线无法透过转盘被光敏三极管吸收时，光敏三极管截止，致使转换电路输出连续的脉冲信号。

若转盘的圆孔有 63 个，电机旋转一周，转换电路输出 63 个脉冲信号。对于转速为 $n$ 的电机来说，输出的脉冲频率为每分钟 $63n$。

从转盘经光电变换后的脉冲信号是一种周期和脉宽随转速发生变化的脉冲，如图 6.4-6 所示。该信号的 $T$ 和 $t_w$ 随转速的提高而减小，但是它们的比值 $\dfrac{t_w}{T}$ 却基本上保持不变，因而无法从这种信号中提取与转速有关的信息来检测转速的高低。

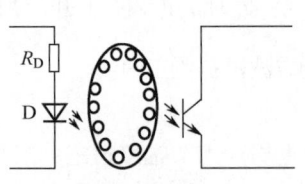
图 6.4-5 光电转换电路

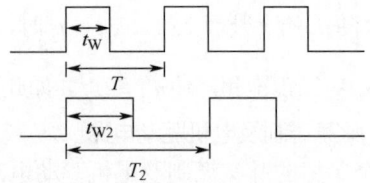
图 6.4-6 经光电转换后的脉冲信号

**5. 频率/电压转换电路**

可通过频率/电压转换电路对这种信号进行转换，即对 $t_w$ 进行处理，使这种信号当周期由于转速变化而发生变化时，其 $t_w$ 始终保持不变。由于波形的直流分量为

$$U = \frac{t_w}{T} U_m$$

故当 $t_w$ 和 $U_m$ 恒定时，直流电压的值仅与 $T$ 成反比，即与频率（或转速）成正比，这样就可以用 $U$ 的大小来判断转速 $n$ 的高低。这里恒 $t_w$ 处理电路可采用 555 定时器构成单稳态触发器电路来实现。

从这种经过变换的电压波形中取出直流分量的电路称为平均值电路，图 6.4-7 给出了一个 RC 电路实现的平均值电路。

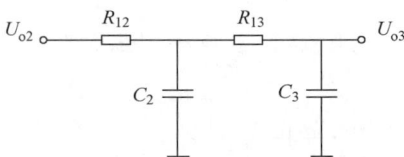
图 6.4-7 RC 电路实现的平均值电路

**6. 报警电路**

通过设定一个与某限定转速对应的直流电压 $U_{RF}$ 并与由平均值电路输出的直流电压 $U_{o3}$ 同时送鉴幅电路进行比较，鉴幅电路根据两个输入电压的大小关系来决定电路的输出状态。当电机转速小于设定转速时，鉴幅电路输出低电平，报警电路不报警；而当电机转速到达或超过设定转速时，鉴幅电路输出高电平，报警电路被触发，发出声光报警。鉴幅电路可采用简单的比较器电路实现。

声报警可采用 555 定时器构成的多谐振荡器来实现，工作频率为 1～2kHz，用蜂鸣器或微型喇叭发声；光报警可用 LED 发光二极管进行指示。

## 四、预习要求

1. 若图 6.4-2 中，$R_1 = R_4 = R_5 = R_6 = 100\text{k}\Omega$、$R_2 = 51\text{k}\Omega$、$R_3 = 1\text{k}\Omega$、$D_{Z1} = D_{Z2} = 6\text{V}$、$C_1 = 0.0022\mu\text{F}$，试计算求取三角波发生电路的三角波频率，同时利用 Multisim 仿真。

2. 利用 Multisim 仿真得到三角波信号经过一个比较器后构成的压控脉宽调制电路。

3. 利用 Multisim 仿真得到由一个占空比可调的方波信号经过一个晶体管放大构成的电机驱动电路，根据本实验的技术要求确定电路参数。

4. 利用 Multisim 仿真设计频率/电压转换电路，根据本实验的技术要求确定电路参数。

5. 利用 Multisim 仿真设计报警电路，根据本实验的技术要求确定电路参数。

6. 根据实验原理确定所需稳压电源的规格。

## 五、实验内容

在面包板上搭建电路。

1. 三角波发生器电路：根据你所用电路参数估算三角波的频率和幅度。完成三角波发生器电路的实现和调试，记录波形参数并与估算值进行比较。

2. 脉宽调制及电机驱动电路：设计脉宽调制电路并实现。以$100\Omega/2W$电阻作为电动机的模拟负载，观察并记录在不同的控制电压时对应的脉宽比。

3. 光电转换电路及整形电路：完成整形电路的设计与实现，调试时可在整形电路的输入端接入正弦波或三角波信号，观察输出波形的变化情况。

4. 频率/电压转换电路：根据设定的电动机转速，设计单稳态触发电路，估算单稳态触发器的$t_W$并实现。在输入端接幅度和频率适当的方波信号，观察和记录当输入方波信号后，单稳态触发器的输出波形和平均值电路的输出电压。

5. 报警电路：设计由比较器和555定时器构成的多谐振荡器组成的报警电路。计算多谐振荡器的频率；实现报警电路，观察电路的工作情况。

## 六、实验总结

1. 将仿真值与实际的测量值进行比较，观察两者之间的差异。寻找差异产生的原因，使得现实与理想的仿真状态更加接近。
2. 整理实验数据，分析实验过程中的现象和故障。
3. 总结实验的心得与体会。

## 6.5　综合实验6　电动气压止血带设计

### 一、实验目的

1. 熟悉集成运算放大器、555集成块、电磁继电器、电磁阀、微型气泵等常用元器件的使用方法。
2. 实现电动气压止血带的基本功能。

### 二、实验设备

1. 直流电源。
2. 数字式万用表。
3. 双踪数字示波器。
4. US9116气压传感器。
5. 双刀双掷直流电磁继电器。
6. 止血带（气囊、袖带）。
7. 电磁阀（常闭）。
8. 充气电机（微型气泵）。

9. 面包板、AD620 仪表放大器、74HC74D 触发器、9013NPN 晶体管、LM358 集成运算放大器等元器件若干。

## 三、实验原理

气压止血带可以定义为一种用于控制四肢动脉和静脉循环的压缩装置。在一段时间内在四肢的表皮和基层组织周围持续加压，这种压力被传递到血管壁上，使血管短时间内被阻塞，从而达到止血的效果。在外科手术中，使用气压止血带能提供相对无血的手术操作环境并减少手术出血量。

传统的气压止血带外观如图 6.5-1 所示，由充气球、机械式气压表、连接管、止血带等组成，操作时，需医护人员手动充气和放气，操作较为烦琐，无法对气压进行精确控制，且容易因为操作疏忽造成止血时间过长而发生肢体神经损伤。

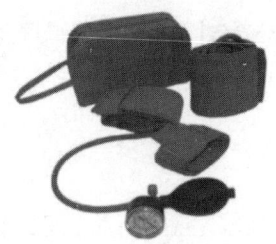

图 6.5-1　气压止血带

电动气压止血带是指采用电气控制技术，自动实现充气加压止血、定时放气的医疗仪器，其结构框图如图 6.5-2 所示。止血带工作时，嵌入在止血带中的压力传感器模块实时采集气压信息，转化为电压信号，通过前置电路进行调理后由控制模块接收，控制模块将接收信号与设定参数相比较，控制充气电机向止血带充气加压或控制电磁阀放气减压，维持止血带的气压为设定值。同时，为防止止血时间过长，电路中设置了定时模块，其在止血带开始工作时开始计时，计时结束后自动放气。

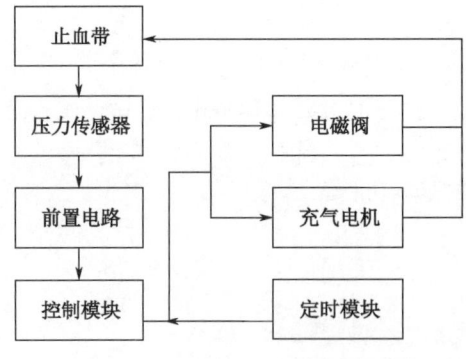

图 6.5-2　电动气压止血带结构框图

### 1．气路部分结构

气路部分由充气电机、气囊、袖带、电磁阀、气体管路等组成。如图 6.5-3 所示，该止血带为布质双层袖带，外层袖带附有尼龙搭扣，内装有可拆卸的与外层相匹配的气囊，并有气体管路与之相连。工作时患者伤肢放在扁宽形袖带内，将尼龙搭扣粘住。

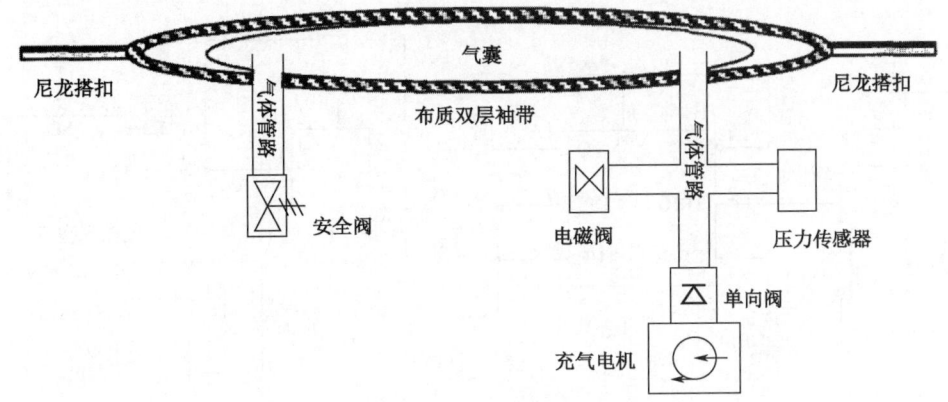

图 6.5-3 气路部分结构

### 2. 传感器和前置电路模块

气压传感器电路和前置模块电路如图 6.5-4 所示。气压传感器采用 US9116 芯片，该芯片是一款采用 MEMS 技术集成的硅压力芯片，封装成 6 脚 DIP 的微型架构，它的内部包含一个惠斯通电桥，在恒压源激励下，传感器的 2、5 端输出与所受压力成线性比例的毫伏级电压信号。接在芯片 3、4 端的可变电阻用于调零。US9116 的参数为：额定电压等于 5V，额定压力等于 5.8PSI，满载荷额定输出等于 70mV。

AD620 是一款低成本的仪表放大器，双电源供电，具有高精度、低失调电压、低失调漂移、高共模抑制比等特点。AD620 仅需要一个外部电阻来设置增益，在图 6.5-4 中，AD620 的增益 $G$ 由 $R_{10}$ 决定。

$$G = \frac{u_s}{u_i} = \frac{49.4\text{k}\Omega}{R_{10}} + 1$$

US9116 输出的压差信号通过 AD620 进行调理，输出即为采集信号 $u_s$。

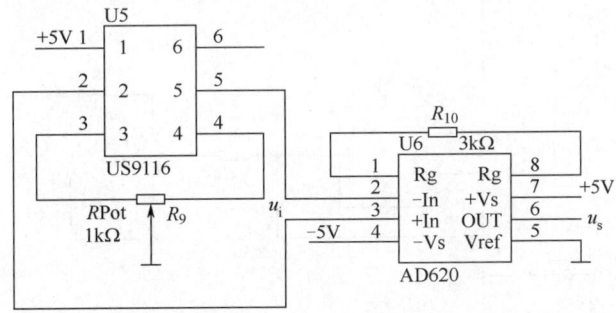

图 6.5-4 气压传感器电路和前置模块电路

### 3. 定时模块

定时模块电路原理图如图 6.5-5 所示。定时模块以 555 集成定时器芯片构成的单稳态触发器电路作为定时器，按下按钮 S1 时，555 的 2 端由高电平转为低电平，即下降沿触发，则其 3 端输出持续 $T=1.1R_7C_2$ 的高电平信号，作为可调定时信号。定时结束后，555 芯片的 3 端变回低电平，即输出下降沿。此时通过一个反相器，可以获得上升沿，触发 D 触发器，使其输出高电平，控制晶体管 $Q_3$ 使继电器 K1 动作，从而达到强制放气的目的。

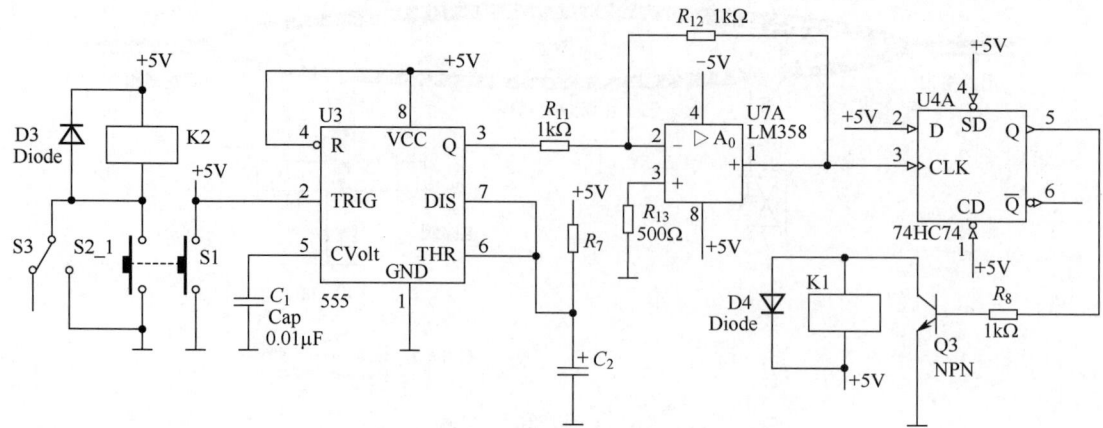

图 6.5-5　定时模块电路原理图

### 4. 控制模块

如图 6.5-6 所示。控制电路由两个滞回比较电路以及它们相应的输出电路组成。U1A（LM358）和 $R_1$、$R_2$、$R_{f1}$ 构成第一个滞回比较器，作用是当采集信号 $V_S$ 大于给定信号 $V_{ref}+0.1V$（止血带气压略高于给定值）时输出高电平，经过 U1B 构成的电压跟随器，通过晶体管 Q1 控制电磁阀 V1 进行放气。选择 $R_{f1}$、$R_1$、$R_2$ 的阻值，使滞回比较器的回差电压为 100mV 左右，具有较高的控制精度，也能防止处于临界状态时的抖动。同理有第二个滞回比较器，当采集信号 $V_S$ 小于给定信号 $V_{ref}-0.1V$（止血带气压略小于给定值）时输出高电平，控制晶体管 Q2 使充气电机运行，提高止血带气压。同时，当定时结束的时候，定时模块控制继电器 V1 动作，使并联在 Q1 两端的常开触点 S1_1 闭合，串联在电机电路中的常闭触点 S1_2 断开，从而使电磁阀工作、充气电机不工作，达到强制放气的目的。

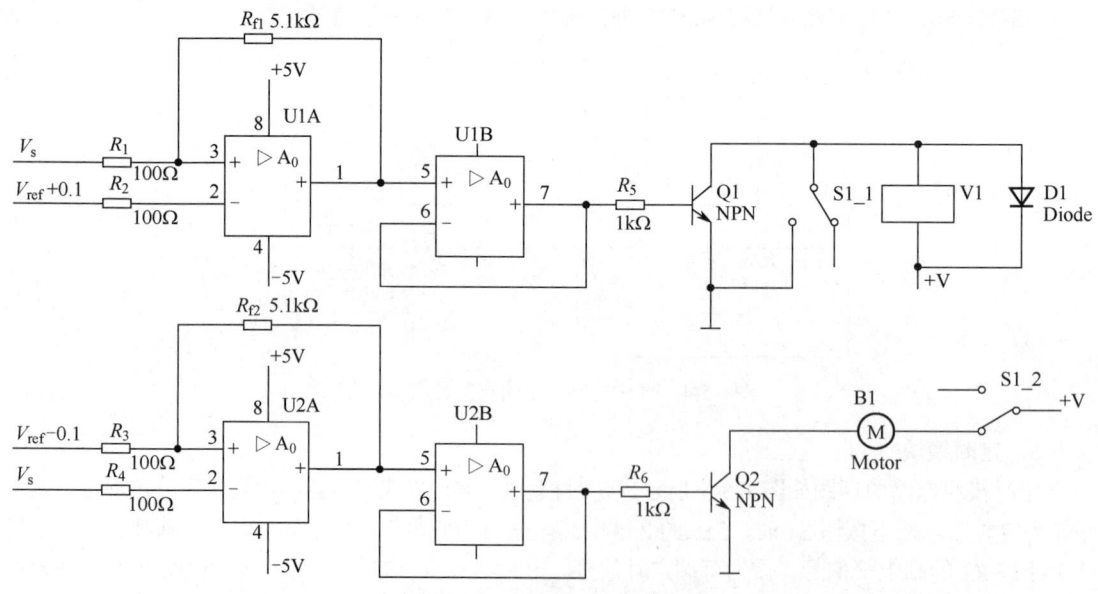

图 6.5-6　控制模块电路原理图

电磁阀和充气电机的额定电压均为 12V 直流电压，选用充气电机具有噪声低、振动低、体积小、流量大、重量轻、耐腐蚀等特点。最大流速达到 37L/min，最大充气压力大于 100kPa，可满足止血带充气的要求。

## 四、预习要求

1. 试确定本实验所需的电源规格。
2. 查找相关资料，了解电动气压止血带的功能及实现原理。
3. 查找资料，熟悉 US9116 气压传感器和 AD620 仪用运算放大器的特性和使用方法。

## 五、实验内容

1. 根据图 6.5-4 实现传感器和前置模块功能。
2. 根据图 6.5-5 实现定时器功能。
3. 根据图 6.5-6 实现控制模块电路功能。
4. 将前三部分电路组合起来，实现电动气压止血带的基本功能。

## 六、实验总结

1. 整理实验数据，分析实验过程中的现象或故障。
2. 提出完善实验功能，贴近成果实用的方案并讨论。
3. 总结实验的心得与体会。

# 6.6 综合实验 7 三层立体停车库的 PLC 控制

## 一、实验目的

1. 了解三层立体停车库的结构装置和工作原理。
2. 熟悉 PLC 的硬件接线以及编程软件、通信软件和上位机监控软件的应用。

## 二、实验设备

1. 立体停车库实验教学装置。
2. PC（安装 PLC 编程软件、通信软件和监控软件）。

## 三、实验原理

**1. 立体停车库实验教学装置**

立体停车库实验教学装置的主要结构分为控制柜和停车库模型两部分，如图 6.6-1 所示。控制柜部分由按键显示板、信号接口板（或 PLC 接口板，PLC 可选用西门子、三菱、欧姆龙）、电气控制板几部分组成；停车库模型部分由停车层模型和停车盘模型组成。

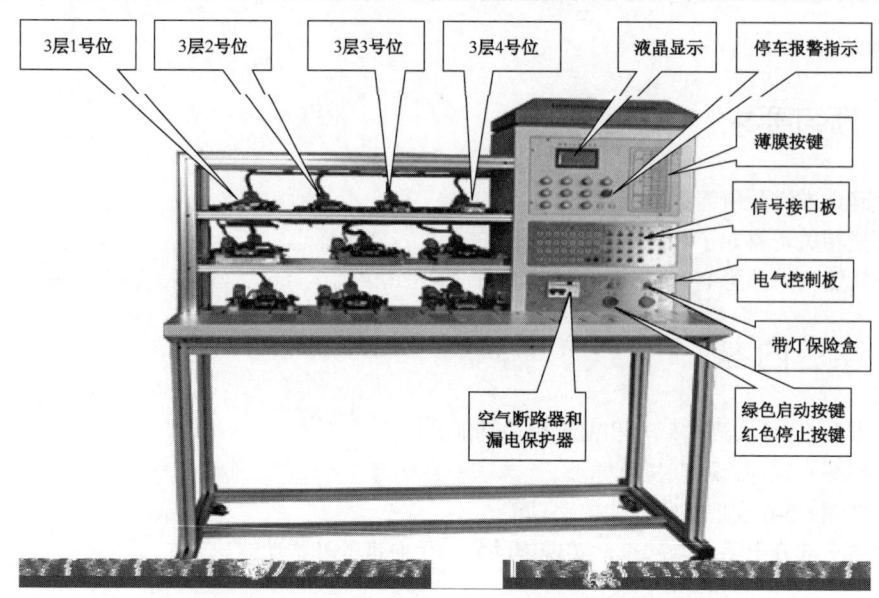

图 6.6-1　立体停车库实验教学装置

停车层分为上中下三层，上层有 4 个车位，共有 4 个车盘，可停放 4 辆汽车模型，从左到右分别是 1 号位、2 号位、3 号位、4 号位（简记符为 3—1、3—2、3—3、3—4）；中层有 4 个车位，共有 3 个车盘，可停放 3 辆汽车模型，从左到右分别是 2—1 车盘、2—2 车盘、2—3 车盘；下层有 4 个车位，共有 3 个车盘，可停放 3 辆汽车模型，从左到右分别是 1—1 车盘、1—2 车盘、1—3 车盘。

立体停车库按键显示板如图 6.6-2 所示，其中，绿色指示灯亮表示相应位置的车盘内没有停放车辆；红色报警灯亮表示车库 1 层 1 至 4 号位有车辆进出。手动指示灯亮，表示当前状态由控制柜内单片机控制，通过薄膜按键可以控制车盘左右移动和上下升降，按按键奇数次为启动，偶数次为停止；自动指示灯亮，表示当前状态由 PLC 控制，用户可以通过自编程序控制车盘左右移动和上下升降。

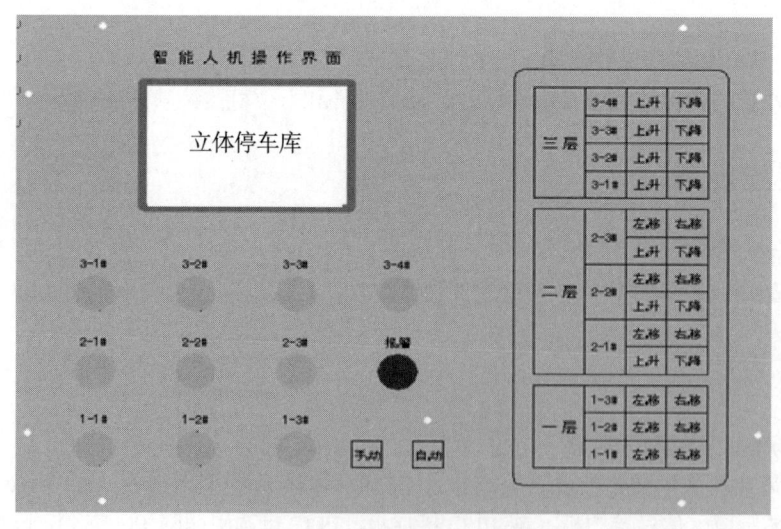

图 6.6-2　立体停车库按键显示板

立体停车库信号接口板如图 6.6-3 所示。

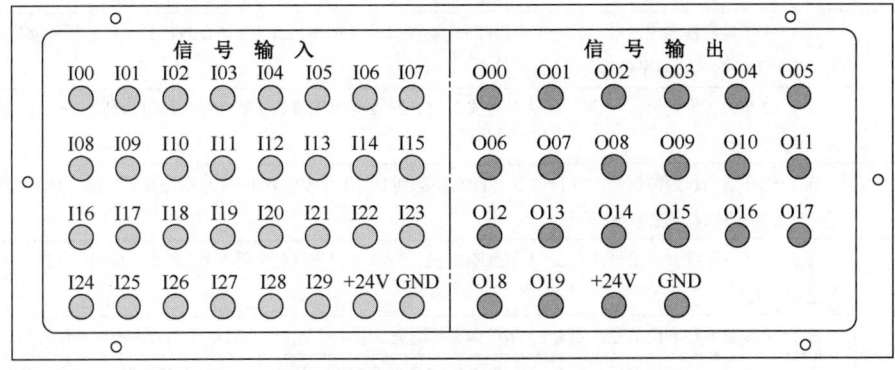

图 6.6-3 立体停车库信号接口板

信号接口板（PLC 接口板）各输入输出端口的功能见表 6.6-1 和表 6.6-2。

表 6.6-1 信号接口板输入端口的功能

| 信号输入 | 功能作用 |
| --- | --- |
| I00 | 连 3—1 停车信号，有车辆停入时为高电平信号，无车辆停入时为低电平信号 |
| I01 | 连 3—2 停车信号，有车辆停入时为高电平信号，无车辆停入时为低电平信号 |
| I02 | 连 3—3 停车信号，有车辆停入时为高电平信号，无车辆停入时为低电平信号 |
| I03 | 连 3—4 停车信号，有车辆停入时为高电平信号，无车辆停入时为低电平信号 |
| I04 | 连 2—1 停车信号，有车辆停入时为高电平信号，无车辆停入时为低电平信号 |
| I05 | 连 2—2 停车信号，有车辆停入时为高电平信号，无车辆停入时为低电平信号 |
| I06 | 连 2—3 停车信号，有车辆停入时为高电平信号，无车辆停入时为低电平信号 |
| I07 | 连 1—1 停车信号，有车辆停入时为高电平信号，无车辆停入时为低电平信号 |
| I08 | 连 1—2 停车信号，有车辆停入时为高电平信号，无车辆停入时为低电平信号 |
| I09 | 连 1—3 停车信号，有车辆停入时为高电平信号，无车辆停入时为低电平信号 |
| I10 | 连 3—1 车盘上升到位信号，车盘上升到顶端时为高电平信号，没有到顶时为低电平信号 |
| I11 | 连 3—2 车盘上升到位信号，车盘上升到顶端时为高电平信号，没有到顶时为低电平信号 |
| I12 | 连 3—3 车盘上升到位信号，车盘上升到顶端时为高电平信号，没有到顶时为低电平信号 |
| I13 | 连 3—4 车盘上升到位信号，车盘上升到顶端时为高电平信号，没有到顶时为低电平信号 |
| I14 | 连 2—1 车盘上升到位信号，车盘上升到顶端时为高电平信号，没有到顶时为低电平信号 |
| I15 | 连 2—1 车盘左移到位信号，当车盘向左移动到 2 层 1 号车位时为高电平信号，没有到位时为低电平信号 |
| I16 | 连 2—1 车盘右移到位信号，当 2—1 车盘向右移动到 2 层 2 号车位或 2—2 车盘右移到位 2 层 2 号车位时为高电平信号，没有到位时为低电平信号 |
| I17 | 连 2—2 车盘上升到位信号，车盘上升到顶端时为高电平信号，没有到顶时为低电平信号 |
| I18 | 连 2—2 盘右移到位信号，当 2—2 车盘向右移动到 2 层 3 号车位或 2—3 车盘左移到 2 层 3 号车位时为高电平信号，没有到位时为低电平信号 |
| I19 | 连 2—3 车盘上升到位信号，车盘上升到顶端时为高电平信号，没有到顶时为低电平信号 |
| I20 | 连 2—3 车盘右移到位信号，当车盘向右移动到 2 层 4 号车位时为高电平信号，没有到位时为低电平信号 |
| I21 | 连 1-1 车位下降到位信号，当 3—1 车盘或 2—1 车盘下降到 1 层 1 号车位时为高电平信号，没有到位时为低电平信号 |

续表

| 信号输入 | 功能作用 |
|---|---|
| I22 | 连1—1车盘左移到位信号，当1—1车盘向左移动到1层1号车位时为高电平信号，没有到位时为低电平信号 |
| I23 | 连1—1车盘右移到位信号，当1—1车盘向右移动到1层2号车位或1-2车盘右移到1层2号车位时为高电平信号，没有到位时为低电平信号 |
| I24 | 连1—2车位下降到位信号，当3—2车盘或2—1、2—2车盘下降到1层2号车位时为高电平信号，没有到位时为低电平信号 |
| I25 | 连1—2车盘右移到位信号，当1—2车盘向右移动到1层3号车位或1—3车盘左移到1层3号车位时为高电平信号，没有到位时为低电平信号 |
| I26 | 连1—3车位下降到位信号，当3—3车盘或2—2、2—3车盘下降到1层3号车位时为高电平信号，没有到位时为低电平信号 |
| I27 | 连1—3车盘右移到位信号，当1—3车盘向右移动到1层4号车位时为高电平信号，没有到位时为低电平信号 |
| I28 | 连1—4车位下降到位信号，当3—4车盘或2—3车盘下降到1层4号车位时为高电平信号，没有到位时为低电平信号 |
| I29 | 连车位进出报警信号，当车库1层1至4号车位有车辆进出时为高电平，无车辆进出时为低电平 |

表6.6-2 信号接口板输出端口的功能

| 信号输出 | 功能作用 | 备 注 |
|---|---|---|
| O00 | 和GND连接构成回路驱动1号电机逆时针旋转 | 使3—1号车盘下降 |
| O01 | 和GND连接构成回路驱动1号电机顺时针旋转 | 使3—1号车盘上升 |
| O02 | 和GND连接构成回路驱动2号电机逆时针旋转 | 使3—2号车盘下降 |
| O03 | 和GND连接构成回路驱动2号电机顺时针旋转 | 使3—2号车盘上升 |
| O04 | 和GND连接构成回路驱动3号电机逆时针旋转 | 使3—3号车盘下降 |
| O05 | 和GND连接构成回路驱动3号电机顺时针旋转 | 使3—3号车盘上升 |
| O06 | 和GND连接构成回路驱动4号电机逆时针旋转 | 使3—4号车盘下降 |
| O07 | 和GND连接构成回路驱动4号电机顺时针旋转 | 使3—4号车盘上升 |
| O08 | 和GND连接构成回路驱动5号电机逆时针旋转 | 使2—1号车盘下降 |
| O09 | 和GND连接构成回路驱动5号电机顺时针旋转 | 使2—1号车盘上升 |
| O10 | 和GND连接构成回路驱动6号电机顺时针旋转 | 使2—1号车盘左移 |
| O11 | 和GND连接构成回路驱动6号电机逆时针旋转 | 使2—1号车盘右移 |
| O12 | 和GND连接构成回路驱动7号电机逆时针旋转 | 使2—2号车盘下降 |
| O13 | 和GND连接构成回路驱动7号电机顺时针旋转 | 使2—2号车盘上升 |
| O14 | 和GND连接构成回路驱动8号电机顺时针旋转 | 使2—2号车盘左移 |
| O15 | 和GND连接构成回路驱动8号电机逆时针旋转 | 使2—2号车盘右移 |
| O16 | 和GND连接构成回路驱动9号电机逆时针旋转 | 使2—3号车盘下降 |
| O17 | 和GND连接构成回路驱动9号电机顺时针旋转 | 使2—3号车盘上升 |
| O18 | 和GND连接构成回路驱动10号电机顺时针旋转 | 使2—3号车盘左移 |
| O19 | 和GND连接构成回路驱动10号电机逆时针旋转 | 使2—3号车盘右移 |
| O00、O01 | 同时和GND连接构成回路驱动11号电机顺时针旋转 | 使1—1号车盘左移 |
| O02、O03 | 同时和GND连接构成回路驱动11号电机逆时针旋转 | 使1—1号车盘右移 |
| O04、O05 | 同时和GND连接构成回路驱动12号电机顺时针旋转 | 使1—2号车盘左移 |
| O06、O07 | 同时和GND连接构成回路驱动12号电机逆时针旋转 | 使1—2号车盘右移 |
| O08、O09 | 同时和GND连接构成回路驱动13号电机顺时针旋转 | 使1—3号车盘左移 |
| O12、O13 | 同时和GND连接构成回路驱动13号电机逆时针旋转 | 使1—3号车盘右移 |

电气控制板上安装有空气断路器和漏电保护器,在非正常状态下可及时切断电源;快速启动和停止按键与中间继电器组成电源接通和切断电路;带灯保险盒在后级用电回路短路时,能迅速切断电路并以亮灯显示保险丝熔断状态。

**2. 立体停车库实验教学装置的基本操作**

(1) 限位开关的应用

先将车盘移动到初始位置,整体车盘复位到初始状态。

车库复位初始状态:3—1、3—2、3—3、3—4 停车盘上升到顶端;2—1、2—2、2—3 停车盘上升到顶端,整体车盘依次停放在车库二层的 2、3、4 号车位 1—1、1—2、1—3 整体车盘依次停放在车库一层的 2、3、4 号车位;各限位开关的初始状态如表 6.6-3 所示(以信号接口板为例,PLC 接口板参照信号接口板)。

表 6.6-3 限位开关的初始状态

| 序号 | 名　　称 | 信号接口板上标号 | 初始状态(电平) |
|---|---|---|---|
| 1 | 3—1 车盘上升到位开关 | I10 | H |
| 2 | 3—2 车盘上升到位开关 | I11 | H |
| 3 | 3—3 车盘上升到位开关 | I12 | H |
| 4 | 3—4 车盘上升到位开关 | I13 | H |
| 5 | 2—1 车盘上升到位开关 | I14 | H |
| 6 | 2—1 车盘左移到位开关 | I15 | L |
| 7 | 2—1 车盘右移到位开关 | I16 | H |
| 8 | 2—2 车盘上升到位开关 | I17 | H |
| 9 | 2—2 车盘右移到位开关 | I18 | H |
| 10 | 2—3 车盘上升到位开关 | I19 | H |
| 11 | 2—3 车盘右移到位开关 | I20 | H |
| 12 | 1—1 车位下降到位开关 | I21 | L |
| 13 | 1—1 车盘左移到位开关 | I22 | L |
| 14 | 1—1 车盘右移到位开关 | I23 | H |
| 15 | 1—2 车盘下降到位开关 | I24 | L |
| 16 | 1—2 车盘右移到位开关 | I25 | H |
| 17 | 1—3 车盘下降到位开关 | I26 | L |
| 18 | 1—3 车盘右移到位开关 | I27 | H |
| 19 | 1—4 车位下降到位开关 | I28 | L |

按动薄膜开关"2—1#左移"1 次,2—1 车盘向左移动到 1 号车位时,2—1 车盘左移到位开关闭合,车盘停止左移。按动薄膜开关"2—1#右移"使车盘移位到 2# 车位,准备导线 1 根连接 I15 和 GND,再按动薄膜开关"2—1#左移"1 次,车盘也不再左移,断开 I15 和 GND 的连接,车盘开始移动,从连 I15 和 GND,此时 2—1 号车盘不管有否到 1 号车位,车盘都将停止移动。车库内其余车盘的移动均可参照以上设置移动。

(2) 电机正反转实验

在手动状态下,按动薄膜按键移动升降各车盘观察直流电动机的正反转,也可使用连接线连接信号输出端口和 GND,控制直流电动机的正反转,移动和升降各车盘到相应车位。

**注意**:由于连线操作是强制电动机转到,所以各限位开关将不起作用,车盘到位时要及时切断电动机电路，以防止车盘故障。

（3）车辆进出车库实验

按动薄膜按键"手动"液晶屏显示当前工作状态为手动状态，车盘移动到初始位置。

按动薄膜按键"3－1#下降"将三层1号车盘下降到一层1号位，到位状态为车盘停止下降，液晶屏显示："车盘已到位，允许车辆进出"在车盘内放入模型车，车头指向实验人员方向，车辆放入时，报警指示灯亮，液晶屏显示："车辆进出，请注意安全！"此时模型车库内任意车盘的动作都将停止，模拟车辆进出车库时的真实状态，保证安全。

按动薄膜按键"3－1#上升"车盘上升到三层1号车位，停车指示灯熄灭，表明有车辆停入当前车盘。

重复以上步骤，观察各车位车辆停放及进出。

## 四、预习要求

1. 熟悉三层立体停车库装置，搞清输入、输出信号的类型和数量。
2. 熟练掌握PLC编程软件、通信软件以及上位机监控软件的使用。
3. 按照控制要求画出程序框图。
4. 设计上位机监控画面。

## 五、实验内容

说明：以下所有实验，默认车位均为初始状态。控制方式设为"自动"挡。

### 1. 车盘下降限位实验

要求：利用RSLogix 500编写程序，用户给出"启动"指令后，3－1车盘下降，并在到达限位后自动停止下降动作。

### 2. 车盘下降、上升限位实验

要求：利用RSLogix 500编写程序，并利用RSView 32制作上位机。上位机应至少有"启动"和"上升"两个控制按钮，用户单击"启动"按钮后，3－1车盘下降，并在到达限位后自动停止并等待，用户单击"上升"按钮后，3－1车盘上升，并在到达限位后自动停止。

**注意**：为保证程序逻辑不致混乱，在车盘执行上升或下降动作时，任何指令应不起作用。即工作状态下屏蔽一切指令。

### 3. 车盘横移实验

要求：利用RSLogix 500编写程序，并利用RSView 32制作上位机。上位机应至少有"左移""右移"和"紧急停止"三个按钮。

此实验中二层车盘会出现两种状态，1号车位空及2号车位空，分别对应的按钮功能如下表6.6-4所示。

**注意**：为保证程序逻辑不致混乱，在车盘执行左移或右移动作时，任何指令应不起作用。即工作状态下屏蔽一切指令。

### 4. 全部车盘复位实验

实验开始前将车盘位置以任意方式打乱。

要求：利用RSLogix 500编写程序，RSView 32制作上位机。用户给出"复位"指令后，车盘可自行恢复至初始状态，即2－1、2－2、2－3分别停在2、3、4车位，1－1、1－2、1－3分别停在2、3、

4车位。运动进行中,若用户给出"紧急停止"指令,则立即停止当前电机动作。用户解除"紧急停止"指令后,系统自动继续进行停止前的动作。

表 6.6-4 按钮对应功能

| | 左移按钮 | 右移按钮 | 紧急停止按钮 |
|---|---|---|---|
| 1号车位空 | 2—1车盘左移 | 无效果 | 无须考虑 |
| 2号车位空 | 无效果 | 2—1车盘右移 | 无须考虑 |
| 车盘移动中 | 无效果 | 无效果 | 停止当前电机动作 |

### 5. 2 层停取车综合实验

利用 RSLogix 500 编写程序,RSView 32 制作上位机界面,具体要求如下。

2 层停取车上位机界面参考图如图 6.6-4 所示。

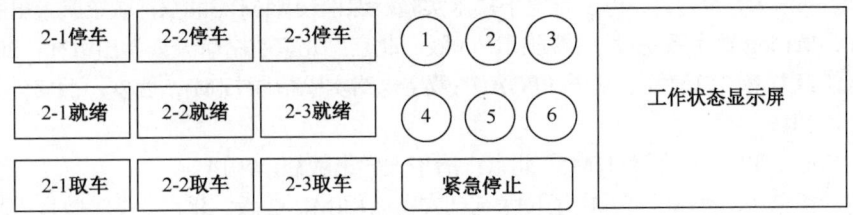

图 6.6-4　2 层停取车上位机界面参考图

其中,①~⑥分别表示 2—1、2—2、2—3、1—1、1—2、1—3 车盘是否有车,即灯亮则表示有车,灯灭则表示无车。

工作方式以 2—1 为例,用户按下"2—1 停车"按钮,则系统可自动判断 2—1 是否有车。若 2—1 车位有车,则通过工作状态显示屏告知用户;若 2—1 车位无车,则清空 2—1 车盘的下降车道,下降托盘,到达限位后等待。待用户停车完毕并按下"2—1 就绪"按钮,托盘上升,到达限位后自动停止,并等待用户的下一个合理指令。2—2、2—3 的工作方式亦同。

**注意**:为保证程序逻辑不致混乱,在任意车盘执行动作时,任何指令均应不起作用。即工作状态下屏蔽一切指令。此外,运动进行中,若用户给出"紧急停止"指令,则立即停止当前电机动作。用户解除"紧急停止"指令后,系统自动继续进行停止前的动作。

### 6. 3 层停取车综合实验

工作方式同实验 5,利用 RSLogix 500 编写程序,RSView 32 制作上位机界面(界面自行设计),要求完成完整的 3 层车库停取车自动控制。

**注意**:由于装置提供的输入/输出端口电平与 PLC 的输入/输出端口电平不符,所以两者进行连接时,要通过电平转换模块。

## 六、实验总结

1. 整理梯形图程序,分析调试过程中遇到的问题以及解决方案。
2. 总结实验的心得与体会,并与实际生活中的立体车库比较。

# 参 考 文 献

[1] 贾爱民，张伯尧. 电工电子学实验教程[M]. 杭州：浙江大学出版社，2009.
[2] 林育兹. 电工学实验[M]. 2版. 北京：高等教育出版社，2016.
[3] 廉玉欣，侯博雅，王猛等. 基于Xilinx Vivado的数字逻辑实验教程[M]. 北京：电子工业出版社，2016.
[4] 叶挺秀，潘丽萍，张伯尧. 电工电子学[M]. 5版. 北京：高等教育出版社，2021.
[5] 张志立，邓海琴，余定鑫. 电工与电子技术实验及课程设计[M]. 北京：航空航天出版社，2015.
[6] 夏宇闻. Verilog数字系统设计教程[M]. 3版. 北京：北京航空航天大学出版社，2013.
[7] 冯建文，章复嘉，包健等. 基于FPGA的数字电路实验指导书[M]. 西安：西安电子科技大学出版社，2016.
[8] 何宾. Xilinx FPGA数字设计[M]. 北京：清华大学出版社，2014.
[9] 阮秉涛，蔡忠法，樊伟敏等. 电子技术基础实验教程[M]. 2版. 北京：高等教育出版社，2011.
[10] 何宾. Xilinx FPGA权威设计指南[M]. 北京：电子工业出版社，2015.
[11] 吕波，王敏. Multisim14电路设计与仿真[M]. 北京：机械工业出版社，2016.
[12] 聂典，李北雁，聂梦晨等. Multisim12仿真设计[M]. 北京：电子工业出版社，2014.
[13] 王英，曾欣荣. 电工技术实验教程（电工学I）[M]. 四川：西南交通大学出版社，2014.
[14] 阮秉涛，樊伟敏，蔡忠法等. 电子技术基础实验教程[M]. 3版. 北京：高等教育出版社，2016.
[15] 于斌. Verilog HDL数字系统设计与仿真[M]. 北京：电子工业出版社，2014.
[16] 刘增俊，孙立辉. 电工电子技术[M]. 北京：中央广播电视大学出版社，2015.

# 反侵权盗版声明

电子工业出版社依法对本作品享有专有出版权。任何未经权利人书面许可，复制、销售或通过信息网络传播本作品的行为；歪曲、篡改、剽窃本作品的行为，均违反《中华人民共和国著作权法》，其行为人应承担相应的民事责任和行政责任，构成犯罪的，将被依法追究刑事责任。

为了维护市场秩序，保护权利人的合法权益，我社将依法查处和打击侵权盗版的单位和个人。欢迎社会各界人士积极举报侵权盗版行为，本社将奖励举报有功人员，并保证举报人的信息不被泄露。

举报电话：（010）88254396；（010）88258888

传　　真：（010）88254397

E-mail：　dbqq@phei.com.cn

通信地址：北京市万寿路173信箱
　　　　　电子工业出版社总编办公室

邮　　编：100036